住房和城乡建设部"十四五"规划教材
高等职业教育土木建筑类专业系列教材

钢结构制造与安装

（第二版）

主编　向　芳

科学出版社

北　京

内 容 简 介

本书按现行钢结构工程国家标准规范，根据专业人才培养目标及专业课程教学改革的需要进行编写，进一步完善了钢结构工程的施工技术、相关验收标准及方法。全书共分为 10 个单元，其内容包括认识钢结构、建筑钢材的选用、钢结构焊接连接施工、钢结构螺栓连接施工、钢结构构件加工制作、轻钢厂房安装、高层钢结构安装、网架结构工程、钢结构涂装工程、压型金属板工程。

本书可作为高等职业教育土木建筑类建筑钢结构工程技术专业、建筑工程技术专业教材，也可作为从事钢结构工程技术人员的参考用书。

图书在版编目（CIP）数据

钢结构制造与安装 / 向芳主编. —2 版. —北京：科学出版社，2023.8
（住房和城乡建设部"十四五"规划教材·高等职业教育土木建筑类专业系列教材）
ISBN 978-7-03-074284-1

Ⅰ. ①钢⋯　Ⅱ. ①向⋯　Ⅲ. ①钢结构-结构构件-制作-高等职业教育-教材　②钢结构-建筑安装-高等职业教育-教材　Ⅳ. ①TU391　②TU758.11

中国版本图书馆 CIP 数据核字（2022）第 240930 号

责任编辑：万瑞达 / 责任校对：赵丽杰
责任印制：吕春珉 / 封面设计：曹　来

科 学 出 版 社 出版
北京东黄城根北街 16 号
邮政编码：100717
http://www.sciencep.com

北京九州迅驰传媒文化有限公司 印刷
科学出版社发行　各地新华书店经销
*

2013 年 11 月第 一 版　　开本：787×1092　1/16
2023 年 8 月第 二 版　　印张：19 3/4
2023 年 8 月第五次印刷　　字数：474 000

定价：59.00 元
（如有印装质量问题，我社负责调换〈九州迅驰〉）
销售部电话 010-62136230　编辑部电话 010-62135397-2039

第二版前言

教育是国之大计、党之大计。教育、科技、人才是全面建设社会主义现代化国家的基础性、战略性支撑。全面建设社会主义现代化国家,必须坚持科技是第一生产力、人才是第一资源、创新是第一动力,深入实施科教兴国战略、人才强国战略、创新驱动发展战略。高等教育人才培养要树立质量意识、抓好质量建设、全面提高人才自主培养质量。

"钢结构制造与安装"是建筑钢结构工程技术专业的一门专业核心课程,主要讲授钢结构构件的工厂加工制作工艺、钢结构工程施工现场的安装工艺及质量控制与管理。通过本课程的学习,学生应掌握钢结构的加工和安装的工序及质量控制,能够运用所学知识在国家规范、法律、行业标准的范围内,提交钢结构的施工方案,完成施工设计并在施工一线付诸实施,具备从事本专业岗位需求的施工安装技能。

近几年来,钢结构建筑的发展日新月异,随着该领域新技术、新材料、新设备、新工艺的发展,钢结构工程施工技术水平不断提高,相关国家规范、行业标准也不断更新。为了适应土木建筑类建筑钢结构工程技术专业人才所需知识和技能要求,适应标准规范的更新,对第一版进行了修订。

本书在第一版的体系上做了补充修改,调整了章节顺序。按现行国家规范要求,更新了相关分项工程的施工技术、施工方法及验收标准。在钢结构焊接连接施工中增加了栓钉焊、焊接工艺评定内容。钢结构加工制作部分增加了钢构件组装工程及钢构件预拼装工程等内容。本书内容中有配套教学视频及工程录像等,可供读者学习参考。

教师在教学前,向学生提供相应的教学资源,让学生了解常见的典型钢结构建筑。同时,准备一套或几套钢结构建筑图纸,在每个任务的教学中使用。

本书单元 1、单元 3、单元 4、单元 5 由浙江建设职业技术学院向芳编写,单元 2 由浙江建设职业技术学院赵海凤编写,单元 8、单元 10 由浙江建设职业技术学院王琳编写,单元 6、单元 7、单元 9 由杭州建工集团有限责任公司詹根华高级工程师编写,向芳负责全书修订、统稿。

由于编者水平有限,书中疏漏及不足之处在所难免,恳请广大读者提出宝贵意见,以便进一步补充和完善。

第一版前言

本书是高职高专建筑工程技术专业钢结构制造技术技能实训教材。全书以提高学生的职业实践能力和职业素质为宗旨，以钢结构制造及安装为主线进行编写。实训内容贴近钢结构工程实际，包括建筑钢结构的应用、建筑钢材的选用、钢结构焊接连接施工、钢结构螺栓连接施工、钢结构加工制作、轻钢厂房安装、高层钢结构安装、网架结构工程安装、钢结构涂装工程施工、压型金属板工程，实训内容具有较高的可操作性和一定的实用价值。

本书在内容安排上有如下特点：

在编写结构上，以职业能力为目标，构建基于工作任务和工作过程的课程内容体系。全书划分为 10 个单元，每个单元以岗位任务和工作过程为线索，以任务实施为导向作为编写思想，突破了传统的以理论知识为线索的编写思路。

本书体现以学生为主体的教学思想和实践教育思想，注重理论与实践相结合，立足把实训操作过程与理论学习融为一体。本书通过整合职业岗位工作任务中涉及的专业知识与能，让学生在真实的岗位工作情境中来完成实际工作任务，并通过实训、真实工作场景的体验，满足企业实际岗位的需求。

全书内容充实，对于工作任务的完成，其操作步骤表述细致全面。通过实训操作模拟实际工作岗位，使学生在实际工作中锻炼动手能力，锻炼能够独立完成企业实际工作任务的能力，为今后的就业打下坚实的基础。

本书单元 1、单元 2、单元 5 由浙江建设职业技术学院赵海凤编写，单元 3 由杭州建工集团有限责任公司詹根华高级工程师编写，单元 4、单元 6、单元 9 由浙江建设职业技术学院向芳编写，单元 7、单元 8、单元 10 由浙江建设职业技术学院王琳编写，向芳负责统稿。全书由浙江建设职业技术学院项建国教授主审。

由于编者水平有限，书中疏漏及不足之处在所难免，恳请广大读者提出宝贵意见，以便进一步补充和完善。

目　　录

认识钢结构

单元概述　钢结构是各类工程结构中应用最为广泛的一种建筑结构。通过本单元的学习，了解钢结构在国内外的发展历史，熟悉钢结构的主要特点，掌握钢结构的应用范围，认识钢结构的行业现状及发展前景。通过各项工作任务的完成，对钢结构有一个初步整体认识。

知识目标　1. 了解我国钢结构建筑发展概况。
2. 了解国外钢结构建筑发展历史。
3. 掌握钢结构的优点、缺点。
4. 熟悉钢结构的类型。
5. 熟悉钢结构的应用范围。
6. 了解钢结构的行业现状。
7. 了解钢结构的发展前景。

能力目标　1. 能划分不同的钢结构类型。
2. 能根据工程特点选择合适的钢结构类型。

思政引导　中国钢结构发展历史悠久，早在西汉时期就出现了铁索桥。云南兰津桥、贵州北盘江大桥等都是当时在工程规模和建造技术上处于世界领先水平的建筑。新中国成立后，随着经济的发展，钢结构建筑得到了迅速发展，已覆盖工业建筑、民用建筑、商业楼宇等多个领域。国家体育场（鸟巢）、上海金茂大厦、上海环球金融中心等钢结构建筑的建成，无不体现我国钢结构建筑设计、施工水平已达到国际先进水平。通过对国内著名钢结构建筑案例的学习，激发我们强烈的民族自豪感和爱国情怀。通过学习我国钢结构的发展史，我们进一步坚定对习近平新时代中国特色社会主义的道路自信、理论自信、制度自信和文化自信，充分认识到社会主义制度的优越性。

任务 1.1　了解钢结构的发展历史

■ **任务目标**

通过对本任务内容的学习，了解钢结构在国内外的发展历史。

1.1.1　我国钢结构建筑发展概况

1. 早期钢结构类型

（1）铁索桥

钢结构在我国有着悠久的历史，最早出现的钢结构建筑是铁索桥。据历史记载，中国最早的铁索桥是陕西汉中地区的樊河桥。该桥建于公元前 206 年西汉时期，距今已有 2200 余年历史。该桥经过了多次修复，于 1951 年毁坏。

我国现存最早的桥梁——四川大渡河泸定桥（图 1.1），又名大渡桥，全长 103.67m，宽 3m，由 13 根锁链组成，是一座历史悠久的古桥；该桥因"飞夺泸定桥"战役被人熟知。泸定桥始建于清康熙四十四年（1705 年）九月，清康熙四十五年（1706 年）四月投入使用；1961 年 3 月 4 日被纳入中国首批全国重点文物保护单位；2003 年纳入景区管理。

图 1.1　泸定桥

有历史记载的桥梁还有建于公元 1 世纪五六十年代，位于我国西南地区跨越峡谷的云南澜沧江上的铁索桥——兰津桥及云南省的沅江桥、贵州省的北盘江大桥等。这些都是当时在工程规模和建造技术上处于世界领先水平的建筑。

（2）铁塔

除了钢结构桥梁，我国古代还建造了许多铁塔，如建于公元 1061 年的位于湖北当阳的玉泉寺铁塔，共 13 层，高 17.5m；建于公元 1078 年的位于江苏镇江的甘露寺铁塔（图 1.2），原为 9 层，现存 4 层；建于公元 1105 年位于山东济宁的铁塔寺铁塔等。

图 1.2　甘露寺铁塔

2．近现代钢结构

在近代的 100 多年，钢结构在欧美地区发展比较迅速，无论是数量还是应用范围，但同时期我国的钢结构发展比较缓慢。新中国成立后，国家开始重视钢结构的发展。我国钢结构的发展分为以下几个阶段。

（1）新中国成立前

新中国成立前由外国人建造的钢结构建筑有 1934 年落成的上海国际饭店及 1935 年落成的上海大厦等。我国自行建造的钢结构建筑有 1927 年建成的沈阳皇姑屯机车厂钢结构厂房、1931 年建成的广州中山纪念堂、1935 年建成的上海体育场等。

新中国成立前由外国人建造的钢桥有：1906 年建成的唐山运河铁路桥，该桥由英国人设计，比利时人建造，为中国第一座现代铁路钢桥；建于 1906 年的天津金汤桥，2005 年整修后重新恢复开启功能；建于 1908 年的兰州中山桥，长约 200m，宽约 8m，连续使用至今，2007 年维修后改为人行桥，距今 100 多年。我国自行设计建造的铁路钢桥有：1905～1909 年詹天佑主持建造的京张铁路桥，全长约 2000m，最大跨度 33.5m，距今已有 100 多年；1934 年由茅以升主持建造的杭州钱塘江大桥（图 1.3），是我国自行设计和建造的第一座公路铁路两用钢桥。

（2）新中国成立到改革开放时期

新中国成立后，党和国家非常重视钢铁生产和钢结构建筑发展，具有代表性的工程有：1957 年建成我国第一座跨长江公路铁路两用桥——武汉长江大桥，全长约 1670m，可谓"一桥飞架南北，天堑变通途"，圆了几代人的梦想；1968 年建成的南京长江大桥，全长 4589m，这是苏联专家撤走并中断了钢铁供应和成套技术后，中国人自己建造的一座为国增光的钢结构桥梁，它开创了我国自力更生建设大型桥梁的新纪元。

图 1.3 钱塘江大桥

1968 年建成的首都体育馆，屋盖为平板钢网架，长 112.9m，宽 99m；1975 年建成上海大舞台，屋面为圆形钢网架，跨度 110m，采用 8 个独脚拔杆整体抬吊、高空水平移位安装；1975 年建成兵马俑 1 号坑钢结构，结构形式为三铰拱，跨度 72m。从此，我国大跨度建筑钢结构拉开了序幕，建筑钢结构设计与施工技术得到了快速发展，尤其是南京长江大桥和上海大舞台的钢结构网架均依靠自主设计、施工建成，得到国外专家一致好评。

（3）改革开放后

钢结构在我国的蓬勃发展期是在十一届三中全会以后，随着国内经济的全面发展，钢结构的发展进入了新时期。这一时期国内钢材产量逐年上升：1985 年 4666 万 t，1987 年 5600 万 t，1997 年达到 1 亿 t，2003 年达到 2 亿 t，2005 年钢材产量已超过 3 亿 t，占世界钢材产量的 1/3，促进了我国钢结构建筑的应用和发展，涌现了大批具有代表性的钢结构建筑。新型钢结构应用范围逐步扩大，在建筑造型和结构形式上有了新的突破，如北京工人体育场、广州塔、环境气象塔、珠江大桥等都是有影响的钢结构工程。从此，拉开了我国建筑钢结构迈向世界领先水平的行列。

1990 年北京建成京广中心大厦，楼高 209m，是我国第一座超高层钢结构建筑；1993 年建成的上海杨浦斜拉索大桥（杨浦大桥），主跨度 602m；1996 年建成的深圳地王大厦，总高度 383.95m；1997 年建成的上海（八万人）体育场，钢结构罩棚最大悬挑 73.5m。这几个具有代表性的钢结构建筑是我国建筑钢结构在跨度和高度上的一次历史性飞跃。后来国家体育场（鸟巢，图 1.4）、国家游泳中心（水立方）、中央电视台总部大楼、广州塔、杭州湾跨海大桥等在世界上具有影响的工程为我国建筑行业创造了辉煌。

图 1.4 国家体育场（鸟巢）

1.1.2 国外钢结构建筑发展历史

钢结构建筑在欧美等国家和地区发展较早。19 世纪欧洲革命兴起后，由于工业上钢铁冶炼技术的发展，钢产量和质量不断提高和改善，钢结构在欧美的应用增长很快。陆续出现了采用钢结构的工业建筑和民用建筑，不但在数量上日渐增多，而且应用范围也不断扩大，美国、瑞典、日本等国家钢结构建筑用钢量已占钢材产量的 30% 以上，钢结构建筑面积已占到总建筑面积的 40% 以上。世界上许多发达国家都非常重视发展钢结构技术，以建造超高层的钢结构摩天大厦、功能完善的大跨度公用建筑及超高层、跨度大的钢结构工业厂房，来显示其经济实力和现代化的建筑技术水平。可以说，钢结构建筑的发展水平是衡量一个国家或地区经济发展水平的重要标志之一。

最早在房屋建造中使用金属结构可以追溯到 18 世纪末的英国。由于当时的建筑多是木质结构，容易发生火灾，因而厂房结构逐渐采用铁框架。多年后，美国的芝加哥学派建造了一批钢结构摩天大楼，法国工程师埃菲尔建造了著名的铁塔——埃菲尔铁塔（图 1.5），金属建筑从此进入了第一个光辉时代。同时，一些金属结构的独户住宅相继出现，部分金属住宅至今保存良好。

在以后的半个多世纪里，随着钢筋混凝土结构的兴起，钢结构建筑的发展进程缓慢，这个时期钢结构主要用于建造工厂、飞机库等。

20 世纪 60 年代，钢结构建筑再次开始发展。随着计算机的早期应用，建筑钢材获得了突破性发展，各种金属建筑结构体系日趋成熟。20 世纪 70 年代建成的法国蓬皮杜国家艺术和文化中心，展现了新技术的应用；20 世纪 80～90 年代，英国雷诺汽车公司产品配送中心、中国香港汇丰银行大厦、法国里昂国际机场、法国马西 TGV 站、日本关西国际机场等把钢结构的应用推向了一个新的高度。建筑师们在中小型项目中也开始使用钢结构，如 FRANCE 建筑工作室设计的大学生餐厅、儒勒·瓦尔纳中学、美国广播公司（American Broadcasting Company，简称 ABC）制造的住宅等。同时，西方发达国家提出了预工程化金属建筑的概念，预工程化金属建筑是指将建筑结构分成若干模块在工厂加工完成，从而使钢结构建筑的设计、加工和安装实现一体化。相比传统结构形式，钢结构建筑成本降低了 10%～20%，且缩短了施工周期，综合优势更加明显。

图 1.5　埃菲尔铁塔

在新结构方面，许多国家都加大了研究力度，现今已具有建造跨度超过 1000m 的超大型穹顶与高度超过 1000m（最高至 4000m）的超高层建筑的能力。大跨度开合空间钢结构亦有较大的进展，1989 年建成的加拿大多伦多新体育中心开合式穹顶体育场，跨度205m，能容纳 7 万人，屋盖关合后可做全封闭有空气调节的体育场。1993 年建成的日本福冈巨蛋体育馆，直径 222m，是当代世界上最大的开合空间钢结构。膜结构的发展亦令人瞩目，1992 年在美国亚特兰大建成的奥运会主馆——佐治亚穹顶体育馆，平面尺寸约 240m×193m，是世界上最大跨度的索网结构与膜结构结合结构屋顶。

由于科技发展及钢材品质的进步，钢结构的重要性被先进国家和地区肯定。在欧洲、美洲、日本、中国台湾等地，厂房兴建已全部采用钢结构。在一些发达城市，高层超高层建筑、桥梁、大型公共工程多采用钢结构。近年来，美国大多的非民居和两层及以下的建筑采用了轻钢刚架体系，钢结构的发展日新月异。

✳ 任务完成与自评

项目	要求	记录	分值	扣分	备注
钢结构在国内的发展历史	了解早期钢结构类型		30		
	了解钢结构的发展、应用		30		
钢结构在国外的发展历史	了解钢结构国外发展历史		40		

任务 1.2　了解钢结构的特点

■ 任务目标

　　通过对本任务内容的学习，了解并认识钢结构的优缺点。

钢结构的特点

1.2.1　钢结构的优点

　　钢结构是指由钢材建造而成的结构，主要由型钢和钢板等制成的钢梁、钢柱、钢桁架等构件经焊接、螺栓连接等方式装配而成的结构，它是土木工程中的主要结构形式之一。目前，钢结构在房屋建筑、地下建筑、桥梁、塔桅和海洋平台中都得到了广泛应用，这是由于钢结构与其他结构相比，具有以下优点。

　　（1）钢材属于轻质高强材料，能增加有效使用空间

　　与传统建筑材料混凝土相比，钢材虽然密度较大，但强度很高。钢材和混凝土容重比为 3.4，强度比为 210～136。在同样的受力情况下，钢结构与钢筋混凝土结构相比，构件截面可以做得更小，质量更轻，能够承受更大的荷载，跨越更大的跨度。

　　以相同受力条件的简支梁为例，混凝土梁的高度通常是跨度的 1/10～1/8，而钢梁的高度约是跨度的 1/16～1/12。钢梁截面高度的减少有效增加了房屋的层间净高。在梁高相同的条件下，钢结构的开间可以比混凝土结构的开间增大约 50%，能更好地满足建筑上大开间、灵活分割的需求。同理，钢柱的截面尺寸在同样的受力条件下尺寸更小，增加了建筑的室内使用面积。

　　另外，民用建筑中的管道很多，若采用钢结构可在钢梁腹板开洞用以穿越管道，而混凝土梁不宜开洞，管道一般从梁下通过需要占用一定的空间。在楼层净高相同的条件下，钢结构的楼层高度比混凝土结构的楼层高度小，从而减小墙体高度，节约室内空调所需的能源，减少房屋维护和使用费用。

　　（2）钢材塑性、韧性好，抗震性能优越

　　塑性是指构件破坏时发生变形的能力。韧性是指结构抵抗冲击荷载的能力。塑性好使钢结构不会因偶然超载或局部超载而突然断裂破坏。韧性好使钢结构比其他材料的工程结构更能适应振动荷载。在国内外的历次地震中，钢结构是损坏最小的结构，已被公认为抗震设防地区特别是强震区的最合适结构。

（3）钢材材质均匀，各向同性，为理想的弹—塑性材料

钢材材质均匀，各向同性，为理想的弹—塑性材料。其计算的不确定性较小，计算结果比较可靠。

（4）钢结构工业化程度高，施工安装周期短

钢结构建筑所用的构件均在钢结构加工厂采用机械加工制作完成。随着 H 型钢、箱型构件等自动化生产流水线的相继出现，构件易于定型化、标准化，钢结构的工业化程度势必越来越高。

钢构件在现场安装时多采用焊接或螺栓连接，通过在地面拼装成较大的单元，甚至拼装成整体后再进行吊装，这样可以减少高空作业、加快安装速度，从而大幅度缩短施工工期，使整个建筑提前投入使用，更快地发挥投资经济效益。

（5）钢结构的密封性好

钢结构采用焊接连接后可以做到完全密封，能够满足对气密性和水密性要求较高的高压容器、大型油库、煤气罐、储油罐和输送管道等的要求。

（6）节能、环保

与传统的砌体结构和钢筋混凝土结构相比，钢结构建筑属于绿色建筑结构体系，符合可持续发展的要求。钢结构建筑绿色环保，是一种节能、节地、节水和节材的建筑结构，是符合我国可持续发展理念的新型建筑。传统钢筋混凝土结构要消耗大量的水泥、砂子和石子，这些原料不仅带来了严重的环境污染问题，而且其中相当一部分原料都是不可再生资源。钢材属于生态环境材料，满足现代环境标准，是最易于回收的材料；与钢结构配套使用的复合楼板、轻质墙板也能够更好地满足建筑节能要求。同时，钢结构工程施工现场噪声、粉尘和建筑垃圾少，社会效益显著。

1.2.2　钢结构的缺点

钢结构的优点众多，但其缺点不容忽视。钢材易生锈、耐热不耐火，这些缺点会影响钢结构的应用。

（1）耐腐蚀性差

钢材易于锈蚀，处于潮湿或有侵蚀性介质的环境中更容易因化学反应或电化学作用而发生锈蚀，因此，钢结构必须进行防腐处理。一般在钢构件除锈后涂刷防腐涂料即可，但这种防护措施并非一劳永逸，需间隔一段时间重新维修，因而其维护费用较高。目前，国内外正在研制发展各种高性能涂料和不易锈蚀的耐候钢，钢结构耐锈蚀性差的问题有望得到解决。

（2）耐火性差

钢结构耐火性差，在火灾中，随着温度的升高，钢材的性能会急剧发生变化。未加

防护的钢结构一般只能维持 20 分钟左右。因此钢结构建筑应采取必要的防火措施来提高钢结构的耐火性能，如将构件外包混凝土或其他防火材料，或在构件表面喷涂防火涂料等。

✳ 任务完成与自评

项目	要求	记录	分值	扣分	备注
钢结构的优点	认识钢结构的优点		50		
钢结构的缺点	认识钢结构的缺点		30		
	采取有针对性的措施		20		

任务 1.3　钢结构的应用

钢结构的应用

■ **任务目标**

通过对本任务内容的学习，认识钢结构的类型，熟悉钢结构的应用范围。

1.3.1　大跨度钢结构

当屋盖跨度大于等于 60m 时，为了减轻结构自重，最适宜采用的结构形式是钢结构。其结构形式可采用梁式、框架式、拱式等平面钢结构以及网架结构、网壳结构、悬索结构和膜结构等基本空间结构和各类组合空间结构。大跨度钢结构主要用于公共建筑，如大会堂、影剧院、展览馆、音乐厅、体育馆、加盖体育场、航空港等，也用于工业建筑，如飞机制造厂的总装配车间、飞机库、造船厂的船体结构车间等。这些建筑采用大跨度钢结构是由装配机器（如船舶、飞机）的大型尺寸或工艺过程要求所决定的。

1. 平面钢结构

平面承重的大跨度钢结构可分为梁式结构体系、框架式结构体系、拱式结构体系三种。

梁式结构体系一般采用简支桁架的形式，桁架多采用钢管（圆管或矩形管）桁架。桁架结构如图 1.6 所示。

图 1.6 桁架结构

与梁式结构体系相比，框架式结构体系比较经济，横梁高度较小，刚度较大，常用于工业建筑，如大跨度轻型门式刚架结构。

拱式结构（图 1.7）体系外形美观，体现了结构受力与建筑造型的完美结合，是大跨度钢结构中一种重要的形式。拱截面可分为实腹式和桁架式两种。

图 1.7 拱式结构

2. 空间钢结构

空间钢结构是指结构形体呈现三维状态，在荷载作用下具有三维受力特性的结构体系。常见的空间钢结构形式包括网架结构、网壳结构、悬索结构、膜结构等基本空间结构及各类组合空间结构。

（1）网架结构

网架结构（图 1.8）是由多根杆件按照某种规律组合成一定的几何形体，通过球节点连接形成空间结构中的双层或多层平板形网格结构。网架杆件多采用钢管制成。

图 1.8　网架结构

（2）网壳结构

网壳结构（图 1.9）是曲面形网格结构，以杆件为基础，按一定规律组成，有单层网壳和双层网壳之分，它兼具杆系和壳体的性质。

图 1.9　网壳结构

（3）悬索结构

悬索结构是以受拉的索作为基本承重构件，并将其按一定规律布置成各种形式的体系后，悬挂到相应的支承结构上。悬索屋盖结构通常由悬索系统、屋面系统和支承系统三部分构成。用于悬索结构的钢索大多采用由高强钢丝组成的平行钢丝束、钢绞线或钢缆绳等，也可采用圆钢、型钢、带钢或钢板等材料。

悬索结构的基本类型有：单层悬索结构、双层悬索结构、鞍形索网结构、索拱结构与张弦结构、悬挂结构与斜拉结构等。本节主要介绍索拱结构与张弦结构中的弦支穹顶结构、悬挂结构和斜拉结构。

索拱结构与张弦结构可细分为预应力索拱结构、平面张弦结构、弦支穹顶结构。弦支穹顶结构是 1993 年日本川口卫教授（M. Kawaguchi）结合索穹顶结构和张弦结构的思想，提出的一种新型空间张弦结构体系。其基本思想是将索穹顶的柔性上弦用刚性的单层网壳替代，形成一种索承网壳结构体系，亦称弦支穹顶。图 1.10 为采用弦支穹顶结构的大连市体育馆。

图 1.10　采用弦支穹顶结构的大连市体育馆

悬挂结构（图 1.11）由悬索、竖向吊杆、刚性屋盖组成，悬索通过吊杆为屋盖构件提供弹性支承，可减小屋盖构件的尺寸和用料，节省结构所占空间。

斜拉结构通过桅杆和斜拉索为刚性构件提供弹性支承，减小刚性构件的受力跨度。

图 1.11　悬挂结构

（4）膜结构

膜结构（图 1.12）是 20 世纪中期发展起来的一种新型建筑结构形式，膜结构是由多种高强薄膜材料及加强构件（钢架、钢柱或钢索）通过一定方式使其内部产生一定的预张应力以形成某种空间形状作为覆盖结构，并能承受一定的外荷载作用的一种空间结构形式。它以性能优良的柔软织物为材料，由膜内空气压力支承膜面，或利用柔性钢索或刚性支承结构使膜产生一定的预张应力，从而形成具有一定刚度、能够覆盖大空间的结构体系。

图 1.12　膜结构（体育馆看台）

1.3.2　高层和超高层钢结构

　　高层和超高层建筑受自重、风荷载、地震荷载的影响很大，而钢结构具有重量轻、承载力高的特点，同时制造与施工简便迅速。因此，在高层和超高层建筑上适合采用钢结构，可以获得良好的经济效果和使用效果，超高层钢结构建筑如图 1.13 所示。我国已建成了一批诸如上海中心大厦、上海环球金融中心、上海金茂大厦、中国国际贸易中心、深圳发展中心大厦、深圳地王大厦等高层和超高层建筑工程。

图 1.13　超高层钢结构建筑

1.3.3　工业厂房

在工业厂房建筑中，常设有起重吨位较大且作业繁忙的吊车。由于建筑钢材具有较高的强度、良好的塑性和韧性、较好的抗疲劳性能，因此工业厂房特别适宜采用钢结构，结构形式多为门式刚架结构（图 1.14）。

图 1.14　门式刚架结构

在目前的工程实践中，门式刚架的梁、柱构件多采用变截面焊接 H 型钢，单跨刚架的梁、柱节点采用刚接，多跨刚架的梁、柱节点多为刚接和铰接并用。柱脚可与基础刚接或铰接。屋面及墙面围护系统多采用彩色压型钢板复合结构，并在中间铺设保温隔热材料。

门式刚架厂房因维护系统多采用轻质材料，属于轻钢结构厂房。重型钢结构的特点是跨度大、高度大、吨位大。鞍山、武汉、包头、宝山等钢厂的炼钢、轧钢、连铸车间以及冶金、电力、重型机械、船舶制造等行业的厂房均采用重型钢结构。

1.3.4　高耸结构

平面尺寸较小、高度尺寸较大的格构式结构统称为高耸结构，包括塔架结构和桅杆结构，如电视塔、微波塔、输电线塔、钻井塔、广播电视发射塔和桅杆、无线电天线桅杆等。高耸结构多采用钢结构，其制作、安装、运输都比较简单方便，经济性较好，抵抗风载的能力较强。我国已建成了诸如北京环境气象塔、上海东方明珠广播电视塔等一大批高耸结构建筑。

1.3.5　可拆卸或移动的钢结构

钢结构不仅重量轻，还可以用螺栓或其他便于拆装的紧固件连接，因此非常适用于需要搬迁的结构。建筑工地生产和生活附属用房（如图 1.15 所示的工地活动板房）、临时展览馆、钢管脚手架、塔式起重机、龙门起重机等各种可拆卸结构或移动结构都采用了钢结构建筑。

图 1.15　工地活动板房

1.3.6　轻钢结构

轻钢结构建筑通常分成两大类。一类是指主要由圆钢、小角钢和薄壁型钢组成的钢结构。这类轻型钢结构一般用于小跨度、小荷载的建筑工程。其结构自重轻，用钢量较少，经济性较好。另一类是指采用轻型围护材料的钢结构，如轻型门式刚架结构、冷弯薄壁型钢结构及钢管结构等。这类轻钢结构一般不再受跨度和荷载的限制，通过采取一定的技术措施，可以达到结构自重轻、用钢量低、经济性好的要求，是今后钢结构建筑发展的一个主要方向。我国已在工业厂房、仓库、办公室、体育设施、商业卖场等工程上建造了一大批轻钢结构建筑，并向轻钢住宅和轻钢别墅（图 1.16）方向发展。

图 1.16　轻钢别墅

1.3.7 高压容器和大直径管道

高压容器和大直径管道主要利用钢结构气密性和水密性好的特点，常用于制作压力钢管、储油罐等容器。

1.3.8 钢桥

由于钢材强度高，材料性能优越，早在中国古代就出现了铁索桥。1874 年，美国在密西西比河上建造了世界上第一座大型钢桥——圣路易斯钢拱桥。目前，钢结构桥梁结构形式已经朝着多样化方向发展，大跨度钢桥（图 1.17）应用广泛。

图 1.17 大跨度钢桥

1.3.9 景观钢结构

在建筑思想观念开放、市场经济发达、人民生活质量提高的今天，景观钢结构建筑越来越多地出现在我们身边，如景观桥、景观塔、城市标志性钢结构雕塑（图 1.18）、住宅小区大门、大楼入口钢雨篷等均采用了钢结构。

图 1.18 钢结构雕塑

✖ **任务完成与自评**

项目	要求	记录	分值	扣分	备注
大跨度钢结构	明确应用范围		20		
	掌握结构类型		20		
高层和超高层钢结构建筑	列举国外代表性钢结构建筑		20		
	列举国内代表性钢结构建筑		20		
钢结构建筑的应用范围	概括汇总		20		

任务 1.4　认识钢结构的行业现状及发展前景

钢结构的行业现状及
发展前景

■ **任务目标**

　　通过对本任务内容的学习，认识钢结构的行业现状及钢结构的发展前景。

1.4.1　认识钢结构的行业现状

1. 钢材的发展现状

钢铁工业是国民经济的重要基础产业，是国之基石。新中国成立以来，我国钢铁工业经历了从小到大、从弱渐强的历史性转变，成为世界钢铁生产和出口大国，为推动我国工业化、现代化进程做出了重大贡献。1996 年开始我国钢铁总产值超过 1 亿 t，居世界首位。2020 年，我国粗钢产量更是达到 78 159.3 万 t。随着钢材产量和质量持续提高，其价格正逐步下降，钢结构的造价也相应有较大幅度的下降。与之相应的是，钢结构配套的新型建材也得到了迅速发展。

尽管钢结构产业在我国有了可喜的进步，但是发展力度远远不够。工业发达国家在其建筑业的增长时期基本建设用钢量一般占钢材总产量的 30% 以上，而我国目前建筑用钢量只达到 22%～26%。钢结构用钢量占钢材总产量的比例偏低，这为未来钢结构的发展提供了巨大的市场潜力和发展空间。

2. 钢结构设计、施工专业水平日益提高

从发展钢结构的技术基础来看，在普通钢结构、薄壁轻钢结构、高层民用建筑钢结

构、门式刚架轻型房屋钢结构、网架结构、管桁架结构、压型金属板结构、钢结构焊接和高强度螺栓连接、钢与混凝土组合楼盖、钢管混凝土结构及钢骨混凝土结构等方面的设计、施工、验收规范规程及行业标准已出版发行多种。有关钢结构的规范、规程的不断完善为钢结构体系的应用奠定了必要的技术基础，为设计提供了依据。从发展钢结构的人才素质来看，专业钢结构设计人员目前已经形成一定的规模，而且其专业素质在实践中得到不断提高。随着计算机在工程设计中的普遍应用，国内外钢结构设计软件发展迅速，软件功能日臻完善，为协助设计人员完成结构分析设计、施工图绘制提供了极大的便利条件。

我国钢结构施工技术也取得了很多突破，已能加工、制作和安装各种大型复杂钢结构构件。在钢结构构件加工制作方面，已实现了施工详图设计自动化、材料管理程序化、加工工艺和焊接工艺自动化。在钢结构构件安装方面，采用各种安装方法，如高空散装法、分条或分块安装法、整体吊装法、整体顶升法、整体滑移法、分单元累积滑移法、分条分块滑移法等，完成了一大批复杂的大型现代空间钢结构的安装。广州白云国际机场航站楼施工中，采用双胎架滑移施工技术；哈尔滨会展中心体育馆施工时，屋盖滑移等关键施工工序均通过三维实时动态仿真技术完成了各类构件的装配以及吊装测试、施工过程的优化，预先发现施工方案内存在的问题并提前修改，省去了工地试拼装的程序，达到了事半功倍的效果。

3. 钢结构企业规模日益增长

据有关数据统计，截至 2021 年 3 月底，全国具有资质等级的钢结构专业承包企业 7.1 万家，其中具有专业承包一级资质的企业数量约 2200 家，二级资质的企业数量约 1.1 万家，三级资质的企业数量约 5.8 万家。在一级专业承包资质企业中，有 1300 多家同时具有施工总承包资质。

2020 年，年产能在 50 万 t 以上的企业有 10 家，年完成钢产量合计达到 860 万 t，占全国建筑钢结构产量的 10.56%，年产能 20 万～50 万 t 的企业有 51 家，年产能规模达 2365 万 t，占全国建筑钢结构产量的 29.06%。2020 年度产值达到百亿元、产量达到百万吨的双百企业有 4 家，合计钢产量约 650 万 t，双百企业的钢产量增幅达到 13.8%，占全国建筑钢结构产量的 7.99%。完成钢结构产值超过 50 亿元的企业有 15 家。这些数据无不展示了我国钢结构企业的蓬勃发展。

1.4.2 认识钢结构的发展前景

随着人类文化生活水平的不断提高，人们对高层、大跨度建筑的要求越来越高。钢结构建筑以其自身的优越性，在我国的工程建设中所占的份额必将越来越大，应用范围也将越来越广泛。随着国家扩大内需的政策、西部大开发战略的实施和城市化进程的加快，国内钢结构建筑的市场空间和发展机遇也将越来越广阔。通过加强引领、合理规划、积极组织，政府、行业、企业的共同努力，产、学、研紧密合作，钢结构行业从业人员素质和技术水平全面提升，我国钢结构建筑市场的发展空间势必更加巨大，前景将更加广阔。

1. 钢结构本身的特点可以较好地符合建筑发展所需

从前面内容知道，钢材强度高，钢结构自重轻，相比传统的砌体结构及钢筋混凝土结构，钢结构更适用于大跨度、高层超高层建筑。同时，钢材具备良好的塑性及韧性，因此其抗震性能优越，不会由于突发地震而导致结构破坏。对于东南亚以及日本等一些地震高发地而言，经多次地震发现钢结构建筑在地震中所受的破坏度最小，因此钢结构已经变成建筑结构的首要选择。钢结构安装速度快，能够有效减少建设时间，最大程度减少施工成本，提高施工企业的经济效益。钢结构建筑目前处于高速发展阶段。随着标准化建设进程的发展，钢结构的质量愈发稳定，施工技术日趋完善。数控技术的发展使劳动强度不断降低。施工人员通过在现场安装螺栓、焊接即可完成整体结构的安装，较大层面地缩短了施工周期。

2. 高速发展的经济对钢结构建筑需求增大

钢结构的发展前景广阔，体育场馆的建设、西部大开发的实施、城市化和工业化步伐的进一步加快、重大基础设施工程的建设，均带动了我国钢结构的发展。如今，无论是设计水平，还是制作安装技术，中国钢结构都达到了国际先进水平，完全可以满足我国经济发展和基本建设的需要。同时，钢铁企业通过结构调整和技术改进使钢铁产品的品种及材质有了明显改善。如今，钢结构已广泛运用于国民经济基本建设的各个领域。钢结构行业已具有相当规模，形成了一批科研、设计、制造、施工、监理等骨干企业。

我国经济的高速发展推动了房地产行业的快速发展，钢结构住宅占比将会越来越大。随着我国综合国力增强，在国际社会影响力大幅提高，我国在承办一些国际体育赛事上的机会越来越多，从而增加了制作高规格、大跨度建筑项目的机会。钢结构在建筑行业中具有诸多优势，因而需求更加旺盛。大型建筑不仅需要较高的工程质量，也对建筑空间的利用率提出了更高的标准。传统的钢筋混凝土结构建筑由于施工周期长，结构跨度等受到限制，难以达到工期短、大跨度等要求，而使用钢结构却恰好符合大型建筑需求。针对当前我国体育场馆的建设状况而言，几乎大型场馆均使用了钢结构建筑体系。工业厂房也普遍使用钢结构进行建设。这种对钢结构的高度需求，会在今后较长时间延续，因此钢结构具有广阔的发展前景。

3. 国家在钢结构发展方面给予政策支持

建筑行业属于污染耗能较大的行业。我国建设工程在发展过程中面临着严峻的污染问题，如何降低建筑能耗并降低环境污染的程度成为当前建筑行业重点关注的问题。

钢结构属于绿色建筑，钢结构建筑经济耐久、施工快速、自重较轻且回收利用率高，具有传统钢筋混凝土建筑无法比拟的工程和经济优势。发展钢结构建筑符合我国建筑产业化的目标，符合国家的经济政策趋向，更加体现了可持续发展的目标。随着我国在经济发展过程中产业结构的调整和相关技术应用方面的日趋成熟，钢结构建筑正在迎来发展的春天。可以预测，未来钢结构发展不可限量，钢结构建筑将会替代传统钢筋混凝土结构成为建筑首选的结构类型。

❈ 任务完成与自评

项目	要求	记录	分值	扣分	备注
钢结构的行业现状	了解钢材的发展现状		10		
	了解钢结构设计施工水平		20		
	了解钢结构企业规模		10		
钢结构的发展前景	熟悉钢结构特点符合发展所需		20		
	了解经济发展需求		20		
	了解政策支持		20		

单 元 习 题

一、单选题

1. 国家体育场（鸟巢）属于（　　　）。
   - A. 大跨度空间钢结构
   - B. 高耸结构
   - C. 高层钢结构
   - D. 轻钢结构
2. 钢结构具有良好的抗震性能是因为（　　　）。
   - A. 钢材的强度高
   - B. 钢结构的质量轻
   - C. 钢材良好的塑性和韧性
   - D. 钢结构的材质均匀
3. （　　　）结构适合大跨度的体育馆屋面。
   - A. 管桁架　　　B. 门式刚架　　　C. 钢框架　　　D. 塔桅结构
4. 我国自行设计和建造的第一座公路铁路两用钢桥是（　　　）。
   - A. 京张铁路桥
   - B. 杭州钱塘江大桥
   - C. 蓟运河铁路桥
   - D. 武汉长江大桥
5. 我国自行设计建造的铁路钢桥是 1905～1909 年詹天佑主持建造的（　　　），累计长约 2000m，最大跨度 33.5m，距今有 100 多年。
   - A. 京张铁路桥
   - B. 杭州钱塘江大桥
   - C. 蓟运河铁路桥
   - D. 武汉长江大桥

6. 上海东方明珠电视塔属于（　　）。

    A．大跨度空间钢结构　　　　　　　B．高耸结构

    C．高层钢结构　　　　　　　　　　D．轻钢结构

二、多选题

1. 我国古代钢结构的类型有（　　）。

    A．铁索桥　　　　B．铁塔　　　　C．网架　　　　D．门式刚架

2. 下列钢结构的（　　）缺点有时会影响钢结构的应用。

    A．耐腐蚀性差　　B．耐火性差　　C．延性差　　　D．密封性差

3. 钢结构相比传统的混凝土结构，具有（　　）的优点。

    A．轻质高强　　　　　　　　　　　B．节能环保

    C．材质均匀、各向同性　　　　　　D．延性好

4. 悬索结构是以受拉的索作为基本承重构件，并将其按一定规律布置成各种形式的体系后，悬挂到相应的支承结构上，其基本类型有（　　）。

    A．单层双层悬索结构　　　　　　　B．鞍形索网结构

    C．索拱结构与张弦结构　　　　　　D．悬挂结构

三、复习思考题

1. 试述钢结构的应用范围。

2. 试述钢结构的优点及缺点。

3. 试述我国钢结构的发展趋势。

建筑钢材的选用

▌单元概述　本单元以《钢结构工程施工质量验收标准》（GB 50205—2020）为主要依据，结合《钢结构工程施工规范》（GB 50755—2012）、《低合金高强度结构钢》（GB/T 1591—2018）、《热轧 H 型钢和剖分 T 型钢》（GB/T 11263—2017）等相关专业规范，对建筑钢材的类型、规格及钢材的选用、进场验收进行了全面介绍。

▌知识目标　1. 掌握钢材的机械性能指标。
2. 掌握影响钢材性能的主要因素。
3. 熟悉建筑工程常用钢材类型。
4. 掌握常用建筑钢材规格表达方法。
5. 掌握钢材进场验收内容及验收方法。

▌能力目标　1. 能合理选用钢材的种类、规格及型号。
2. 能对进场钢材进行质量检验。

▌思政引导　原材料和成品质量直接影响钢结构工程的施工质量。钢结构工程施工质量控制程序的第一个环节就是原材料及成品的进场验收，必须从材料源头上把好质量关。作为钢结构工程施工技术人员，其主要工作任务是做好从原材料进场验收到竣工验收的全过程施工质量控制。质量检验要有章可循，学习本单元建筑钢材相关知识，强调钢材进场验收必须严格执行《钢结构工程施工质量验收标准》（GB 50205—2020）。培养我们未来在工作岗位上的规范意识、职业道德和责任精神。同时在自己的日常工作学习中也不能随心所欲，要正确认识自由和约束两者之间的关系，树立正确的是非观。

任务 2.1 学习钢材的基本知识

■任务目标

钢材的基本知识

通过对本任务内容的学习，认识钢铁的冶炼生产过程，掌握钢材的主要性能及影响钢材性能的主要因素，掌握钢材的破坏形式。

2.1.1 钢铁的冶炼生产

钢铁的冶炼生产工艺主要包括炼铁、炼钢、铸钢、轧钢等流程。

1. 炼铁

炼铁过程实质上是将铁从其自然形态——矿石等含铁化合物中还原出来的过程。炼铁方法主要有高炉法、直接还原法、熔融还原法等。其原理是矿石在特定的环境下，还原物质为 CO、H_2、C，在适宜温度下通过物化反应获取还原后的生铁。生铁除了少部分用于铸造外，绝大部分作为炼钢原料。铸造生铁中硅的质量分数较高时，断口呈灰黑色，可用作铸造的原料。炼钢生铁中硅的质量分数较低时，断口呈银白色，可用于炼钢。炼铁所需材料主要由铁矿石、燃料（焦炭）和熔剂（石灰石）三部分组成。通常，冶炼 1t 生铁需要 1.5～2.0t 铁矿石，0.4～0.6t 焦炭，0.2～0.4t 熔剂，总计需要 2～3t 原料。为了保证高炉生产的连续性，要求有足够数量的原料供应。

2. 炼钢

生铁的含碳量大于 2%，工业生铁含碳量一般为 2.11%～4.3%，并含有硅、锰及少量硫、磷等元素。生铁是铁矿石经高炉冶炼的产品。钢的含碳量为 0.02%～2.11%，还含有少量硅、锰及极少量硫、磷等元素。所以炼钢最主要的目的是降低生铁中过高的含碳量。对于钢材，磷元素是有害元素，它会降低钢的塑性和韧性，使其出现冷脆性（随着温度的降低，金属材料强度有所增加，而韧性下降），因此，需将磷含量限制在 0.05%以下。同时，硫元素也是有害元素，它会使钢的热脆性变大，需将其含量限制在 0.05%以下。但是，锰元素却可以增加钢材的坚固性、强度和耐磨损性。除此之外，硅元素也有助于增强钢材强度。所以，炼钢时需要除去生铁中磷、硫等影响钢材性能的元素，同时保留或增加硅、锰等元素并调整元素之间的比例。

炼钢所需的炼钢炉分为平炉、转炉和电炉三种。

平炉钢是利用煤气和其他燃料供应热能，把废钢、生铁熔液或铸铁块和不同的合金元素等冶炼成各种用途的钢。平炉钢生产周期长、效率低、成本高、现已逐步被转炉钢所取代。

转炉钢是利用高压空气或氧气使炉内生铁熔液的碳和其他杂物氧化，在高温下使铁液变为钢液。其生产周期短、效率高、质量好、成本低，已经成为国内外钢铁企业的炼钢方法。

电炉钢是利用电热原理，在电弧炉内冶炼。其质量好，但耗电量大、成本高，一般只用来冶炼特种用途的钢材。

3. 铸钢

钢液在炼钢炉中冶炼完成后，必须铸成一定形状的锭或坯才能进行加工。钢锭是钢液注入铸模冷却凝固形成的产品。钢坯是炼钢炉炼成的钢水通过连铸机铸造后得到的产品。

4. 轧钢

轧钢就是通过轧辊使化学成分和形状不同的钢锭或者钢坯在压力作用下产生塑性变形，从而制成形状、尺寸和性能符合要求的钢材。由于钢材的品种繁多，规格形状、钢种和用途各不相同，所以轧制不同产品采用的工艺过程也不同。根据轧制温度不同分为冷轧和热轧两种。

通过以上工序，得到各种型材、板材及管材等钢材制品。

2.1.2 钢材的主要机械性能

钢材的主要机械性能又称为钢材的力学性能，是钢材最重要的使用性能。在建筑结构中，对承受静荷载作用的钢材，要求具有一定的力学强度，并要求所产生的变形不致影响到结构的正常工作和安全使用。对承受动荷载作用的钢材，还要求具有较高的韧性而不致发生断裂。钢材的五大机械性能指标为：屈服点、抗拉强度、伸长率、冷弯性能、冲击韧性。屈服点、抗拉强度、伸长率三项基本性能通过单向拉伸试验获得，钢材的冷弯性能通过冷弯试验获得，钢材的冲击韧性通过冲击韧性试验获得。

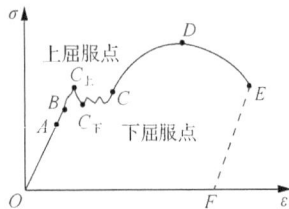

图 2.1 钢材单向拉伸时的应力-应变曲线

1. 单向拉伸时的工作性能

在静力荷载作用下对钢材进行单向拉伸试验，可得到钢材的应力-应变曲线，如图 2.1 所示。

钢材的应力-应变曲线可以分为四个工作阶段。

（1）弹性阶段（OB 段）

OA 阶段，荷载与伸长成比例，完全符合胡克定律。

AB 阶段，荷载增加，变形也增加，荷载与伸长不再成正比。

OB 阶段，荷载增加，变形也增加，荷载降到零，变形也降到零，变形均为弹性变形，没有产生残余变形，即卸载后变形全部消失，本阶段为弹性阶段。

（2）屈服阶段（BC 段）

本阶段荷载与变形不成正比，变形增加很快，呈锯齿状，甚至荷载不增加时，变形仍继续发展，这种现象称为钢材的屈服。屈服后，钢材内部组织发生变化，纯铁体晶粒之间产生滑移，试件中既有弹性变形（卸载后消失的变形）又有塑性变形（也叫残余变形，卸载后不能消失的变形），卸载后试件不能完全恢复原来的长度。波动曲线的下限，称为屈服荷载，相应的应力称为屈服点或流限，用符号 f_y 表示。

（3）强化阶段（CD 段）

屈服阶段之后，钢材内部晶粒重新排列，使之能抵抗更大的荷载。曲线略有上升而到达顶点 D。这个阶段称为强化阶段。到达 D 点试件所能承受的最大荷载称为极限荷载，相应的应力称为抗拉强度或极限强度。抗拉强度用 f_u 表示。

（4）颈缩阶段（DE 段）

当荷载到达极限时，在试件材料质量较差处的截面出现局部横向收缩，截面面积开始明显缩小，塑性变形迅速增大，这种现象叫颈缩现象。钢材颈缩后，荷载不断降低，但变形却继续发展，直到 E 点，试件断裂。

2. 单向拉伸时钢材的机械性能指标

（1）屈服点 f_y

屈服点是应力-应变曲线开始产生塑性流动时对应的应力（取屈服阶段波动部分的应力最低值），它是衡量钢材的承载能力和确定钢材强度设计值的重要指标。

（2）抗拉强度 f_u

抗拉强度是应力-应变曲线最高点对应的应力，它是钢材破坏前所能承受的最大应力。

（3）钢材的塑性

钢材的塑性指当应力超过屈服点后，钢材能产生显著的残余变形（塑性变形）而不立即断裂的性质。塑性好坏可用伸长率 δ 和断面收缩率 ψ 表示，通过静力拉伸试验得到。

1）伸长率。伸长率反映钢材拉伸断裂时所能承受的塑性变形能力，是衡量钢材塑性的重要技术指标。伸长率是以试件拉断后标距长度的增量与原标距长度之比的百分率来表示，其测量如图 2.2 所示。

伸长率按式（2.1）计算：

$$\delta = \frac{l_1 - l_0}{l_0} \times 100\% \qquad (2.1)$$

25

式中：l_1 ——试件拉断后标距部分的长度（mm）；

l_0 ——试件的原标距长度（mm）。

通常钢材拉伸试件取 $l_0 = 5d$，或 $l_0 = 10d$（d 为试件直径），其伸长率分别用 δ_5 和 δ_{10} 表示。对于相同钢材，$\delta_5 > \delta_{10}$。

2）断面收缩率。断面收缩率是指试件拉断后，颈缩区的断面面积缩小值与原断面面积比值的百分数，断面收缩率的测量如图 2.3 所示。

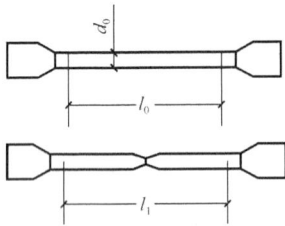

图 2.2　伸长率的测量　　　　　　　　　图 2.3　断面收缩率的测量

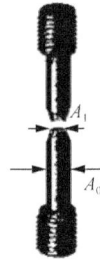

断面收缩率按式（2.2）计算：

$$\psi = \frac{A_0 - A_1}{A_0} \tag{2.2}$$

式中：A_0 ——试件原始截面积；

A_1 ——试件拉断后颈缩处的截面积。

断面收缩率 ψ 越大，钢材的塑性越好。由于在测量试件的断面面积时容易产生较大的误差，因而钢材塑性指标仍然采用伸长率作为保证要求。

3. 钢材的工艺性能

良好的工艺性能，可以保证钢材顺利通过各种加工，而使钢材制品的质量不受影响。冷弯及焊接性能均是建筑钢材重要的工艺性能。

（1）冷弯性能

冷弯性能是指钢材在常温下承受弯曲变形的能力，用来衡量钢材在常温下冷加工弯曲产生塑性变形时对裂缝的抵抗能力。将测定的试样按规定的弯心直径弯曲 180°，检查试件弯曲部分的外面、里面和侧面，如果没有裂纹、断裂或分层，即认为试件冷弯性能合格。通过冷弯试验，更有助于暴露钢材的某些内在缺陷。

钢材的冷弯性能与伸长率一样，也是反映钢材在静荷载作用下的塑性。而且冷弯性能是在更苛刻的条件下对钢材塑性的严格检验，它能反映钢材内部组织是否均匀、是否存在内应力及夹杂物等缺陷。

在工程中，冷弯试验还被用作对钢材焊接质量进行严格检验的一种手段，能揭示焊件在受弯表面是否存在的未熔合、微裂纹和夹杂物等缺陷。

（2）焊接性能

钢材的焊接性能又称钢材的可焊性。焊接是把两块金属局部加热使其接缝处呈熔融状态，熔融金属冷却以后使得两块金属连接在一起。焊接性能是指钢材在常用的焊接方法与工艺条件下获得良好焊接接头的性能。可焊性好的钢材可用一般焊接方法和工艺施焊，焊接时不易形成裂纹、气孔、夹渣等缺陷，焊接接头牢固可靠，焊缝及其附近受热影响区的性能不低于母材的力学性能。

钢材的可焊性易受碳含量和合金元素含量的影响。碳含量为 0.12%～0.20%的碳素钢可焊性最好。对于低合金高强度钢，合金元素大多对可焊性有不利影响，低合金钢的可焊性可采用碳当量式（2.3）来衡量。当碳当量 CE 小于 0.38%时，钢材的可焊性好，可不采取措施直接施焊。

$$CE = C + \frac{Mn}{6} + \frac{Cr + Mo + V}{5} + \frac{Ni + Cu}{15} \tag{2.3}$$

式中：C、Mn、Cr、Mo、V、Ni、Cu 为各元素自身的含量。

4. 冲击韧性

冲击韧性是钢材在冲击荷载作用下抵抗塑性变形的能力。吸收较多能量才断裂的钢材是韧性较好的钢材。钢材的冲击韧性用试件冲断时单位面积上所吸收的能量来表示（或用摆锤冲断 V 型缺口试件时单位面积上所消耗的功来表示）。

工程中，钢结构在动力荷载下脆性断裂总是发生在钢材内部缺陷处或有缺口处。冲击韧性与试件刻槽（缺口）有关，常用缺口形式为夏氏 V 型、夏氏钥孔型和梅氏 U 型，我国国家标准规定冲击试验缺口采用夏氏 V 型。

冲击韧性还与试验的温度有关。我国钢材标准中将试验分为四档，即+20℃、0℃、-20℃和-40℃时的冲击韧性。温度越低，冲击韧性越低。

2.1.3 影响钢材性能的主要因素

1. 化学成分

钢材的化学成分直接影响钢材的组织构造，从而影响钢材的力学性能。铁（Fe）是钢材的基本元素，普通碳素钢中铁含量占 99%，此外还有碳（C）、硅（Si）、锰（Mn）等有益元素及硫（S）、磷（P）、氧（O）、氮（N）等有害元素。这些元素总含量不大于 1%，但对钢材的力学性能却有很大影响。低合金钢中有含量小于 5%的合金元素，如铜（Cu）、钒（V）、钛（Ti）、铌（Nb）、铬（Cr）等。

碳（C）：随着含碳量的增加，钢材屈服强度和抗拉强度提高，但塑性和冲击韧性降低。含碳量高还会降低钢材的耐大气腐蚀能力，在露天料场的高碳钢就易锈蚀；此外，碳还能增加钢的冷脆性和时效敏感性。一般建筑用钢要求碳含量在 0.22%以下，焊接结构中应限制在 0.20%以下。

硅（Si）：有益元素。在普通碳素钢中，硅是一种强脱氧剂，常与锰共同除氧，生成镇静钢。

锰（Mn）：有益元素。在普通碳素钢中，锰是一种弱脱氧剂，可提高钢材强度，与 S 形成 MnS，熔点达 1600℃，可以消除硫对钢材的热脆影响。

硫（S）：硫在通常情况下是有害元素。使钢材产生热脆性，降低钢材的延展性和韧性，在锻造和轧制时使钢材产生裂纹。硫对焊接性能不利；还降低钢材的耐腐蚀性。一般建筑用钢含硫量要求不超过 0.055%，在焊接结构中应不超过 0.050%。

氧（O）：有害杂质，与 S 相似，会导致钢材发生热脆。

磷（P）：磷是钢材中的有害元素，增加钢材的冷脆性，使焊接性能变差，降低钢材的塑性和冷弯性能。P 元素含量需严格控制，一般建筑用钢中不超过 0.050%，焊接结构中不超过 0.045%。

氮（N）：有害杂质，与磷相似，会导致钢材发生冷脆。

钒（V）：合金元素。细化晶粒，提高强度，其碳化物具有高温稳定性，适用于承受荷载较大的焊接结构。

铜（Cu）：提高钢材的抗锈蚀性和强度，对钢材的可焊性有一定影响。

为改善钢材力学性能，可适量增加锰、硅元素的含量，还可掺入一定数量的铬、镍、铜、钒、钛、铌等合金元素，炼成合金钢。建筑钢结构常用的合金钢中合金元素含量较少，属于低合金钢。

2. 冶金缺陷

钢材主要的冶金缺陷有偏析、非金属夹杂、裂纹、气泡和分层等。钢材冶金缺陷越少，钢材的质量越好。

偏析：指金属结晶后化学成分分布不均匀的现象。钢材的偏析主要是硫、磷偏析，其后果是偏析区钢材的塑性、韧性、可焊性变差。

非金属夹杂：指钢材中非成分和性能所要求的非金属化合物（如硫化物、氧化物）使钢材性能变脆。

裂纹：钢材中存在的微观裂纹会导致节点发生撕裂破坏。

气泡：指浇铸时由 FeO 和 C 作用所生成的 CO 气体不能充分逸出，滞留在钢锭内部形成的微小空洞，会降低钢材的承载力。

分层：浇铸时的非金属夹杂在轧制后可能造成钢材的分层，导致应力集中，降低钢材的承载力。

3. 钢材的硬化

钢材的硬化主要是指钢材的冷作硬化和时效硬化。

钢材的冷作硬化指在冷加工或一次加载使钢材产生较大的塑性变形的情况下，卸载后再重新加载，钢材的强度和硬度显著提高，塑性和韧性降低的现象。

钢材的时效硬化指随着时间的增长，纯铁体中有一些数量极少的碳和氮的固熔物质析出，使钢材的屈服点和抗拉强度提高，塑性和韧性下降的现象。在交变荷载、重复荷载和温度变化等情况下，会加速时效硬化的发展。不同种类钢材的时效硬化过程和时间长短不同，可以从几小时到数十年。

还有一种硬化——钢材的应变时效硬化，在钢材产生一定数量的塑性变形后，铁素体晶体中的固溶碳和氮更容易析出，从而使已经冷作硬化的钢材又发生时效硬化现象。在高温作用下钢材的应变时效硬化会快速发展。

4. 应力集中

钢构件中不可避免地存在着孔洞、刻槽、凹角、裂纹以及厚度或宽度的突然改变，此时构件中的应力不再保持均匀分布，而是在某些区域产生高峰应力，另外一些区域则应力降低，即所谓应力集中现象。通过对不同槽口试件静力拉伸试验，发现截面槽口改变愈急剧，应力集中现象愈明显，其抗拉强度愈高，塑性愈差，破坏的脆性倾向愈大。

5. 温度的影响

一般在200℃以内钢材的性能变化不大，但在250℃左右钢材的抗拉强度有所提高，而塑性、冲击韧性变差，钢材变脆。钢材在此温度范围内破坏时常呈脆性破坏特征，这种现象称为"蓝脆"——其表面氧化呈现蓝色。大约260～320℃时钢材会发生徐变现象，此阶段钢材应力基本不变，变形缓慢增长。温度继续升高，钢材强度急剧下降，温度达600℃时，钢材强度几乎为零，不能继续承受荷载。

当温度从常温开始下降时，钢材的强度稍有提高，但脆性倾向变大，塑性和冲击韧性下降。当温度下降到某一数值时，钢材的冲击韧性突然显著下降，钢材发生脆性断裂，这种现象叫作低温冷脆。

2.1.4 钢材的破坏形式

1. 塑性破坏

塑性变形很大、经历时间又较长的破坏为塑性破坏，也称延性破坏。塑性破坏的特征是构件应力超过屈服点，并达到抗拉极限强度后，构件产生明显的变形并断裂。它是钢材晶粒中对角面上的剪应力值超过抵抗能力而引起晶粒相对滑移的结果。断口与作用力方向常呈45°，断口呈纤维状，色泽灰暗而不反光，有时还能看到滑移的痕迹。钢材的塑性破坏是由于剪应力超过晶粒的抗剪能力而产生的。

2. 脆性破坏

（1）定义

脆性破坏在破坏前无明显变形，平均应力小，往往比屈服点低很多。脆性断裂没有任何预兆，破坏断口平直并呈有光泽的晶粒状。从力学观点来分析，脆性破坏是由于拉应力超过晶粒抗拉能力而产生的。脆性破坏是突然发生的，危险性大，应尽量避免。

影响钢材出现脆性破坏的因素有内因和外因两种。内因包括钢材的化学成分、组织构造和缺陷等。外因包括钢材在制造和加工过程中引起的应力集中、低温影响、动力荷载的作用、冷作硬化和应变时效硬化等。

（2）防止脆性断裂的方法

1）合理设计。

① 合理选用钢材。

② 对于低温工作和受动力荷载的钢结构，应使所选钢材的脆性转变温度低于结构的工作温度。

③ 尽量使用较薄的型钢和板材，使其具有良好的冲击韧性。

④ 设计时结构的构造要合理，避免构件截面的突然改变，使之能均匀、连续地传递应力，从而减小构件的应力集中。

2）正确制造。

① 严格按照设计要求进行制作，不得随意进行钢材代换，不得随意将螺栓连接改为焊接连接，不得随意加大焊缝厚度。

② 为了避免冷作硬化现象的发生，应采用钻孔或冲孔后再扩钻的方法，以及对剪切边进行刨边。

③ 为了减少焊接残余应力导致的应力集中，应该制定合理的焊接工艺和技术措施，并由考试合格的焊工施焊，必要时可采用热处理方法消除主要构件中的焊接残余应力。

④ 焊接中不得在构件上任意打火起弧，影响焊接的质量，应按照规范要求进行焊接。

3）合理使用。

① 不得随意改变结构使用用途或超载荷使用结构。

② 原设计在室温工作的结构，在冬季停产时要注意保暖。

③ 不要在主要结构上任意焊接或附加零件悬挂物。

④ 避免因生产和运输不当对结构造成的撞击或机械损伤。

⑤ 平时注意对结构进行检查和维护。

3. 疲劳破坏

（1）定义

钢材在连续反复荷载作用下，虽然应力低于极限强度，甚至还低于屈服点，而发生的断裂叫作疲劳破坏。钢材在破坏之前，不出现明显的变形和局部收缩，和脆性破坏一样，是一种突然发生的断裂。疲劳破坏可划分为裂纹的形成、裂纹缓慢扩展和最后迅速断裂三个阶段。疲劳强度与反复荷载引起的应力种类（拉应力、压应力、剪应力和复杂应力等）、应力循环形式、应力循环次数、应力集中程度和残余应力等有关。

（2）疲劳破坏的特点

1）疲劳破坏时的应力小于钢材的屈服强度，钢材的塑性还没有开展，属于脆性破坏。

2）疲劳破坏的断口与一般脆性破坏的断口不同。一般脆性破坏后的断口平直，呈有光泽的晶粒状或人字纹，而疲劳破坏的主要断口特征是放射状和年轮状花纹。

3）疲劳断裂对缺口、组织缺陷等十分敏感。

（3）提高疲劳强度和疲劳寿命的措施

1）采取合理构造细节设计，尽可能减少应力集中。

2）严格控制施工质量，减小初始裂纹尺寸。

3）采取必要的工艺措施，如打磨、敲打等。

任务完成与自评

项目	要求	记录	分值	扣分	备注
钢材冶炼过程	不了解		20		
	一般				
	熟悉				
钢材的主要性能指标	不了解		30		
	一般				
	熟悉				
影响钢材性能的主要因素	不了解		30		
	一般				
	熟悉				
钢材的破坏形式	不了解		20		
	一般				
	熟悉				

任务 2.2　了解钢材的品种及规格

钢材的品种规格

■ 任务目标

通过对本任务内容的学习，熟悉建筑工程常用钢材类型。

2.2.1 认识钢材的种类

钢材种类繁多，可按不同的方式对钢材进行分类。

1. 按化学成分分类

按照化学成分不同，可将钢材分为碳素钢和合金钢两类。

（1）碳素钢

碳素钢是指含碳量为 0.02%～2.11%的铁碳合金。碳素钢是普通碳素结构钢的简称，根据钢材含碳量的不同，将钢材划分为以下三种类型：

低碳钢——含碳量在 0.25%以下的钢材。低碳钢退火组织为铁素体和少量珠光体，钢材的强度和硬度较低，塑性和韧性较好。因此，其冷成型性良好，而且这种钢材具有良好的焊接性。

中碳钢——含碳量为 0.25%～0.60%的钢材。中碳钢具有一定的塑性、韧性和强度，切削性良好，调质处理后有很好的综合力学性能。但中碳钢的淬透性较差，容易产生裂纹，产生焊接缺陷，焊接性能不良。

高碳钢——含碳量超过 0.60%的钢材。高碳钢在经适当热处理或冷拔硬化后，具有高的强度和硬度，切削性能较好，但焊接性能和冷塑性变形能力差。

建筑结构使用的钢材需要考虑钢材的强度、塑性、韧性和加工性能等，碳素钢用于建筑结构时常选用低碳钢。

（2）合金钢

在碳素钢的基础上，加入一定量的合金元素来提高钢材的性能，这种钢材称为合金钢。添加的合金元素有硅、锰、钼、镍、铬、矾、钛、铌、硼、铅等中的一种或几种。根据添加元素的不同，并采取适当的加工工艺，可获得高强度、高韧性、耐磨、耐腐蚀、耐低温、耐高温、无磁性等特殊性能。

低合金钢——在钢中加入的合金元素总含量低于 5%（含 5%）的钢材。

中合金钢——在钢中加入的合金元素总含量为 5%～10%（含 10%）的钢材。

高合金钢——在钢中加入的合金元素总含量高于 10%的钢材。

建筑结构使用的合金钢材常选用低合金钢。

2. 按品质分类

按照钢材有害杂质含量的多少，可将其分为普通钢、优质钢和高级优质钢三大类。

（1）普通钢

普通钢的含硫量一般不超过 0.050%，但对酸性转炉钢的含硫量允许适当放宽，属于这类的有普通碳素钢。普通碳素钢按技术条件又可分为：

甲类钢——只保证机械性能的钢；

乙类钢——只保证化学成分，但不必保证机械性能的钢；

特类钢——既保证化学成分，又保证机械性能的钢。

（2）优质钢

在结构钢中，优质钢的含硫量不超过 0.045%，含碳量不超过 0.040%。在工具钢中，优质钢的含硫量不超过 0.030%，含碳量不超过 0.035%。对于其他杂质（如铬、镍、铜等）的含量都有一定的限制。

（3）高级优质钢

属于高级优质钢的一般都是合金钢。高级优质钢中含硫量不超过 0.020%，含碳量不超过 0.030%，对其他杂质的含量要求更加严格。

对于具有特殊要求的钢，还可列为特级优质钢，此时可将钢材按品质分为四大类。

3. 按脱氧程度分类

钢液中残留的氧将使钢材晶粒粗细不均匀并发生热脆，降低钢材的力学性能。按照钢液在炼钢炉中进行脱氧的方法和程度不同，碳素结构钢可分为沸腾钢、镇静钢、半镇静钢和特殊镇静钢。

沸腾钢采用的脱氧剂为脱氧能力较弱的锰，因此脱氧不完全，且浇铸时会有气体逸出，产生钢液的沸腾现象。由于沸腾钢在铸模中冷却很快，气体逸出不完全，凝固后的钢材中留有较多的杂质和气体，钢的质量较差。

镇静钢采用锰和硅作为脱氧剂，脱氧较完全。由于硅在还原的过程中会产生热量，使钢液冷却缓慢，让气体充分逸出，钢的质量好，但成本高。

半镇静钢脱氧程度和钢材质量介于沸腾钢与镇静钢之间。

特殊镇静钢在锰和硅脱氧后，再用铝补充脱氧，其脱氧程度高于镇静钢。

4. 按断面形状不同分类

根据断面形状的不同，钢材可分为型材、板材、管材和线材四大类。

（1）型材

型材是一种具有一定截面形状和尺寸的实心钢材，有工字钢、H 型钢、槽钢、角钢、方钢、钢轨等。

（2）板材

板材是一种宽厚比和表面积都很大的扁平钢材，按厚度不同分薄板（厚度<4mm）、中板（厚度 4～25mm）和厚板（厚度>25mm）三种。

（3）管材

管材是一种中空截面的长条钢材，按其截面形状不同可分为圆管、方形管、六角形管和各种异形截面钢管，按加工工艺不同又可分无缝钢管和焊接钢管两大类。

（4）线材

在我国，一般直径 5～9mm 规格的成卷供应的热轧圆钢称为线材。线材因以盘卷交货，故又称为盘条。线材一般用普通碳素钢和优质碳素钢制成。按照钢材分配目录和用

途不同，线材包括普通低碳钢热轧圆盘条、优质碳素钢盘条、制钢丝绳用盘条、不锈钢盘条等。

5. 按成型方法分类

钢材按成型方法可分为锻钢、铸钢、热轧钢、冷拉钢四类。

（1）锻钢

锻钢指的是钢材的一种铸造方法。利用锻压机械对钢材坯料施加压力，使其产生塑性变形以获得具有一定力学性能、一定形状和尺寸锻件的加工方法。热轧和冷轧是最常见的两种锻造方法。

（2）铸钢

铸钢是铸造合金的一种，以铁、碳为主要元素，含碳量在 0～2%。铸钢专用于制造钢质铸件，铸钢的钢水流动性不如铸铁，浇铸结构的厚度不能太小，形状亦不应太复杂。

（3）热轧钢

热轧钢是经过高温加热轧制而成的钢材，虽强度不是很高，但塑性、可焊性较好，足以满足使用要求。

（4）冷拉钢

冷拉钢是在常温条件下，以超过原来钢筋屈服点强度的拉应力强行拉伸钢筋，使钢筋产生塑性变形，以达到提高钢筋屈服点和节约钢材的目的。

2.2.2 建筑工程常用钢材类型

在建筑工程中常采用的钢材类型有碳素结构钢、低合金高强度结构钢、耐候钢、厚度方向性能钢板等。

1. 碳素结构钢

碳素结构钢是碳素钢的一种。其含碳量约为 0.05%～0.70%，个别可高达 0.90%。可分为普通碳素结构钢和优质碳素结构钢两类。

（1）普通碳素结构钢

普通碳素结构钢牌号由 Q、数字、质量等级、脱氧方法四部分组成。按照钢材屈服强度分为 4 个牌号：Q195，Q215，Q235，Q275。质量等级按照钢材杂质元素（硫、磷）含量由高到低并伴随碳、锰元素的变化而分为 A、B、C、D 四个等级。A 级为最低等级，D 级为最高等级。《钢结构设计标准》（GB 50017—2017）规定承重结构的钢材在使用碳素钢时宜采用 Q235 钢。

示例：Q235AF。其中：

Q——钢材屈服点"屈"字汉语拼音的首位字母;

235——该牌号钢的最小屈服点数值,表明该钢材的屈服强度不低于"235 N/mm²";

A——钢材的质量等级符号 A 级;

F——沸腾钢"沸"字汉语拼音的首位字母,表明该钢材为沸腾钢。

根据浇铸时的脱氧程度不同,不同代号代表不同含义。字母 Z 代表镇静钢——"镇"字汉语拼音的首位字母。字母 TZ 代表特殊镇静钢——"特镇"两个汉语拼音的首位字母。在钢的牌号组成表示方法中,Z 与 TZ 符号予以省略。

（2）优质碳素结构钢

优质碳素结构钢材质纯净、杂质少,这种钢材中所含的硫、磷及非金属夹杂物比碳素结构钢少,机械性能较为优良。

我国的优质碳素结构钢钢材牌号表示方法是用两位阿拉伯数字表示优质碳素结构钢,两位阿拉伯数字代表平均含碳量的万分之几。例如,45 钢表示含碳量为 0.45% 的钢,30 钢表示平均含碳量为 0.30% 的钢,20 钢表示含碳量为 0.20% 的钢。优质碳素结构钢在工程中一般用于生产预应力混凝土用钢丝、钢绞线、锚具,以及高强度螺栓、重要结构的钢铸件等。

2. 低合金高强度结构钢

低合金高强度结构钢的钢材牌号、化学成分和性能等级等应符合现行国家标准《低合金高强度结构钢》（GB/T 1591—2018）的具体规定。

低合金高强度结构钢的牌号由 Q、数字、交货状态代号、质量等级四部分组成。Q 为代表屈服强度"屈"字的汉语拼音首位字母 Q;数字为规定的最小上屈服强度数值,按照钢材屈服强度分为 Q355、Q390、Q420、Q460、Q500、Q550、Q620、Q690;交货状态有热轧、正火、正火轧制、热机械轧制几种。交货状态为热轧时,交货状态代号 AR 或 WAR 可省略;交货状态为正火或正火轧制状态时,交货状态代号均用 N 表示;交货状态为热机械轧制时用 M 表示。低合金高强度结构钢的质量等级按照硫、磷等杂质含量和钢材冲击韧性的要求分为 B、C、D、E、F 五级。

示例:Q355ND。其中:

Q——钢的屈服强度的"屈"字汉语拼音的首位字母;

355——该牌号钢的最小屈服点数值,单位为兆帕（MPa）;

N——交货状态为正火或正火轧制;

D——质量等级为 D 级。

当需方要求钢板具有厚度方向性能时,则在上述规定的牌号后加上代表厚度方向（Z 向）性能级别的符号,如 Q355NDZ25。

3. 耐候钢

在钢材的冶炼过程中，通过添加少量的合金元素（如铜、磷、铬、镍等），使其在金属基体表面上形成保护层，来提高钢材的耐大气腐蚀性能，这类钢材即为耐大气腐蚀用钢或耐候钢。耐候钢有高耐候钢和焊接耐候钢两类。

耐候钢的牌号由屈服强度"屈"字汉语拼音首位字母 Q、屈服强度下限值、高耐候或耐候的汉语拼音首位字母 GNH 或 NH，以及质量等级 A、B、C、D、E 组成。

示例：Q355GNHC 表示屈服强度为 355N/mm^2 的 C 级高耐候钢。

耐候钢的分类及用途见表 2.1。

表 2.1 耐候钢分类及用途

类别	牌号	生产方式	用途
高耐候钢	Q295GNH、Q355GNH	热轧	用于车辆、集装箱、建筑、塔架或其他结构件等结构，与焊接耐候钢相比，具有较好的耐大气腐蚀性能
	Q265GNH、Q310GNH	冷轧	
焊接耐候钢	Q235NH、Q295NH、Q355NH、Q415NH、Q460NH、Q500NH、Q550NH	热轧	用于车辆、集装箱、建筑、塔架或其他结构件等结构，与高耐候钢相比，具有较好的焊接性能

4. 厚度方向性能钢板

由于轧制工艺的影响，钢板沿厚度方向的力学性能较差。当构件沿厚度方向产生较大应变时，厚板容易出现层状撕裂。因此，对于重要的焊接承重结构，为防止钢材的层状撕裂，应采用符合要求的厚度方向性能钢板，也称 Z 向钢。

钢板的 Z 向性能可通过试样拉伸试验得到，一般用断面收缩率来度量。我国生产的 Z 向钢板的标志是在母级钢钢号后面加上 Z 向钢板等级标志 Z15、Z25、Z35，字母 Z 后面的数字为断面收缩率的指标（%）。《厚度方向性能钢板》（GB/T 5313—2010）规定：厚度方向性能钢板是厚度为 15～400mm 的镇静钢钢板，不同性能级别的 Z 向钢其断面收缩率见表 2.2。

表 2.2 厚度方向性能级别及断面收缩率值

厚度方向性能级别	硫含量（质量分数）/%	断面收缩率/%	
		三个试样的最小平均值	单个试样最小值
Z15	≤0.010	15	10
Z25	≤0.007	25	15
Z35	≤0.005	35	25

2.2.3 常用建筑钢材

建筑钢结构采用的钢材有钢板、型钢、钢管、压型钢板以及冷弯（或冷压）薄壁型钢。

1. 钢板

钢板是用钢水浇铸，冷却后压制而成的平板状钢材，如图 2.4 所示。

（a）钢板　　　　　　　　（b）扁钢

图 2.4　钢板和扁钢

（1）钢板（包括扁钢）的分类

1）按厚度分类：厚钢板（4.5～60mm）、薄钢板（0.35～4mm）和扁钢（厚度为4～60mm，宽度为30～200mm），以及特厚钢板（60～150mm）；

2）按生产方法分类：热轧钢板、冷轧钢板；

3）按表面特征分类：镀锌板（热镀锌板、电镀锌板）、镀锡板、复合钢板、彩色涂层钢板；

4）按用途分类：桥梁钢板、屋面钢板、结构钢板、弹簧钢板等。

（2）钢板规格

钢板规格用符号"-"和宽度×厚度的毫米数表示。

如：-400×12 表示宽度为400mm，厚度为12mm的钢板。

钢板表面不得有气泡、结疤、拉裂、裂纹、折叠、夹杂和压入的氧化铁皮，钢板不得有分层。热轧钢板和钢带的规格、尺寸、外形、技术要求等应符合国家产品标准的规定。

花纹钢板其表面有突棱，起防滑作用，可用作地板、厂房扶梯、工作架踏板、船舶甲板、汽车底板等。花纹钢板的规格以基本厚度（突棱的厚度不计）表示，厚度为2.5～8.0mm。

2. 型钢

型钢是具有一定截面形状和尺寸的条型钢材。按照钢材的冶炼质量不同，型钢分为普通型钢和优质型钢。普通型钢按其断面形状又可分为工字钢、H型钢、槽钢、角钢、T型钢等，如图 2.5 所示。

37

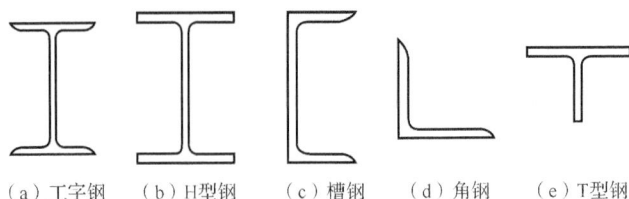

(a) 工字钢　(b) H型钢　(c) 槽钢　(d) 角钢　(e) T型钢

图 2.5　普通型钢断面形式

（1）工字钢

1）工字钢分类。工字钢分为普通工字钢和轻型工字钢，普通工字钢的规格为 I10～I63。工程上采用的工字钢如图 2.6 所示。

2）工字钢规格。工字钢有普通工字钢和轻型工字钢之分，分别用符号"I"和"QI"及号数表示，号数代表截面高度的厘米数。如 I36a 表示截面高度为 360mm、腹板厚度为 a 类的普通工字钢。I20 号以上的普通工字钢根据腹板厚度和翼缘宽度的不同，同号工字钢又分为 a，b 类型。I32 号以上的普通工字钢分为 a、b、c 三种类型，其中 a 类腹板最薄、翼缘最窄，b 类腹板较厚、翼缘较宽，c 类腹板最厚、翼缘最宽。不论是普通工字钢还是轻型工字钢，由于截面尺寸均相对较高、较窄，故对截面两个主轴的惯性矩相差较大。因此，一般仅能直接用于在其腹板平面内受弯的构件或将其组成格构式受力构件。对轴心受压构件或在垂直于腹板平面还有弯曲的构件均不宜采用，这就使其在应用范围上有着很大的局限。

（2）H 型钢

1）H 型钢分类。H 型钢是一种截面面积分配更加优化、强重比更加合理的断面型材，因其断面与英文字母 H 相同而得名。H 型钢可分为热轧 H 型钢和焊接 H 型钢两种。工程上采用的 H 型钢如图 2.7 所示。

图 2.6　工字钢

图 2.7　H 型钢

宽翼缘 H 型钢（HW），其 H 型钢高度和翼缘宽度基本相等，可用于钢结构中的钢柱。在钢材和混凝土组合结构中用作钢芯柱，也称劲性钢柱。

中翼缘 H 型钢（HM），其 H 型钢高度和翼缘宽度比例大致为 1.33～1.75。在钢结构中用作钢框架柱,在承受动力荷载的框架结构中可用作框架梁。

窄翼缘 H 型钢(HN),其 H 型钢高度和翼缘宽度比例大于等于 2,主要用于钢梁。

H 型钢属于高效经济截面型材(其他还有冷弯薄壁型钢、压型钢板等),由于截面形状合理,能使钢材更好地发挥效能,提高承载能力。不同于普通工字钢的是 H 型钢的翼缘进行了加宽,且内、外表面通常是平行的,这样可便于用高强度螺栓和其他构件连接。

2)H 型钢规格。

H 型钢表示方法:高度(H)×宽度(B)×腹板厚度(t1)×翼板厚度(t2)。

例如,HW200×200×8×12 表示高 200mm、宽 200mm、腹板厚度 8mm、翼缘板厚度 12mm 的宽翼缘 H 型钢。

(3)槽钢

1)槽钢分类。槽钢是截面为凹槽形的长条钢材,一般槽钢分普通槽钢和轻型槽钢。热轧普通槽钢的规格为[5~[40,槽钢经常和工字钢配合使用。工程上采用的槽钢如图 2.8 所示。

2)槽钢规格。槽钢表示方法:槽钢以截面高度的厘米数表示其型号,如[12 槽钢表示该槽钢高度 12cm。

(4)角钢

1)角钢分类。角钢俗称角铁,是两边互相垂直呈角形的长条钢材。分为等边角钢和不等边角钢两种。角钢可按结构的不同需要组成各种不同的受力构件,也可作构件之间的连接件。工程上采用的角钢如图 2.9 所示。

图 2.8 槽钢

图 2.9 角钢

2)角钢规格。表示方法:角钢的规格用边长和边厚的尺寸表示,以边长的厘米数为号数。如:等边角钢的型号用符号L和肢宽×肢厚的毫米数表示。如L50×5 为肢宽 50mm、肢厚 5mm 的等边角钢。不等边角钢的型号用符号L和长肢宽×短肢宽×肢厚的毫米数表示。例如,L100×80×10 表示长肢宽 100mm、短肢宽 80mm、肢厚 10mm 的不等边角钢。

(5)T 型钢

1)T 型钢分类。因其断面与英文字母 T 相同而得名。T 型钢分两种:一种是用 H 型钢直接剖分而成的 T 型钢,是替代双角钢焊接的理想材料,具有抗弯能力强、施工简单、节约成本和结构质量轻等优点；另一种是两块钢板焊接而成的 T 形截面。工程上采用的 T 型钢如图 2.10 所示。

图 2.10　T 型钢

2）T 型钢规格。

T 型钢表示方法：T 型钢分宽翼缘 T 型钢（TW）、中翼缘 T 型钢（TM）、窄翼缘 T 型钢（TN）三类。其表示方法为（H）×翼缘宽度（B）×腹板厚度（$t1$）×翼缘厚度（$t2$）。

例如，T248×180×8×12 表示截面高 248mm、翼缘宽 180mm、腹板厚 8mm、翼缘厚 12mm 的 T 型钢。

3. 钢管

（1）钢管分类

1）钢管按截面形状不同可以分为圆钢管和方钢管。

2）钢管按生产方法不同可分为无缝钢管和焊接钢管。焊接钢管又有直缝焊接和螺旋焊接两种方式。热轧钢管外径为 32～630mm，壁厚为 2.5～75mm；冷拔钢管外径为 6～200mm，壁厚为 0.25～14mm。

工程上采用的圆钢管如图 2.11 所示。

图 2.11　圆钢管

（2）钢管规格

圆钢管用外直径和壁厚来表示，方钢管用边长和壁厚来表示。

如 $\Phi273\times5$，表示外直径为 273mm、壁厚为 5mm 的圆钢管。如 □50×2，表示边长为 50mm、壁厚为 2mm 的方钢管。

4. 压型钢板

（1）压型钢板分类

压型钢板是薄钢板经冷压或冷轧成型的钢材。

1）根据使用功能要求不同，压型钢板可压成波形、双曲波形、肋形、Ｖ形等不同的截面形式。

2）根据基板镀层不同，压型钢板可以分为镀锌钢板、镀铝钢板、镀铝锌钢板、镀锌合金化钢板、电镀锌钢板等。

（2）压型钢板规格

常用规格：彩色镀锌钢板及镀铝锌钢板基板的厚度为 0.25～2.3mm，宽度为 600～1270mm，通常成卷供货，长度视钢厂最低起订量而定。彩色镀锌钢板及镀铝锌钢板厚度：0.42mm，0.48mm，0.50mm，0.55mm，0.60mm。

表示方法：压型钢板用 YXH-S-B 表示，其中，YX 表示压型的汉语拼音第一个字母；H 代表压型钢板的波高；S 代表压型钢板的波距；B 代表压型钢板的有效覆盖宽度。

如 YX173-300-300 表示压型钢板的波高为 173mm，波距为 300mm，有效覆盖宽度为 300mm；YX100-300-600 表示压型钢板的波高为 100mm，波距为 300mm，有效覆盖宽度为 600mm。

压型钢板种类很多，如图 2.12 所示。

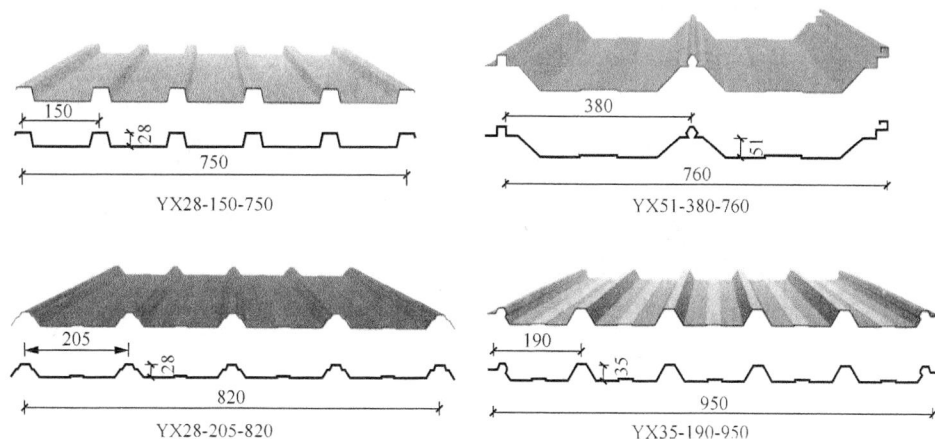

图 2.12　压型钢板

5. 冷弯薄壁型钢

冷弯薄壁型钢指用钢板在常温状态下弯曲成的各种断面形状的成品钢材。冷弯薄壁型钢是一种较经济的截面轻型薄壁钢材。常见的冷弯薄壁型钢有 C 型钢、U 型钢、Z 型钢等，如图 2.13 所示。常用作屋面檩条、墙架梁柱、龙骨、门窗等次要构件和围护结构。

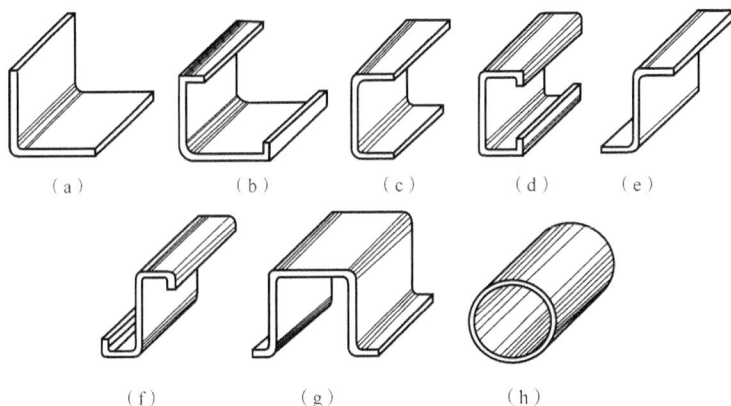

（a）　　　　（b）　　　　（c）　　　　（d）　　　（e）

（f）　　　　　（g）　　　　　（h）

图 2.13　冷弯薄壁型钢断面形式

常见 C 型钢表示方法：高度（H）×翼缘宽度（B）×卷边长度（a）×肢厚（t）。如 C180×60×20×3.0 表示 C 型钢的高为 180mm，翼缘宽为 60mm，卷边长度为 20mm，肢厚为 3.0mm。工程上常用的 C 型钢如图 2.14 所示。

常见 Z 型钢表示方法：高度（H）×横向宽度（B）×卷边长度（a）×肢厚（t）。如 Z160×80×20×2.5 表示 Z 型钢的高度为 160mm，横向宽度为 80mm，卷边长度为 20mm，肢厚为 2.5mm。工程上常用 Z 型钢如图 2.15 所示。

图 2.14　C 型钢　　　　　　　　　　图 2.15　Z 型钢

任务完成与自评

项目	要求	记录	分值	扣分	备注
钢材种类	不了解		20		
	一般				
	熟悉				
建筑钢材分类	不了解		40		
	一般				
	熟悉				
型材规格表达	不了解		40		
	一般				
	熟悉				

任务 2.3　钢材的进场验收

■ **任务目标**

钢材的进场验收

　　由教师指定某钢结构工程，并结合本任务内容的学习，对其主体结构构件制作所采用的钢板进行进场验收。

1. 根据验收标准要求完成检验批的划分。
2. 确定钢材进场验收内容。
3. 完成钢材进场验收自检记录。
4. 评定进场钢材质量是否合格。

2.3.1　工作准备

1）明确钢材进场验收流程。

2）钢材验收前的工具准备：游标卡尺、钢卷尺、计量仪器等。

3）钢材验收的相关人员：甲方现场指定代表、监理现场指定代表、工区现场工长、分包指定材料员、项目材料员。

4）明确验收时的资料：主要指钢材质量证明书或合格证，具体包括以下内容。

① 制造厂名、生产批号及合同号。

② 材料牌号和级别。

③ 材料品种、规格型号及交货状态。

④ 交货数量及重量。

⑤ 全部检测项目的检验报告必须有供方质监部门的检验专用章及检验员签章并加盖"合格"章。

5）明确验收项目：

① 核对质量证明书与实物的符合性。

② 钢材的外观和几何尺寸，钢材表面不允许有裂纹、结疤，钢材端边或断口处不应有分层、夹渣等缺陷。

③ 钢材的重量。

④ 钢材的合格标识。

⑤ 抽样检验。

2.3.2　明确钢材进场验收内容及要求

钢材是钢结构构件加工的主要材料，直接影响结构安全使用。无论是国内供应的钢板还是进口钢板，其品种、规格、性能应符合国家现行标准的规定并满足设计要求。每批钢板应具有钢厂出具的产品质量证明书。钢板进场时，应按国家现行标准的规定抽取试件且应进行屈服强度、抗拉强度、伸长率和厚度偏差检验，检验结果应符合国家现行标准的规定。

1. 钢材进场常规检查

钢材进场检验首先是常规检查，全数检查钢材的质量合格证明文件、中文标志及检验报告等。检查钢材的外观及几何尺寸是否满足设计及产品规范要求。

钢板的厚度、型钢的规格尺寸是影响钢结构和构件承载力的主要因素，进场验收时应该重点抽查钢板厚度等外形尺寸。由于钢材基本上是露天堆放，受风吹雨淋和污染空气的侵蚀，钢材表面会出现麻点和片状锈蚀，严重者不得使用。对钢材表面缺陷进行检查，应符合国家现行有关标准的规定。

钢材的验收是保证钢结构工程质量的重要环节，应该按照规定执行。钢材验收应满足以下要求：

1）钢材的品种和数量是否与订货单一致。

2）钢材的质量保证书是否与钢材上打印的记号相符。

3）核对。测量钢材尺寸是否符合标准规定，尤其是钢板厚度的偏差。

4）钢材表面质量检验。表面不允许有结疤、裂纹、折叠和分层等缺陷，钢材表面的锈蚀深度不得超过其厚度负偏差值的一半，有以上问题的钢材应另行堆放，再行处理。

2. 钢材进场抽样复验

有些钢材进场时，只进行常规项目的检查是不够的，还需要对钢材的化学成分和力学性能进行抽样复验。具体复验项目包括：屈服强度、抗拉强度、伸长率、冷弯性能、冲击韧性、厚度方向断面收缩率、化学成分及设计有要求的项目。

《钢结构工程施工质量验收标准》（GB 50205—2020）中规定，下列 6 种情况应进行复验，且应是见证取样、送样的试验项目。其复验结果应符合国家现行产品标准的规定并满足设计要求：

1）结构安全等级为一级的重要建筑主体结构用钢材；

2）结构安全等级为二级的一般建筑，当其结构跨度大于 60m 或高度大于 100m 时或承受动力荷载需要验算疲劳的主体结构用钢材；

3）板厚不小于 40mm，且设计有 Z 向性能要求的厚板；

4）强度等级大于或等于 420MPa 的高强度钢材；

5）进口钢材、混批钢材或质量证明文件不齐全的钢材；

6）设计文件或合同文件要求复验的钢材。

3. 钢材复验检验批量的确定

钢材复验检验批量标准值是根据同批钢材量确定的，同批钢材应由同一牌号、同一质量等级、同一规格、同一交货条件的钢材组成。钢材复验检验批量标准值可按表 2.3 采用。

表 2.3　钢材复验检验批量标准值　　　　　　　　　　（单位：t）

同批钢材量	检验批量标准值
≤500	180
501～900	240
901～1500	300
1501～3000	360
3001～5400	420
5401～9000	500
>9000	600

注：同一规格可参照板厚度分组：≤16mm；16～40mm（含 40mm）；40～63mm（含 63mm）；63～80mm（含 80mm）；80～100mm；>100mm（含 100mm）。

根据建筑结构的重要性及钢材品种不同，对检验批量标准值进行修正，检验批量值取 10 的整数倍。修正系数可按表 2.4 采用。

表2.4 钢材复验检验批量修正系数

项目	修正系数
1. 建筑结构安全等级一级，且设计使用年限为100年及以上的结构构件； 2. 强度等级大于或等于420MPa高强度钢材	0.85
获得认证且连续头三批均检验合格的钢材产品	2.00
其他情况	1.00

注：修正系数为2.00的钢材产品，当检验出现不合格时，应按照修正系数1.00重新确定检验批量。

钢材复验首先应满足设计文件的要求，当设计文件无具体要求时，每个检验批复验项目及取样数量按表2.5执行。

表2.5 每个检验批复验项目及取样数量

序号	复验项目	取样数量	适用标准编号	备注
1	屈服强度、抗拉强度、伸长率	1	GB/T 2975—2018、 GB/T 228.1—2021	承重结构采用的钢材
2	冷弯性能	3	GB/T 232—2010	焊接承重结构和弯曲成型构件采用的钢材
3	冲击韧性	3	GB/T 2975—2018、 GB/T 229—2020	需要验算疲劳的承重结构采用的钢材
4	厚度方向断面收缩率	3	GB/T 5313—2010	焊接承重结构采用的Z向钢
5	化学成分	1	GB/T 20065—2016、 GB/T 223系列标准、 GB/T 4336—2016、 GB/T 20125—2006	焊接结构采用的钢材保证项目：P，S，C（CEV）；非焊接结构采用的钢材保证项目：P，S
6	其他	由设计提出要求		

4. 钢材进场验收标准要求

用于钢结构工程钢板的外形、尺寸、重量及允许偏差，应符合表2.6所示国家现行标准的要求。

表2.6 钢材的外形、尺寸、重量及允许偏差国家标准

序号	标准名称	标准号
1	碳素结构钢和低合金结构钢热轧钢板及钢带	GB/T 3274—2017
2	热轧钢板和钢带的尺寸、外形、重量及允许偏差	GB/T 709—2019
3	热轧钢棒尺寸、外形、重量及允许偏差	GB/T 702—2017
4	冷轧钢板和钢带的尺寸、外形、重量及允许偏差	GB/T 708—2019

钢材进场验收分为主控项目验收和一般项目验收。主控项目指建筑工程中的对安全、卫生、环境保护和公众利益起决定性作用的检验项目。一般项目指除主控项目以外的检验项目。

主控项目与一般项目的区别：对有允许偏差的项目，如果有允许偏差的项目是主控项目，则其检测点的实测值必须在给定的允许偏差范围内，不允许超差。主控项目必须满足《钢结构工程施工质量验收标准》（GB 50205—2020）的质量要求。如果是一般项目，其检验结果应有 80%及以上的检查点（值）满足《钢结构工程施工质量验收标准》（GB 50205—2020）的要求，且最大值（或最小值）不应超过其允许偏差值的 1.2 倍。

《钢结构工程施工质量验收标准》（GB 50205—2020）对于钢结构用钢板进场验收要求如下：

钢材主控项目验收要求见表 2.7。

表 2.7　钢材主控项目验收要求

项次	规范编号	验收要求	检验方法	检查数量
1	第 4.2.1 条	钢板的品种、规格、性能应符合国家现行标准的规定并满足设计要求。钢板进场时，应按国家现行标准的规定抽取试件且应进行屈服强度、抗拉强度、伸长率和厚度偏差检验，检验结果应符合国家现行标准的规定	检查质量证明文件和抽样检验报告	质量证明文件全数检查；抽样数量按进场批次和产品的抽样检验方案确定
2	第 4.2.2 条	钢板应按附录 A 的规定进行见证抽样复验，其复验结果应符合国家现行标准的规定并满足设计要求	见证取样送样，检查复验报告	全数检查

钢材一般项目内容及验收要求见表 2.8。

表 2.8　钢材一般项目内容及验收要求

项次	规范编号	验收要求	检验方法	检查数量
1	第 4.2.3 条	钢板厚度及其允许偏差应满足其产品标准和设计文件的要求	用游标卡尺或超声波测厚仪量测	每批同一品种、规格的钢板抽检10%，且不应少于3张，每张检测 3 处
2	第 4.2.4 条	钢板的平整度应满足其产品标准的要求	用拉线、钢尺和游标卡尺量测	每批同一品种、规格的钢板抽检10%，且不应少于3张，每张检测 3 处
3	第 4.2.5 条	钢板的表面外观质量除应符合国家现行标准的规定外，尚应符合下列规定： 1. 当钢板的表面有锈蚀、麻点或划痕等缺陷时，其深度不得大于该钢材厚度允许负偏差值的 1/2，且不应大于 0.5mm； 2. 钢板表面的锈蚀等级应符合现行国家标准《涂覆涂料前钢材表面处理　表面清洁度的目视评定　第 1 部分：未涂覆过的钢材表面和全面清除原有涂层后的钢材表面的锈蚀等级和处理等级》（GB/T 8923.1—2011）规定的 C 级及 C 级以上等级； 3. 钢板端边或断口处不应有分层、夹渣等缺陷	观察检查	全数检查

任务完成与自评

项目	要求	记录	分值	扣分	备注
检验批的划分	不了解		20		
	一般				
	熟悉				
抽检数量的确定	不了解		20		
	一般				
	熟悉				
外观质量检查内容	不了解		20		
	一般				
	熟悉				
外观质量检查标准	不了解		20		
	一般				
	熟悉				
操作期间的表现和学习态度	一般		20		
	较好				
	认真				

单 元 习 题

一、单选题

1.（　　）是衡量钢材的承载能力和确定钢材强度设计值的重要指标。
    A．屈服点　　　　B．抗拉强度　　　　C．伸长率　　　　D．断面收缩率

2.钢材中硫的含量超过限值时，钢材可能会出现（　　）。
    A．冷脆　　　　B．蓝脆　　　　C．热脆　　　　D．徐变

3.符号∟125×80×10表示（　　）。
    A．等肢角钢　　　B．不等肢角钢　　　C．钢板　　　D．槽钢

4.当钢板的表面有锈蚀、麻点或划痕等缺陷时，其深度不得大于该钢材厚度允许负偏差值的1/2，且不应大于（　　）。
    A．0.5mm　　　B．0.8mm　　　C．1.0mm　　　D．1.2mm

5.低合金高强度结构钢的牌号由四个部分组成，如Q355ND，N代表（　　）。
    A．质量等级代号　　　　　　　B．交货状态代号
    C．脱氧程度代号　　　　　　　D．焊接位置代号

6.对于重要的焊接承重结构，为防止钢材的层状撕裂应采用（　　）。

A．Z 向钢   B．耐候钢
C．普通碳素结构钢   D．低合金高强度结构钢

7．钢结构采用的原材料及成品按规范需要进行复验的，应该经过（　　）见证取样、送样。

A．试验员　　　　B．监理工程师　　　C．取样员　　　　D．材料员

二、多选题

1．钢材塑性指标可通过（　　）来衡量。

A．断面收缩率　　B．伸长率　　　　　C．冲击功　　　　D．冷弯性能

2．碳素结构钢根据脱氧程度的不同可分为（　　）。

A．沸腾钢　　　　B．半镇静钢　　　　C．镇静钢　　　　D．特殊镇静钢

三、填空题

1．Q355GNHC 表示屈服强度为 355N/mm^2 的 C 级_____。

2．Z 向钢板等级标志 Z15、Z25、Z35，Z 字后面的数字为_____的指标（%）。

四、复习思考题

1．试述钢材的主要性能。

2．试述钢材进场验收的内容。

3．哪些情况下需要对钢材进行复验？

钢结构焊接连接施工

▌单元概述　焊接连接是钢结构最主要的一种连接方法。建筑钢结构采用的焊接方法主要有手工电弧焊、埋弧焊、CO_2 气体保护焊等。本单元以《钢结构焊接规范》(GB 50661—2011)、《钢结构工程施工规范》(GB 50755—2012)、《钢结构工程施工质量验收标准》(GB 50205—2020) 为主要依据,对钢结构常用的焊接方法进行全面叙述。每一工作任务均介绍了施工工艺及质量控制要点。通过本单元的学习,要求学生针对不同的焊接方法,能够正确选择相应的焊接材料及焊接设备,能够在焊接施工时选择合理的焊接工艺参数,并能够在焊接完成后按验收规范要求对焊缝进行外观检查及无损探伤检测。

▌知识目标
1. 熟悉各种焊接设备及工具。
2. 了解焊接接头和坡口形式、焊接位置。
3. 掌握焊接材料、焊接参数的选择。
4. 掌握焊接工艺评定方法。
5. 了解焊缝常见缺陷产生的原因和防止措施。
6. 掌握焊接检验方法。

▌能力目标
1. 能正确选择手工电弧焊焊接材料及焊接参数,并进行手工电弧焊焊接工艺指导。
2. 能正确选择埋弧焊焊接材料及焊接参数,并进行埋弧焊焊接工艺指导。
3. 能正确选择 CO_2 气体保护焊焊接材料及焊接参数,并进行 CO_2 气体保护焊焊接工艺指导。
4. 能正确选择栓钉焊焊接材料及焊接参数,并进行栓钉焊焊接工艺指导。
5. 能组织焊接工艺评定试验,并编制焊接工艺评定报告。
6. 能组织焊接质量验收。

┃思政引导　　国家体育场（鸟巢）钢结构总用钢量 4.2 万 t，全焊接而成，焊缝的总长度达 32 万 m。作为一个全焊接的重型钢结构，对焊接质量要求之高、难度之大，史无前例。该工程由 265 名焊工历时两年完成焊接任务。为了确保工程焊接质量，在正式施工前，进行了 126 项焊接工艺评定试验。在室温 35℃的情况下，焊件需要预热到 150～200℃，焊接工人在如此环境下坚守着岗位。这体现了工人吃苦耐劳、爱岗敬业的奉献精神。对于复杂位置的焊接，尤其是仰焊，焊缝不易成形。为了保证连续施焊，预防焊接裂纹、夹渣等焊接缺陷的产生，即使熔化的焊丝、铁水滴进焊工的脖子，焊接也一刻不停。正是他们这种不怕困难、精益求精、追求卓越的工匠精神，保证了国家体育场（鸟巢）焊接工程的高质量完成。作为当代大学生，我们在学习中也应弘扬工匠精神，将自己的专业学到极致，将来在所从事的岗位上成就一番事业。

任务 3.1　学习焊接基本知识

任务目标

　　通过对本任务内容的学习，熟悉焊缝的形式及焊接接头形式。掌握焊缝形状几何参数。

焊接基本知识

3.1.1　焊缝形式

按不同的分类方法可将焊缝分成不同的形式。

1. 按焊缝结合形式

（1）对接焊缝

对接焊缝是指在焊件的坡口面间或一个焊件的坡口面与另一个焊件端面间焊接的焊缝，因焊件的边缘常加工成各种形状的坡口，故对接焊缝又称坡口焊缝。

按照坡口形式的不同，对接接头又分为 I 形对接（不开坡口）接头、V 形坡口接头（图 3.1）、U 形坡口接头、X 形坡口接头及双 U 形坡口接头等。对于厚度在 6mm 以下的构件对接焊，一般采用不开坡口而留一定间隙的双面焊。对于中等厚度及大厚度构件的对接焊，为了保证焊透，必须开坡口。V 形坡口便于加工，但是焊接后容易发生变形。X 形坡口由于焊缝截面对称，焊后工件的变形及内应力比 V 形坡口要小。在相同板厚条件下，X 形坡口比 V 形坡口要减少近 1/2 的填充金属量。U 形及双 U 形坡口，其焊缝的填充金属量更少，焊后变形也很小，但是这种坡口加工困难，一般用于重要的焊接结构。

（2）角焊缝

角焊缝是指沿两构件交线所焊接的焊缝。按焊脚边的夹角分为直角焊缝和斜角焊缝（图 3.2）。直角焊缝较为常用，斜角焊缝多用于钢管构件间的焊接。

图 3.1　对接焊缝 V 形坡口接头

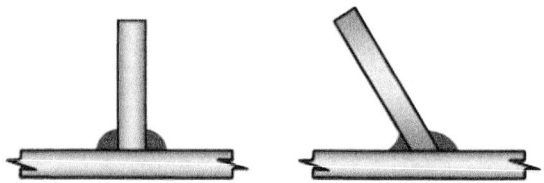

图 3.2　直角焊缝和斜角焊缝

（3）端接焊缝

端接焊缝（图 3.3）是指构成端接接头所形成的焊缝。

（4）塞焊缝

两零件相叠，其中一块开圆孔，在圆孔中焊接两板所形成的焊缝称为塞焊缝。只在孔内焊角焊缝者不称塞焊。

（5）槽焊缝

两板相叠，其中一块开长孔，在长孔中焊接两板的焊缝称为槽焊缝（图3.4）。只焊角焊缝者不称槽焊。

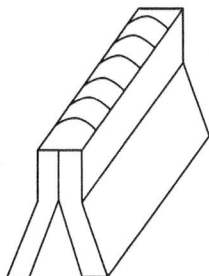

图3.3 端接焊缝　　　　图3.4 槽焊缝

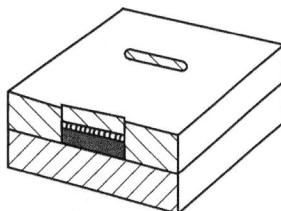

2. 按焊缝施焊时焊缝所处空间位置

按焊缝施焊时焊缝所处空间位置，焊缝可分为平焊、立焊、横焊及仰焊四种形式（图3.5）。

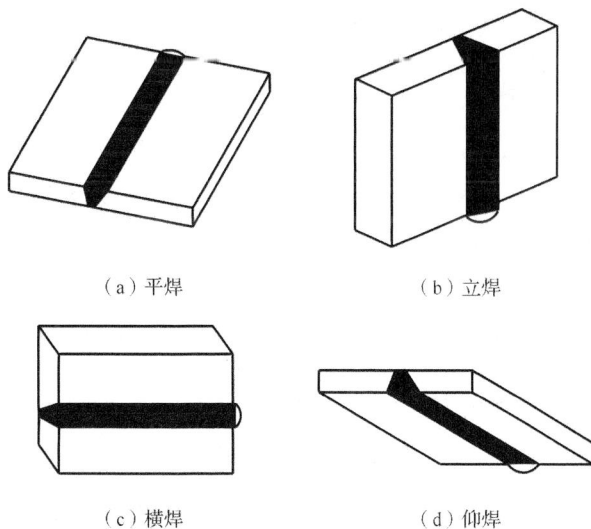

（a）平焊　　　（b）立焊

（c）横焊　　　（d）仰焊

图3.5 焊缝施焊时焊缝所处空间位置

3. 按焊缝断续情况

按焊缝断续情况，焊缝可分为定位点焊、连续焊缝和断续焊缝。

3.1.2 焊接接头形式

用焊接方法连接的接头称为焊接接头。根据板件间的相对位置关系将常用的接头形式分为对接接头、搭接接头、角接接头和 T 形接头（图 3.6）。

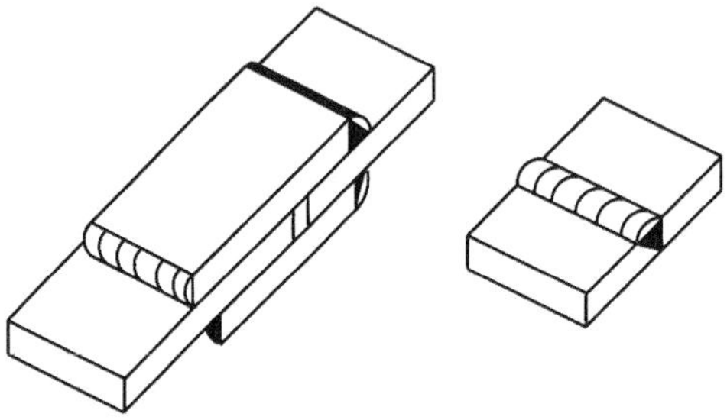

（a）对接接头（角焊缝）　（b）对接接头（对接焊缝）

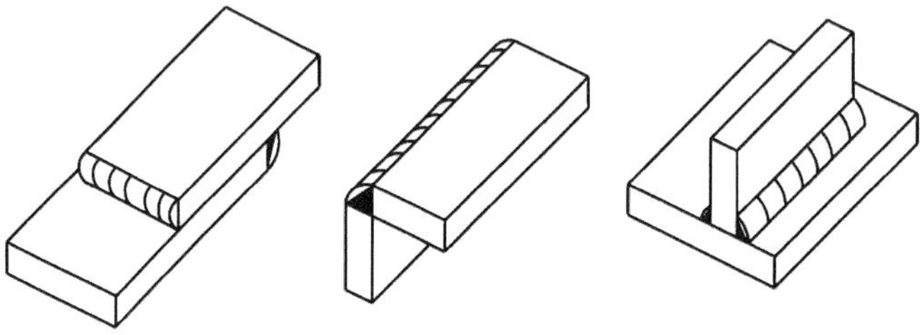

（c）搭接接头（角焊缝）　（d）角接接头　（e）T形接头（角焊缝）

图 3.6　焊接接头形式

3.1.3 焊缝的形状尺寸

焊缝的形状用一系列几何尺寸来表示，不同形式的焊缝，其形状参数也不一样。

熔焊接头的组成：经熔焊所形成的各种接头都是由焊缝、熔合线、热影响区及其邻近的母材组成，见图 3.7。

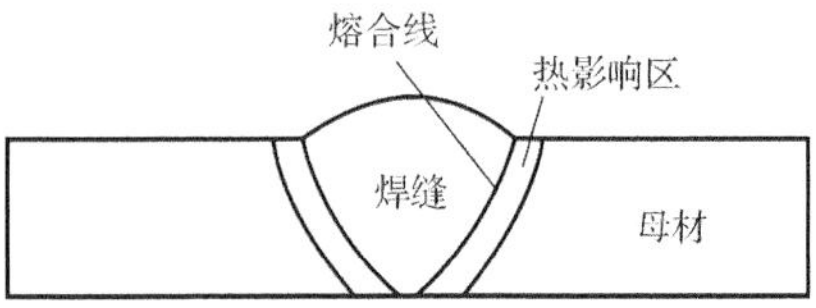

图 3.7　熔焊接头组成

焊缝起着连接金属和传递外力的作用，它是焊接过程中由填充金属和部分母材熔合后凝固而成的，其性能决定于两者熔合后的成分和组织。热影响区是母材受焊接热的影响（但未熔化）而发生金相组织和力学性能变化的区域。焊后热影响区可能产生脆化、硬化等不利现象。

54

1. 焊缝宽度

焊缝表面与母材的交界处叫作焊趾。焊缝表面两焊趾之间的距离叫作焊缝宽度,见图 3.8。

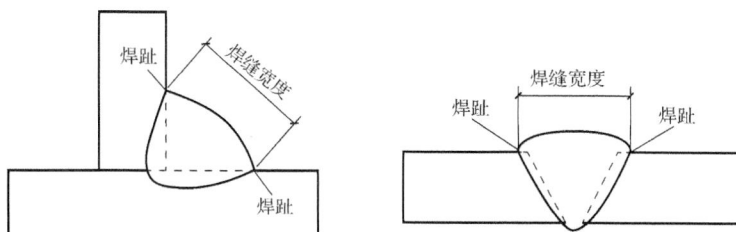

图 3.8 焊缝宽度

2. 余高

超出母材表面焊趾连线上面的那部分焊缝金属的最大高度叫余高,见图 3.9。在静载荷下,它有一定的加强作用,又叫加强高。但在动载荷或交变载荷下,它非但不起加强作用,反而因焊趾处应力集中易引起脆断。因此,余高不能低于母材也不宜过高。手工电弧焊时的余高值为 0~3mm。

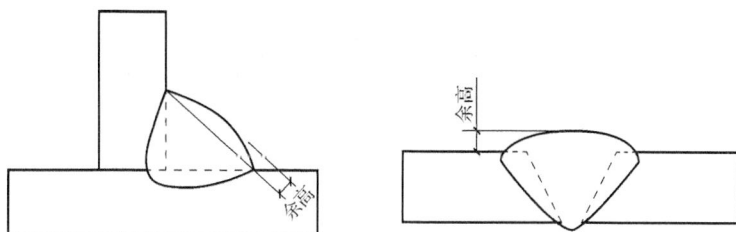

图 3.9 余高

3. 熔深

在焊接接头横截面上,母材或前道焊缝熔化的深度叫作熔深,不同接头形式焊缝熔深见图 3.10。

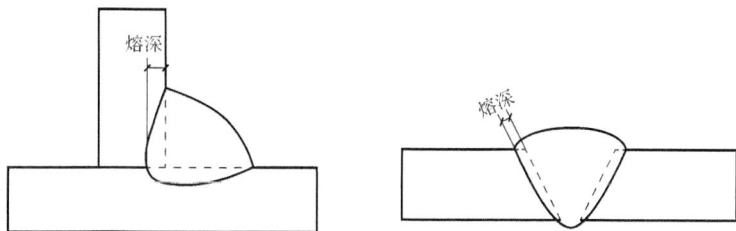

图 3.10 不同接头形式焊缝熔深

55

4. 焊缝厚度

在焊缝横截面中，从焊缝正面到焊缝背面的距离叫作焊缝厚度，见图 3.11。

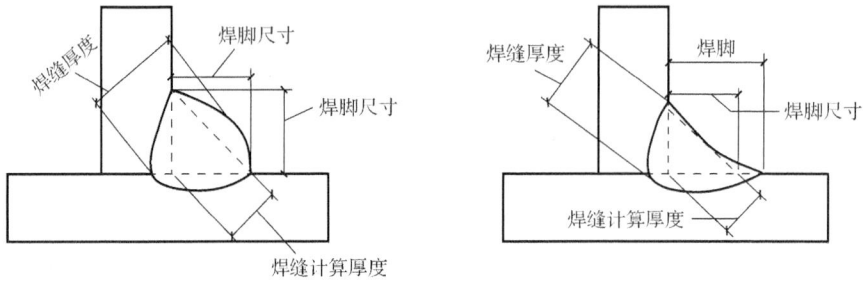

图 3.11　焊缝厚度及焊脚

焊缝计算厚度是设计焊缝时使用的焊缝厚度。对接焊缝焊透时焊缝厚度等于焊件的厚度；角焊缝的焊缝计算厚度为在角焊缝横截面内画出的最大等腰直角三角形中，从直角的顶点到斜边的垂线的长度。

5. 焊脚

角焊缝的横截面中，从一个直角面上的焊趾到另一个直角面表面的距离叫作焊脚。在角焊缝的横截面中画出的最大等腰直角三角形中直角边的长度叫作焊脚尺寸，见图 3.11。

6. 焊缝成形系数

熔焊时，在单道焊缝横截面上焊缝宽度（B）与焊缝计算厚度（H）的比值（$\phi=B/H$）叫焊缝成形系数，见图 3.12。该系数值小，则表示焊缝窄而深，这样的焊缝中容易产生气孔和裂纹，所以焊缝成形系数应该保持一定的数值，例如埋弧自动焊的焊缝成形系数 ϕ 宜大于 1.3。

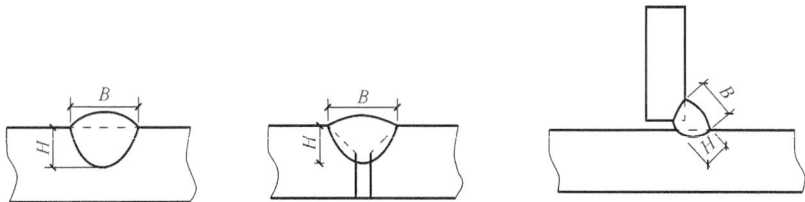

图 3.12　焊缝宽度与焊缝计算厚度

任务3.2　手工电弧焊

任务目标

手工电弧焊

根据《钢结构焊接规范》（GB 50661—2011）、《钢结构工程施工规范》（GB 50755—2012）、《钢结构工程施工质量验收标准》（GB 50205—2020）要求，完成指定厚度钢板的对接接头手工电弧焊连接。操作中，正确选择焊接电源、焊接电流、焊条直径、电弧电压等焊接工艺参数。

手工电弧焊是用手工操纵焊条进行焊接的电弧焊方法，其施焊原理如图3.13所示。通电后，在涂有药皮的电焊条和焊件间产生电弧。电弧提供热源，使焊条中的焊芯熔化，滴落在焊件上被电弧所吹成的小凹槽熔池中。由电焊条药皮形成的熔渣和气体覆盖着熔池，防止空气中的氧、氮等有害气体与熔化的液态金属接触生成易脆易裂的化合物。焊缝金属冷却后把被连接件连成一体。

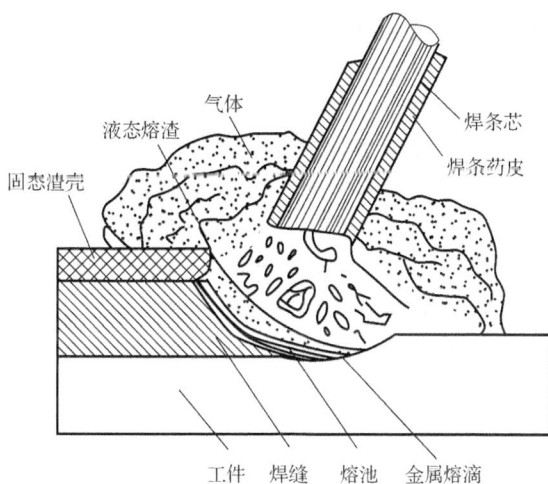

图3.13　手工电弧焊原理示意图

手工电弧焊施焊灵活，适于各种结构形状、不同位置的焊接，如平焊、横焊、立焊和仰焊。其焊接设备简单，操作和维修方便，可在生产厂内及施工现场等不同作业环境下进行施焊。但因焊条长度限制，在长焊缝中会形成较多的起弧坑和落弧坑，且焊缝质量随焊工的技术水平而变化，生产效率低，劳动强度大，主要适用于短焊缝的焊接。

3.2.1　焊接准备

1. 焊接电源

电弧焊电源是为焊接电弧提供电能的一种装置，也就是利用焊接电弧产生的热量来熔化焊条和焊件，实现焊接过程的电气设备，即通常所说的焊条电弧焊机。

（1）手工电弧焊对焊接电源的要求

手工电弧焊在焊接过程中，电阻会随着电弧长度的变化而变化，当电弧长度增加时，电阻增大，当电弧长度减小时，电阻变小。另外，焊条熔化形成的金属熔滴从焊条末端分离时，会发生电弧的短路现象。因此，手工电弧焊焊接电源应满足下列要求。

1）具有陡降的外特性。弧焊电源的外特性是指在稳定状态下，电源输出的焊接电流与输出电压之间的关系。具有陡降的外特性电源在电压不断变化时，其焊接电流变化不大，有利于保持焊接电流的稳定，而且在遇到干扰时，焊接电流恢复到稳定值的时间较短，进一步提高了电弧的稳定性。这是对弧焊电源的重要要求，它不但能保证电弧稳定燃烧，而且能保证短路时不会因为产生过大的电流而将电焊机烧毁。

2）具有适当的空载电压。空载电压是当弧焊电源接通电网而输出端没有负载，焊接电流为零时，输出端的电压。空载电压越高，越容易引燃电弧和维持电弧的稳定燃烧。但是过高的空载电压不利于电焊工的安全，因此弧焊电源的空载电压应在满足引弧容易和电弧稳定的前提下，尽可能采用较低的空载电压。

3）具有良好的调节电流特性。焊接前需根据母材的特性、厚度、几何形状的不同确定焊接电流。要求焊接电流能在较大范围内均匀、灵活地调节，从而保证焊接质量。

4）具有良好的动特性。弧焊电源适应焊接电弧变化的特性称为弧焊电源的动特性。焊接过程中，焊接电弧对弧焊电源而言是一个动负载，焊条与焊件之间会频繁发生短路和重新引弧，焊条抬起时，焊接电源要很快达到空载电压，如果焊机的输出电流和电压不能迅速地适应焊接电弧过程中的这些变化，电弧就不能稳定燃烧甚至熄灭。使用动特性良好的电焊机焊接，容易引弧，焊接过程中电弧柔软、平静、富有弹性，且焊接过程稳定、飞溅小。因此要求弧焊电源应具有良好的动特性。

5）焊机结构简单可靠，维护方便。弧焊电源各部分连接应牢靠，没有大的振动和噪声，能在焊机温升允许的条件下连续工作。同时，还应保证焊工的安全，不致引起触电事故。

（2）常用弧焊电源简介

目前使用的弧焊电源，按照输出电流性质的不同，可分为直流电焊机和交流电焊机两大类。

直流电焊机和交流电焊机的区别：

首先，工作原理不同：直流电焊机工作时先将交流电整流和滤波以后变成直流电。为了提高焊机焊接性能、动态反应速度及效率，需要先把直流电通过大功率晶闸管逆变成中高频低压交流电，然后再整流输出平稳的直流电流。交流电焊机实质上是一种特殊的降压变压器，焊条和焊件分别和电源的两个输出端相连。

其次，特点不同：直流电焊机起弧容易、电弧稳定、不易断弧、飞溅小，但结构复杂、维修难度大。交流电焊机结构简单、维修成本低。

再次，优势不同：直流焊机体积小、重量轻、移动方便，但是价格昂贵。交流焊机体积大、质量大、移动困难，但是相对便宜。

最后，应用范围不同：直流电焊机较为省电。直流电焊机能焊酸性和碱性焊条，交流焊机大多用于焊酸性焊条，当碱性焊条中加入稳弧成分后，也可用交流电焊机。交流电焊机由于采用两相电，易造成电网不平衡，会影响其他设备工作。而直流电焊机都用三相整流就没有这个问题。

2. 手工电弧焊工具

1）电焊钳（焊把）：用以夹持焊条，传导电流的工具。

2）面罩和护目镜：防止焊接产生的飞溅、弧光、高温对焊工面部及颈部灼伤的一种工具。

3）焊条保温筒：保持烘干焊条干燥的一种工具。

4）焊缝量规：用来测量坡口角度、间隙、错边以及余高、焊缝宽度、角焊缝厚度等尺寸。

5）敲渣锤：用来清除焊渣的一种尖锤，可以提高清渣效率。

6）钢丝刷：用来清除焊件表面的铁锈、油污等氧化物的一种工具。

7）气动打渣工具及高速角向砂轮机：主要用来焊后清渣、焊缝修整。

3. 手工电弧焊材料

手工电弧焊采用电焊条进行焊接，也称焊条电弧焊。电焊条进场时，应进行质量证明书核对、包装检查及焊条外观检查。焊接施工前还应按产品说明书及焊接工艺文件的规定进行烘焙和存放。

（1）核对焊条质量证明书

焊条质量证明书的内容除说明该批焊条质量符合相应焊条标准规定外，还应包括：

1）焊条型号、牌号、规格（直径和长度）；

2）批号、数量及生产日期；

3）熔敷金属化学成分检验结果；

4）熔敷金属或对接接头各项性能检验结果；

5）生产厂名称与地址；

6）生产厂技术检验部门与检验人员签章。

（2）检查焊条的包装

对焊条包装进行检查，主要是：检查包装是否完好，有无破损、受潮现象；检查包装上的标记内容是否齐全，是否清晰可辨；检查其型号、牌号、规格、生产批号、检验号、制造厂与商标等是否与质量证明书相一致。

（3）检查焊条的外观质量

对焊条外观质量进行检查时，应注意：焊条是否受污染，在储运过程中是否有可能影响焊接质量的缺陷产生；识别标记是否清晰、牢固，与产品实物是否相符。

《钢结构工程施工质量验收标准》（GB 50205—2020）明确规定，焊条外观不应有药皮脱落、焊芯生锈等缺陷。焊条若保管不当，不仅影响操作的工艺性能，而且会对接头的理化性能造成不利影响。对于外观不符合要求的焊接材料，不应在工程中使用。

（4）焊条使用前的烘焙

受潮的电焊条使用时不仅会对焊接工艺性能产生影响，还会影响接头的理化性能。对焊接工艺性能的影响体现在：会导致焊接时电弧强烈，燃烧不稳定；焊接飞溅多，颗粒大；熔深大，容易产生咬边；熔渣覆盖不均匀，焊波粗糙，造成压坑；熔渣清除困难，低氢型焊条的熔渣表面气孔多。对接头焊接质量的影响体现在：会产生焊接裂纹和气孔。焊条受潮吸收的水分在焊接电弧热的作用下，变成气体，分解出氢，致使形成焊接裂纹和气孔。碱性焊条尤甚。焊条包装时虽然用聚乙烯塑料袋封口，但不能保证长期的彻底防潮。焊条受潮后力学性能各项指标偏低。

《钢结构焊接规范》（GB 50661—2011）规定：焊接材料贮存场所应干燥、通风良好，应由专人保管、烘干、发放和回收，并应有详细记录。酸性焊条保存时应有防潮措施，受潮的焊条使用前应在 100～150℃范围内烘焙 1～2h；低氢型焊条使用前应在 300～430℃范围内烘焙 1～2h，或按厂家提供的焊条使用说明书进行烘干。焊条放入烘箱时，烘箱的温度不应超过规定最高烘焙温度的一半，烘焙时间以烘箱达到规定最高烘焙温度后开始计算；烘干后的低氢焊条应放置于温度不低于 120℃的保温箱中存放、待用；使用时应置于保温桶中，随用随取；焊条烘干后在大气中放置时间不应超过 4h，用于焊接Ⅲ、Ⅳ类钢材的焊条，烘干后在大气中放置时间不应超过 2h；重新烘干次数不应超过 1 次。

4. 焊接相关人员要求

（1）资格要求

1）焊接技术人员应接受过专门的焊接技术培训，且有一年以上焊接生产或施工实践经验。

2）焊接技术负责人除应满足第一条规定外，还应具有中级以上技术职称。承担焊接难度等级为 C 级和 D 级焊接工程的施工单位，其焊接技术负责人应具有高级技术职称。

3）焊接检验人员应接受过专门的技术培训，有一定的焊接实践经验和技术水平，并具有检验人员上岗资格证。

4）无损检测人员必须由专业机构考核合格，其资格证应在有效期内，并按考核合格项目及权限从事无损检测和审核工作。承担焊接难度等级为 C 级和 D 级焊接工程的无损检测审核人员应具备现行国家标准《无损检测 人员资格鉴定与认证》（GB/T 9445—2015）中的 3 级资格要求。

5）电焊工是特殊工种，必须持证上岗。持证焊工必须在其焊工合格证书规定的认可范围内施焊，严禁无证焊工施焊。焊工应按所从事钢结构的钢材种类、焊接节点形式、焊接方法、焊接位置等要求进行技术资格考试，并取得相应的资格证书，其施焊范围不得超越资格证书的规定。

6）焊接热处理人员应具备相应的专业技术。用电加热设备加热时，其操作人员应经过专业培训。

（2）职责

1）焊接技术人员负责组织进行焊接工艺评定，编制焊接工艺方案及技术措施和焊接作业指导书或焊接工艺卡，处理施工过程中的焊接技术问题。

2）焊接检验人员负责对焊接作业进行全过程的检查和控制，出具检查报告。

3）无损检测人员应按设计文件或相应规范规定的探伤方法及标准对受检部位进行探伤，并出具检测报告。

4）焊工应按照焊接工艺文件的要求施焊。

5）焊接热处理人员应按照热处理作业指导书及相应的操作规程进行作业。

3.2.2 焊接施工

1. 焊接工艺参数的选择

焊条电弧焊的焊接工艺参数通常包括焊条直径、电源种类和极性、焊接电流、焊接层数、电弧电压、焊接速度等。

（1）焊条直径选择

手工电弧焊采用的电焊条及其型号应按设计要求选用，当设计无规定时，焊接 Q235 钢时宜选用 E43 系列碳钢焊条；焊接 Q355 钢时宜选用 E50 系列低合金结构钢焊条。

焊条直径是指焊芯直径，一般焊条直径要根据焊件厚度进行选择，可参照表 3.1 进行选择。

表 3.1 焊条直径的选择

焊件厚度/mm	2	3	4～5	6～12	>13
焊条直径/mm	2	3.2	3.2～4	4～5	4～6

（2）焊接电源种类和极性的选择

用交流电焊接，电弧稳定性差；用直流反接，电弧稳定性较好。

直流正接（正极接）与直流反接（反极接）指的是直流弧焊电源输出时的正负极区别，在使用直流弧焊时会存在正极接和反极接的问题。一般来说，如果工件接正极就是正极接，工件接负极就是反极接。

由于直流弧焊时阳极区的温度高，热量多，阴极区的温度相对较低，获得的热量也相对少一些。因此正极接时工件温度比反极接时高，获得的热量也多，但反极接操作电弧相对稳定。所以，焊接厚钢板使用酸性焊条时可采用正接，焊接薄钢板时则采用反接。使用低氢钠碱性焊条时必须采用直流反接，以保证电弧的稳定燃烧。

（3）焊接电流的选择

焊接电流应根据焊条类型、焊条直径、焊件厚度等因素综合选择，一般来说，在保证焊件不被焊穿和成形良好的条件下，应尽量采用较大的焊接电流，并适当提高焊接速度，以提高焊接生产率。

焊接电流选择时可参考表 3.2。

表 3.2　焊接电流的选择

焊条直径/mm	3.2	4	5
焊接电流/A	110～120	160～180	200～220

（4）焊缝层数的选择

焊接厚钢板时，应开坡口，并采用多层焊（每层 1 条焊缝）或多层多道焊（每层有 2 条以上的焊缝）。焊缝层数主要根据焊件厚度、焊条直径、坡口形式等因素确定，一般估算为

$$n = \delta / d$$

式中：n——焊缝层数；

δ——焊件厚度；

d——焊条直径。

（5）电弧电压

电弧电压主要取决于电弧长度。电弧长，则电压高；电弧短，则电压低。在焊接过程中，通常希望电弧长始终保持一致，并且尽量使用短弧焊接。一般情况下，电弧长度为焊条直径的 0.5～1.0 倍为宜。

（6）焊接速度

焊接速度过快，焊缝熔深浅、焊缝窄、表面凹凸不平。焊接速度过慢，焊缝熔深和焊缝宽度增加，且易烧穿较薄焊件。因此焊接速度应均匀适中，既要保证焊透又要保证不焊穿，同时还要使焊缝宽度和余高符合设计要求。

2. 焊接方法

手工电弧焊中，焊缝能否正确成形，是否产生焊接缺陷，在很大程度上取决于电焊工（焊工）的操作技术。电焊工必须经考试合格并取得合格证书。持证焊工必须在其考试合格项目及认可范围内施焊。焊工的基本操作技术有引弧、运条、焊缝的连接和收尾等。

（1）引弧

焊接开始时，将焊条末端轻轻接触工件，然后迅速离开，保持一定的距离（2～4mm）后产生电弧的过程称为引弧。引弧方法有直击法引弧（图 3.14）和划擦法引弧（图 3.15）两种。直击法引弧时，若没有掌握好焊条离开焊件时的速度和焊条与工件表面的距离，容易引起电弧熄灭或短路现象。划擦法引弧时，如果动作太快或焊条提得太高，就不能引燃电弧，或者电弧只燃烧一瞬间就熄灭；动作太慢可能使焊条与焊件粘在一起，焊条一旦粘在工件上，应迅速将焊条左右摆动，使之与焊件分离；若仍不能分离时，应立即松开焊钳切断电源，以免短路时间过长而损坏电焊机。二者相比，虽然划擦法引弧较易掌握，但是在狭小工作面上或焊件表面不允许损伤时，焊接效果就不如直击法好。直击法引弧一般适用于酸性焊条，划擦法引弧一般适用于碱性焊条。

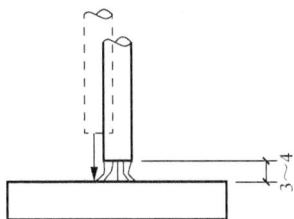

图 3.14 直击法引弧　　　　　　　　图 3.15 划擦法引弧

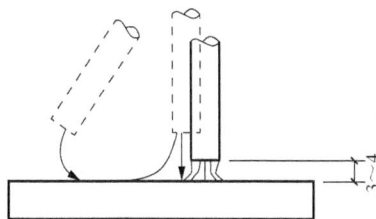

焊接引弧和焊接熄弧时，由于焊接电弧能量不足、电弧不稳定，容易造成夹渣、未熔合、气孔、弧坑和裂纹等质量缺陷。为确保焊缝的焊接质量，在对接、T 接和角接等主要焊缝两端引弧、熄弧区域应装配引弧板、引出板。其坡口形式与焊缝坡口相同，以此将缺陷引至正式焊缝之外。当引弧板、引出板为钢材时，所用钢材不要求与母材材质相同，但强度等级应不高于母材，且焊接性能应与母材相近。焊条电弧焊焊缝和气体保护电弧焊焊缝引出长度应大于 25mm，埋弧焊焊缝引出长度应大于 80mm。焊接完成并完全冷却后，可采用火焰切割、碳弧气刨或机械等方法除去引弧板、引出板，并应修磨平整，严禁用锤击落。对于少数焊缝位置，由于空间局限不便设置引弧板、引出板，焊接时要采取改变引熄弧点位置或其他措施保证焊缝质量。

（2）运条

在焊接过程中，焊条相对焊缝所做的各种动作的总称叫作运条。

当电弧引燃后，焊条有三个基本方向的运动（图 3.16）。

1）焊条朝熔池送进的运动。为了使焊条在熔化后仍能保持一定的弧长，要求焊条向熔池方向送进的速度与焊条熔化的速度相适应。电弧的长度对焊缝质量影响很大。电弧过长，焊缝质量差。因为长弧易左右飘动，造成电弧不稳定、焊缝熔深浅。若焊条送进速度低于熔化速度，则电弧长度增加，会导致断弧；若焊条送进速度太快，电弧长度迅速缩短，会使焊条末端与焊件接触造成短路，同样会使电弧熄灭。

2）焊条沿焊接方向的移动。这个运动主要是使焊接熔敷金属形成焊缝。运条速度需适当才能使焊缝均匀。运条速度过快，电弧来不及熔化足够的焊条与焊件金属，造成未焊透、焊缝较窄；运条速度过慢，会造成焊缝过高、过宽，外形不整齐，且易焊穿较薄焊件。

3）焊条的横向摆动。其主要目的是得到一定宽度的焊缝，防止两边产生未熔合或夹渣，也能延缓熔池金属的冷却速度，有利于气体的逸出。

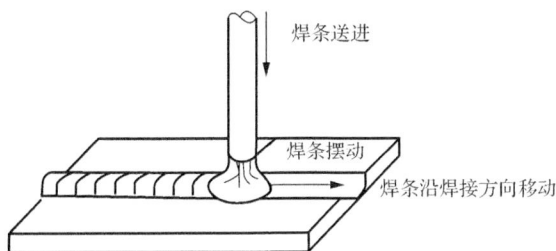

图 3.16　焊条的三个方向运动

（3）焊缝的起头、连接和收尾

1）焊缝的起头。焊缝的起头是指刚开始焊接部分的焊缝。一般情况下，这部分焊缝略高些，这是因为焊件在施焊之前温度较低，引弧后不可能使这部分金属温度迅速升高，所以使焊缝熔深较浅而余高略高。为了避免这种情况的发生，在引弧后应先将电弧稍拉长些，对焊件进行必要的加热，然后再适当地缩短电弧进行正常的焊接。

2）焊缝的连接。电弧焊时，由于受焊条长度的限制，焊缝是逐段连接起来的，因而出现了焊缝前后段的连接问题。为保证焊缝连接处的质量，必须使后焊的焊缝和先焊的焊缝能均匀地连接。焊缝接头的连接一般有四种形式。

① 头尾法。这是使用最多的焊缝连接方法。为防止连接处产生弧坑、裂纹等缺陷，要求先焊的焊缝在熄弧时应出现明显的弧坑，后焊的焊缝在离弧坑 10mm 处引弧，用长弧预热片刻，然后回到弧坑，并压低电弧稍做摆动，再向前焊接。

② 头头法。后焊焊缝的起头与前段焊缝的起头相接，要求前段焊缝的起始端略低些，后焊焊缝在起焊时必须在前段焊缝始端的稍前处起弧，然后将电弧引向前段焊缝的始端，待焊平后再向焊接方向移动。

③ 尾尾法，后焊焊缝的结尾与前段焊缝的结尾相接。这种方法在连接处容易形成根部未焊透的缺陷。为此，后焊焊缝焊到前段焊缝的收尾处时，焊接速度应略慢，得填满前段焊缝的弧坑，再以较快的速度向前焊一段后熄弧。

④ 尾头法，后焊焊缝的结尾与前段焊缝的起头相接，也称分段退焊连接。此法由于头尾温差较大，所以当后焊焊缝焊至靠近前段焊缝的始端时，应改变焊条角度，使焊条指向前段焊缝的端头，拉长电弧，待形成熔池后，再压低电弧，返回到原来的熔池处

收弧。

3）焊缝的收尾。焊缝的收尾是指一条焊缝完成后进行收弧的过程。焊缝的收尾方法有三种。

① 画圈收尾法。电弧在焊缝收尾处作圆圈运动，直到弧坑填满后再慢慢拉长电弧并熄灭，如图 3.17（a）所示。此法适用于厚板焊接。酸性、碱性焊条都可以采用这种收尾方法。

② 反复断弧收尾法。在焊缝收尾处，电弧反复熄灭和引燃数次，直到填满弧坑为止，如图 3.17（b）所示。此法多用于薄板焊接、多层焊的打底层焊道或大电流焊接。

③ 回焊收尾法。电弧在焊缝收尾处停住，同时将焊条朝相反方向回焊一小段距离后再熄弧，如图 3.17（c）所示。

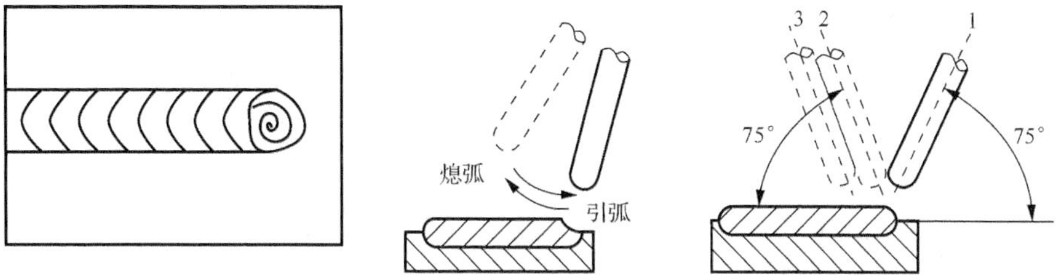

（a）画圈收尾法　　　　（b）反复断弧收尾法　　　　（c）回焊收尾法

图 3.17　焊缝的收尾方法（1、2、3 代表运条顺序）

3.2.3　焊接施工安全要求

1）焊工是特殊工种，其操作技能和资格对工程质量起到保证作用，因此必须经考试并取得合格证书，且必须在其考试合格项目及其认可范围内持证上岗。

2）焊工操作时必须穿戴好工作服、绝缘鞋和焊工手套。

3）弧焊设备的外壳必须接地或接零，不可私自拆修电焊机。

4）更换焊条时，避免身体与焊件接触。

5）焊钳应有可靠的绝缘，工作中断时，切记不可将焊钳放在焊架或工件之上，以免发生短路。

�֍ 任务完成与自评

全班分成若干小组，每小组 4 人，在计划时间内完成板厚为 12mm 的 Q235 钢板 V 形坡口对接焊接技能训练。

1．焊前准备

（1）焊件准备

1）材料：−100×12×300 钢板（材质 Q235）2 块。

2）气割坡口加工。

3）清理坡口：清除坡口面及靠近坡口上下两侧 20mm 范围内的表面锈蚀、油污、氧化皮及水分。

（2）焊件装配

焊件装配必须保证间隙均匀、高低平整。装配定位焊所用焊条与正式焊接相同。

（3）焊机、焊接工具准备

根据任务情况，准备好相应的焊机及焊接工具。

（4）焊条烘干

酸性焊条在 100～150℃烘干 2h，碱性焊条在 350～400℃烘干 2h。

2．焊接操作

（1）装配与定位焊

板件装配间隙 4mm，允许错边量≤1mm。

（2）焊接

选择合理的焊接参数，根据手工电弧焊焊接操作要点完成钢板对接焊缝连接。

3．任务完成能力评价

项目	要求	记录	分值	扣分	备注
安全生产要求	不了解		20		
	一般				
	熟悉				
手工电弧焊焊接设备要求	不了解		20		
	一般				
	熟悉				
手工电弧焊焊接工具	不了解		20		
	一般				
	熟悉				
手工电弧焊焊接参数的选择	不了解		20		
	一般				
	熟悉				
手工电弧焊操作技术	不了解		20		
	一般				
	熟悉				

任务 3.3 埋 弧 焊

■ 任务目标

根据《钢结构焊接规范》（GB 50661—2011）、《钢结构工程施工规范》（GB 50755—2012）、《钢结构工程施工质量验收标准》（GB 50205—2020）要求，进行埋弧焊焊接技能训练。操作中，正确选择焊接电流、电弧电压、焊丝直径等工艺参数。

埋弧焊

3.3.1 埋弧焊原理

埋弧焊是电弧在焊剂层下燃烧的一种电弧焊方法（图 3.18）。焊接时电弧掩埋在焊剂层下燃烧，电弧光不外露，埋弧焊由此得名。焊接时，电源的两极分别接在导电嘴和焊件上，焊丝伸出导电嘴与焊件接触。焊接回路包括焊接电源、连接电缆、导电嘴、焊丝、电弧、熔池、工件等环节。焊接电弧在焊丝与工件之间燃烧，电弧热将焊丝端部及电弧附近的母材和焊剂熔化。为保证焊接过程的稳定性，焊丝应连续不断地送进。焊丝送进速度应与焊丝熔化速度相平衡。熔化的金属形成熔池，熔融的焊剂成为熔渣。熔池受熔渣和焊剂蒸气的保护，不与空气接触。电弧向前移动时，电弧力将熔池中的液体金属推向熔池后方。在随后的冷却过程中，这部分液体金属凝固成焊缝。熔渣则凝固成渣壳覆盖于焊缝表面。熔渣除了对熔池和焊缝金属起机械保护作用外，还会在焊接过程中与熔化金属发生冶金反应，从而起到改善焊缝金属化学成分的作用。

埋弧焊有自动埋弧焊和半自动埋弧焊两种方式。前者的焊丝送进和电弧移动都由专门的机头自动完成，后者的焊丝送进由机械完成，电弧移动则由人工进行。焊接时，焊剂由漏斗铺洒在电弧的前方。焊接后，未被熔化的焊剂可用焊剂回收装置自动回收，或由人工清理回收。

埋弧焊由于采用了自动化操作，熔深大，生产效率高。焊接时的工艺条件稳定，焊剂供给充足，电弧区保护严密，且焊接参数可自动调节，因此形成的焊缝质量好，其外观美观光滑、焊件变形小。又由于焊接时没有刺眼的电弧光，也不需焊工手工操作，极大地减轻了焊工的劳动强度，并且改善了作业环境。凡是焊缝可以保持在水平位置或倾斜度不大的焊件，均可采用埋弧焊焊接。埋弧焊可焊接的焊件厚度范围较大，除厚度 5mm 以下的焊件容易烧穿，不宜采用埋弧焊外，一般较厚的焊件都适于采用埋弧焊焊接。但是，由于埋弧焊采用机械自动化操作，机动灵活性差，只适用于焊接较长的或圆周焊缝，无法焊接不规则的焊缝。

图 3.18　埋弧焊原理示意图

3.3.2　埋弧焊焊接准备

1. 焊接设备

埋弧焊机是埋弧自动焊的基本设备。在焊接过程中，它既能供给焊接电流，又能引燃和维持电弧，并可自动送进焊丝、供给焊剂，还能沿焊件接缝自动行走，完成焊接过程。埋弧焊设备由焊接电源、埋弧焊机和辅助设备构成。其电源可以用交流电、直流电或交直流电并用。

埋弧焊机分为半自动焊机和自动焊机两大类。

（1）半自动埋弧焊机

半自动埋弧焊机（图 3.19）由焊接小车、埋弧焊机组成。焊接小车可以前后行走，速度由人工控制。半自动埋弧焊机的主要功能是：将焊丝通过导丝管连续不断地送入电弧区；传输焊接电流；控制焊接启动和停止；向焊接区铺施焊剂。

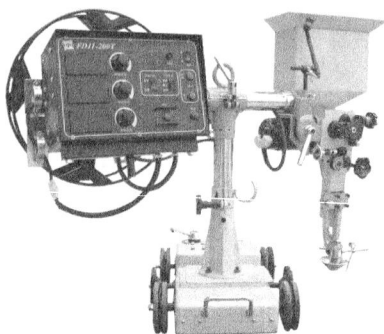

图 3.19　半自动埋弧焊机

（2）自动埋弧焊机

自动埋弧焊机由埋弧焊机、辅助设备组成，可以达到自动焊接。

自动埋弧焊机的主要功能是：连续不断地向焊接区送进焊丝；传输焊接电流；使电弧沿接缝移动；控制电弧的主要参数；控制焊接的启动与停止；向焊接区铺施焊剂；焊接前调节焊丝端位置。

自动埋弧焊机按照工作需要做成不同的形式。常见的有焊车式、悬挂式、机床式、悬臂式、门架式等。钢结构加工厂 H 型钢构件自动化生产流水线使用最普遍的是门架式埋弧焊机（图 3.20）。

图 3.20 门架式埋弧焊机

2. 焊接材料

焊丝和焊剂是埋弧焊的消耗材料，它们直接参与焊接过程中的冶金反应，其化学成分和物理性能不仅影响埋弧焊焊接过程中的稳定性、焊接接头性能和质量，同时还影响着焊接生产率。因此根据焊缝金属要求，正确选配焊丝和焊剂是埋弧焊技术的一项重要内容。

（1）焊丝

埋弧焊使用的焊丝有实心焊丝和药芯焊丝两类，生产中普遍使用的是实心焊丝，药芯焊丝只在某些特殊场合应用。焊丝品种随所焊金属的不同而不同，目前已有碳素结构钢焊丝、低合金钢焊丝、高碳钢焊丝、特殊合金钢焊丝、不锈钢焊丝，以及堆焊用的特殊合金焊丝。在选择埋弧焊用焊丝时，最主要的是考虑焊丝中锰和硅的含量。常用埋弧焊焊丝直径为 1.6～6.4mm。使用时，要求将焊丝表面的油污、铁锈等清理干净，以免影响焊接质量。埋弧焊焊丝通常用盘丝机整齐地盘绕在焊丝盘上。

（2）焊剂

焊剂在埋弧焊中的主要作用是造渣，通过熔渣隔离空气、保护焊缝金属不受空气侵害和参与熔池金属冶金反应的作用，从而控制焊缝金属的化学成分，保证焊缝金属的力学性能，防止气孔、裂纹和夹渣缺陷的产生。

埋弧焊焊剂按焊剂制作的方法不同可分为熔炼型焊剂、黏结型焊剂、烧结型焊剂；按焊剂的用途不同可分为埋弧焊焊剂、堆焊焊剂、电渣焊焊剂；按所焊的材料种类不同可分为低碳钢用焊剂、低合金钢用焊剂、不锈钢用焊剂。

焊剂若保管不当会受潮。《钢结构工程施工质量验收标准》（GB 50205—2020）第5.2.1 条明确规定，焊接材料在使用前，应按其产品说明书及焊接工艺文件的规定进行烘焙和存放。

选用的焊剂应具有良好的冶金性能及工艺性能。在焊接时配合适当的焊丝及合理的焊接工艺，焊缝金属方能得到适宜的化学成分、良好的力学性能及较强的抗气孔、抗裂纹的能力。选用的焊剂应能保证焊接过程中电弧燃烧稳定，熔渣具有适宜的熔点、黏度和表面张力，焊缝表面成形良好、脱渣容易，以及产生的有毒气体少。焊剂颗粒度应符合要求，普通焊剂的颗粒度为 0.450～2.500mm，0.450mm 以下的细粒含量不得大于 5%，2.500mm 以上的粗粒含量不得大于 2%；细颗粒度的焊剂，粒度为 0.280～1.425mm，0.280mm 以下的细粒含量不得大于 5%，1.425mm 以上的粗粒含量不得大于 2%。另外，焊剂的含水量、机械夹杂物、硫与磷的含量均应满足要求。

（3）焊剂和焊丝的选用匹配

焊剂和焊丝的正确选用及二者之间的合理匹配是获得优质焊缝的关键，也是埋弧焊工艺过程的重要环节。

1）一般情况下，对低碳钢、低合金钢的焊接，应根据母材强度，选用相匹配的焊丝，并根据焊丝的成分选配合适的焊剂。同时，还应根据产品的技术要求和生产条件，选用合适的焊丝焊剂组合，并根据焊接工艺评定、焊缝金属力学性能检测的结果，综合选用适宜的焊接材料。

2）焊接低合金高强度钢时，应选用与母材强度相当的焊接材料，并综合考虑焊缝金属的冲击韧性、塑性及接头抗裂性能。焊缝金属的强度不宜太高，以确保焊缝金属的冲击韧性、塑性及接头抗裂综合性能。

3）焊接奥氏体不锈钢等高合金钢时，主要是保证焊缝与母材有相近的化学成分，同时满足力学性能和抗裂性能等方面的要求。

3.3.3　埋弧焊焊接工艺参数

埋弧焊的焊接工艺参数对焊缝成形和焊缝内在质量有着很大影响。其中，焊接电流、电弧电压和焊接速度以及三者间的配合是直接影响焊接质量和焊接生产效率的主要因素。一方面，三个参数的焊接线能量影响着焊缝的综合力学性能；另一方面，这些参数以及相互间的配合对焊缝成形、焊接裂纹的敏感性和焊接缺陷的发生有直接的关系。操作时必须正确的设置和调整。

1. 焊接电源和极性

采用直流电源进行埋弧焊接与采用交流电源进行埋弧焊接相比，前者能更好地控制焊道形状、熔深，且引弧容易。采用直流反接（焊丝接正极）时，可获得最大的熔深和最佳的焊缝表面。因此，除了要求浅熔深的焊接外，通常采用直流反接。

采用直流正接时，熔敷速度比采用直流反接高30%～50%，但熔深较浅，降低了熔敷金属中母材的百分比，适合于堆焊。母材的热裂纹倾向较大时，为了防止热裂，也可采用直流正接。

采用交流电源进行焊接时，熔深处于直流正接与直流反接之间。

2. 焊接电流

焊接电流是决定焊丝熔化速度、熔深和母材熔化量的最重要的工艺参数。焊接电流与熔深几乎是直线正比关系。在其他焊接参数不变的前提下，随着焊接电流的提高，熔深和焊缝余高同时增大，焊缝形状系数变小。焊接电流与熔深间的关系为

$$H = K_m I$$

式中：H——焊缝的熔深。

K_m——电流系数，决定于电流种类、极性及焊丝直径等。表3.3给出了各种条件下的K_m值。

I——焊接电流。

表3.3 各种条件下的K_m值

焊丝直径/mm	电流种类	焊剂牌号	K_m值/（mm/100A）	
			T形焊缝及开坡口的对接焊缝	堆焊及不开坡口的对接焊缝
5	交流	HJ431	1.5	1.1
2	交流	HJ431	2.0	1.0
5	直流正接	HJ431	1.75	1.1
5	直流正接	HJ431	1.25	1.0
5	交流	HJ430	1.55	1.15

焊接电流应根据熔深要求选定。增大焊接电流可提高生产率，但焊接电流过大时，焊接热影响区宽度增大，并易产生过热组织，从而使接头韧性降低。此外，焊接电流过大还易导致咬边、焊瘤或烧穿等缺陷。焊接电流过小时，易产生未熔合、未焊透、夹渣等缺陷，使焊缝成形变坏。

3. 电弧电压

电弧电压与电弧长度成正比关系。在其他焊接参数不变的前提下，随着电弧电压的提高，焊缝的宽度明显增大，而熔深和余高则略有减小。为获得成形良好的焊缝，电弧电压与焊接电流应相互匹配（表3.4）。当焊接电流加大时，电弧电压也应相应提高。

表 3.4　电弧电压的选择

焊接电流/A	600～850	850～1200
焊接电压/V	34～38	42～44

4. 焊接速度

焊接速度对熔深及熔宽均有明显的影响。焊接速度应与所选定的焊接电流、电弧电压适当匹配。焊接速度过快，熔深、熔宽均减小，恶化焊道外形。因此，为了保证焊透，提高焊接速度时，应同时增大焊接电流及电弧电压。但焊接电流太大、焊速过高易引起咬边等缺陷，因此焊接速度不能过高。焊接速度过慢，易形成大熔池、满溢、焊缝成形粗糙、夹渣等缺陷，甚至能引起焊件焊穿。

5. 焊丝直径与伸出长度

当其他焊接参数不变而焊丝直径增加时，弧柱直径随之增加，即焊接电流密度减小会造成焊缝宽度增加、熔深减小，反之，则造成熔深增大及焊缝宽度减小。

当其他焊接参数不变而焊丝伸出长度增加时，电阻随之增大，伸出部分焊丝所受到的预热作用增加，焊丝熔化速度加快，结果使熔深变浅、焊缝余高增加。因此，须控制焊丝伸出长度，不宜过长（5～10mm）。

6. 坡口及间隙的形状及尺寸

其他条件不变时，坡口及间隙尺寸越大，余高越小、熔合比越小。因此，可通过开坡口或留间隙来调整余高及熔合比。此外，通过开坡口还可改善熔池的结晶条件。

3.3.4　埋弧焊焊接工艺参数的选择

1. 焊接工艺参数的选择依据

1）焊件形状和尺寸，接头的钢材种类和厚度。
2）焊缝的种类和焊缝的位置。
3）接头形式和坡口形式。
4）对接头性能的技术要求，其中包括焊后无损探伤方法、抽查比例以及接头强度、冲击韧性、弯曲、硬度和其他理化性能的合格标准。
5）焊接结构的生产批量和进度要求。

2. 焊接工艺参数的选择程序

首先，依据焊件的形状和尺寸可选定焊丝直径，以及使用的焊剂和焊丝的牌号。其次，根据所焊钢材的焊接性试验报告，选定预热温度、层间温度、后热温度以及焊后热处理温度和保温时间。最后，根据板厚、坡口形式和尺寸选定焊接参数（焊接电流、电弧电压和焊接速度），并配合其他次要工艺参数，以保证电弧稳定燃烧，焊缝形状尺寸符合要求，表面成形光洁整齐，内部无气孔、夹渣、裂纹、未焊透、焊瘤等缺陷。常用的选择方法有查表法、试验法、经验法、计算法。不论采用哪种方法，所确定的参数必须在施焊中加以修正，待达到最佳效果时方可连续焊接。

3.3.5 埋弧焊焊接施工

1. 焊前准备

埋弧焊焊接
（工程现场）

埋弧焊的焊前准备包括焊件的坡口加工、焊件的清理与装配、焊丝表面清理及焊剂烘干、焊机检查与调试等工作。对于较厚的焊件，为了能将其焊透，并使焊缝有良好的成形，应在焊件上开坡口。坡口可用气割或机械加工方法制备。焊件装配前，需将坡口及附近区域表面上的锈蚀、油污、氧化物、水分等清理干净，批量不大时用手工清理，大量生产时可用喷丸清理。焊件装配时必须保证接缝间隙均匀，焊件必须用夹具或定位焊缝可靠地固定。埋弧焊所使用的焊剂在焊接前需进行烘干处理，焊机在焊接前要做空车调试，检查仪表指针及各部分运转情况。

2. 调节焊接工艺参数

（1）调节焊接电流

根据工艺参数中给定的焊接电流值，分别按下控制盘上焊接电流增大或减小按钮调节焊接电流。弧焊变压器中的电流调节器也可调节焊接电流，通过变压器上电流指示器可以预判电流的大致数值。电流调节还可通过变压器外壳侧面的按钮以同样的方式调节。

（2）调节焊丝送进速度

分别按控制盘上向下或向上的按钮，焊丝即可向下或向上运动。然后，再调节送丝速度旋钮，测定出单位时间内的送丝速度。送丝速度确定后，即固定该旋钮位置不动，以便焊接时使用。

（3）焊接速度的测定

焊接速度即台车行走速度。首先，按下小车上的离合器，将控制盘上台车行走方向开关转到向左或向右位置，此时焊车即可向前或向后运动。然后，调节控制盘上焊接速度调节按钮，即可测定焊接速度。

3. 焊接

按卜控制盘上的启动按钮，在焊接电弧引燃后，迅速进入正常焊接流程。在焊接过程中，应注意观察控制盘上的电流与电压表的指示针、导电嘴的高度、焊接方向指示针的位置，当焊缝焊出一定长度后，敲开渣壳，观察焊道成形情况。

4. 收弧

在焊接结束之前，先关焊机漏斗。按下一半停止按钮，焊丝停送，焊接小车停止前进，此时电弧仍然继续燃烧，以使焊丝继续熔化填满弧坑，并以按下这一半停止按钮的时间长短来控制弧坑填满程度。紧接着按下停止按钮的后一半，这次一直按到底，电弧熄灭，焊接结束。

焊接结束后，要及时清理现场，关闭电源开关，检查焊缝质量。

5. 埋弧焊焊接安全操作注意事项

1）焊工是特殊工种，其操作技能和资格对工程质量起到保证作用，因此必须经考试并取得合格证书，且必须在其考试合格项目及其认可范围内持证上岗。

2）焊工操作时必须穿戴好工作服、绝缘鞋和焊工手套。

3）埋弧自动焊机的小车轮子要有良好绝缘，导线应绝缘良好，工作过程中应理顺导线，防止扭转及被熔渣烧坏。控制箱和焊机外壳应可靠的接地（零）和防止漏电。接线板罩壳必须盖好。

4）清除焊车行走通道上可能造成与焊件短路的金属物件，避免短路中断焊接。

5）接通电源后，不可触及电缆接头、焊丝、导电嘴、焊丝盘及支架等带电体，防止触电。

6）按启动按钮引弧前，应放好焊剂，以免出现明弧。焊接过程中应注意防止焊剂突然停止供给而发生强烈弧光裸露灼伤眼睛。焊工作业时应戴普通防护眼镜。

7）焊接时，应能及时排除烟尘、粉尘等有害气体。埋弧自动焊剂的成分里含有氧化锰等对人体有害的物质。焊接时，虽不像手工电弧焊那样产生可见烟雾，但将产生一定量的有害气体和蒸气，所以在工作地点应有局部的抽气通风设备。

❋ 任务完成与自评

全班分成若干小组，每小组4人，在计划时间内完成板厚为6mm的Q235钢带焊剂垫的I形坡口对接技能训练。

1. 焊前准备

（1）焊件准备

1）材料：-200×6×400钢板（材质Q235）2块。

2）采用相应的辅助工具将钢板进行矫平。

3）清理坡口：清除对接面及焊接部位两侧不小于20mm范围内的表面锈蚀、油污、氧化皮及水分。

（2）焊件装配

焊件装配必须保证间隙均匀、高低平整。I 形坡口对接平焊连接，单层焊道一次焊完。

（3）准备引弧板和引出板

-100×6×120 钢板两块，材质 Q235，沿 120mm 长度方向清理待焊边。正反表面距离该边 20mm 范围内的油污、锈蚀、水分等均应清除干净。

（4）焊机准备

准备埋弧焊机。

（5）焊丝

H08MnA，ϕ4mm，使用前清理表面的杂质。

（6）焊剂

HJ431，使用前在 250℃下烘干 2h。

2．焊接操作

（1）装配与定位焊

板件装配间隙 0～1mm。在焊件两端焊引弧板与引出板。在焊件背面装焊垫板，要求垫板与焊件贴紧，并用定位焊固定。定位焊长 20mm，两边对称。

（2）焊接

选择合理的焊接参数，根据埋弧焊焊接操作要点完成钢板埋弧焊连接。

3．任务完成能力评价

项目	要求	记录	分值	扣分	备注
安全生产要求	不了解		20		
	一般				
	熟悉				
埋弧焊焊接设备要求	不了解		20		
	一般				
	熟悉				
埋弧焊焊前准备工作	不了解		20		
	一般				
	熟悉				
埋弧焊焊接参数的选择	不了解		20		
	一般				
	熟悉				
埋弧焊操作技术	不了解		20		
	一般				
	熟悉				

任务 3.4　CO_2 气体保护焊

▌任务目标

根据《钢结构焊接规范》（GB 50661—2011）、《钢结构工程施工规范》（GB 50755—2012）、《钢结构工程施工质量验收标准》（GB 50205—2020）要求，完成指定厚度钢板的对接接头的 CO_2 气体保护焊焊接连接。操作中，正确选择焊接电流、电弧电压、焊丝直径等工艺参数。

CO_2 气体保护焊

3.4.1　CO_2 气体保护焊原理

气体保护焊直接依靠从喷嘴中连续送出的气流，在电弧周围形成局部的气体保护层，使电极端部、熔滴和熔池金属处于保护气罩内，使其与空气隔绝，从而保证焊接过程稳定，并获得质量优良的焊缝。保护气体有氩气、氦气、CO_2 气体等。根据焊接保护气体的种类不同，气体保护焊可分为 CO_2 气体保护焊、氩弧焊、氦弧焊及混合气体保护焊。本节主要介绍 CO_2 气体保护焊。

CO_2 气体保护焊是利用 CO_2 气体作为保护介质的一种电弧熔焊方法（图 3.21）。它直接依靠 CO_2 气体在电弧周围造成局部的保护层，以防止有害气体的侵入并保证了焊接过程的稳定性。CO_2 气体保护焊的焊缝熔化区没有熔渣，焊工能够清楚地看到焊缝成形的过程。但操作时须在室内避风处，制作车间内焊接作业区有穿堂风或鼓风机时，应按规定设置挡风装置。若在工地上施焊，焊接作业区风速超过 2m/s 时，应设防风棚或采取其他防风措施。

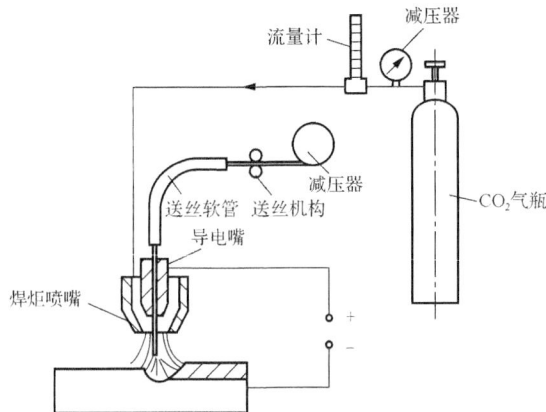

图 3.21　CO_2 气体保护焊原理示意图

CO_2 气体保护焊按操作方式分为半自动 CO_2 气体保护焊和自动 CO_2 气体保护焊。主要区别在于：半自动 CO_2 保护焊用手工操作焊枪完成电弧热源移动，而送丝、送气等与自动 CO_2 保护焊相同，由相应的机械装置来完成。自动 CO_2 保护焊焊枪移动、送丝、送气等均由机械控制。

CO_2 气体保护焊焊接成本低、生产效率高。由于采用机械连续送丝方式，因此不仅适用于长焊缝的自动焊，还适用于半自动焊接短焊缝，且适宜各种位置焊接。薄板可焊到 1mm 左右，焊接厚板时，厚度几乎不受限制。

3.4.2　CO_2 气体保护焊焊接准备

1. 焊接设备

（1）焊接电源

CO_2 气体保护焊通常采用实心焊丝，没有稳弧剂，所以用交流电电源时电弧不稳定、飞溅大，难以正常工作，因此 CO_2 气体保护焊的电源都采用直流电和反极性连接。直流反接即工件接负极，焊枪接正极。焊接时，电弧稳定、飞溅少、成形美观、焊缝力学性能好。直流正接即工件接正极、焊枪接负极，此时工件温度高、熔深较深，熔滴斑点压力大，造成飞溅较大、电弧不稳、成形较差，且夹渣及氢脆增加，故 CO_2 气体保护焊较少采用直流正接电源。

细焊丝 CO_2 气体保护焊采用等速送丝式焊机，配合平外特性电源。粗焊丝 CO_2 气体保护焊采用变速送丝式焊机，配合下降的外特性电源。

（2）送丝系统

送丝装置是送丝的动力，包括机架、送丝矫直轮、压紧轮和送丝轮等。

根据使用焊丝直径的不同，送丝系统可分为等速送丝式和变速送丝式。通常，焊丝直径大于等于 3mm 时，采用变速送丝式；焊丝直径小于等于 2.4mm 时，采用等速送丝式。半自动 CO_2 气体保护焊送丝方式有推丝式、拉丝式、推拉式三种，如图 3.22 所示。

（3）焊炬

焊炬又称焊枪，用来传导电流、输送焊丝和保护气体。喷嘴是焊枪上的重要零件，其作用是给焊接区域输送保护气体，以防止焊丝端头、电弧和熔池与空气接触。

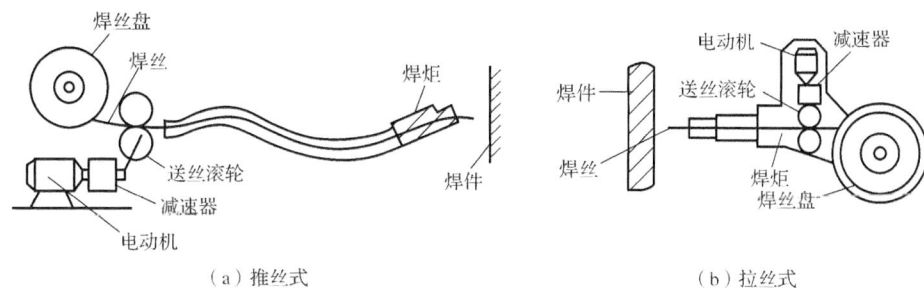

图 3.22　半自动 CO_2 气体保护焊送丝方式

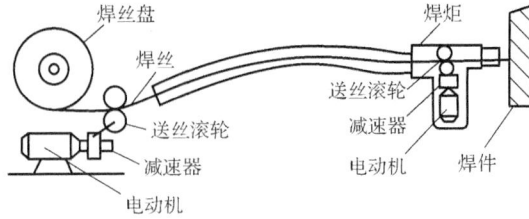

（c）推拉式

图 3.22（续）

推丝式、拉丝式和推拉式三种送丝方式采用的焊炬如图 3.23 所示。

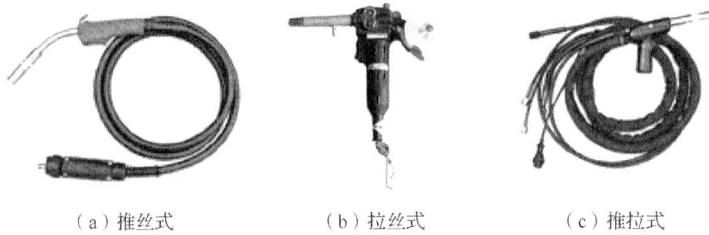

（a）推丝式 　　　　　（b）拉丝式 　　　　　（c）推拉式

图 3.23　焊炬

（4）供气系统

供气系统（图 3.24）由气瓶、减压流量调节器及管道等组成。有时为了除水，气路中还串联高压和低压干燥器。供气系统各部件的名称及功能，如图 3.25 所示。

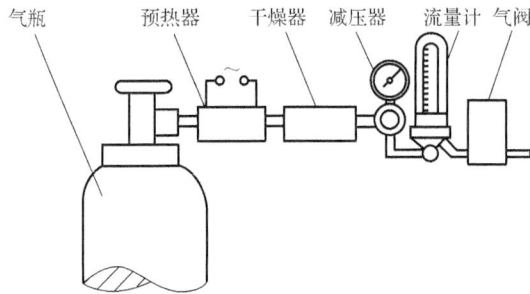

图 3.24　供气系统示意图

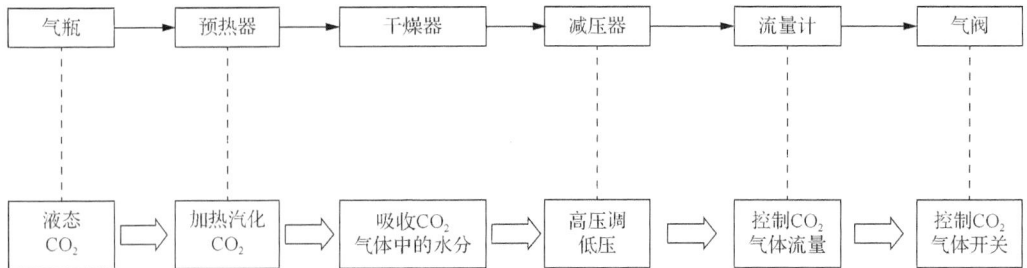

图 3.25　供气系统各部件名称及功能

（5）控制系统

控制系统的作用是对供气、送丝和供电等系统实现控制。自动焊时，还可控制焊接小车或焊件运转等。半自动 CO_2 气体保护焊控制过程如图 3.26 所示。

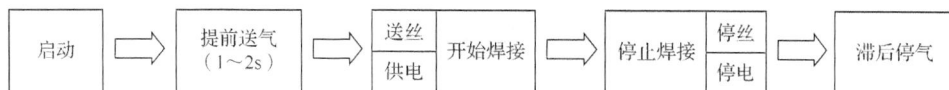

图 3.26　半自动 CO_2 气体保护焊控制过程

2. 焊接材料

（1）CO_2 气体

CO_2 气体是无色、无味和无毒的气体。CO_2 由液态变为气态的沸点为-78.9℃，焊接用的 CO_2 一般是将其压缩成液体贮存于钢瓶内，气瓶外表涂铝白色，并标有"二氧化碳"的字样。常用的 CO_2 气瓶容量为 40L，可装 25kg 的液态 CO_2。

气瓶的压力与环境温度有关，当环境温度为 0～20℃时，瓶中压力为 $(4.5\sim6.8)\times10^6$Pa（40～60 大气压），当环境温度在 30℃以上时，瓶中压力急剧增加，可达 7.4×10^6Pa（73 大气压）以上。所以气瓶不得放在火炉、暖气等热源附近，也不得放在烈日下暴晒，以防发生爆炸。焊接用 CO_2 气体的纯度应大于 99.5%，含水量、含氮量均不应超过 0.1%，否则会增加焊接飞溅、降低焊缝的力学性能，焊缝也易产生气孔。如果 CO_2 气体的纯度达不到标准，应进行提纯处理。

（2）焊丝

CO_2 气体保护焊焊丝既是填充金属又是电极，所以焊丝既要保证一定的化学成分和力学性能，又要保证具有良好的导电性和工艺性。

1）对焊丝的要求。

① 脱氧剂：因 CO_2 是一种氧化性气体，在电弧高温区分解为一氧化碳和氧气，具有强烈的氧化作用，使合金元素烧损。所以 CO_2 气体保护焊时，为了防止气孔、减少飞溅和保证焊缝较高的机械性能，必须采用含有 Si、Mn 等脱氧元素的焊丝。

② C，S，P：焊丝的含碳量要低，要求 $\omega(C)<0.11\%$，这对于避免气孔及减小飞溅是很重要的，对于一般焊丝要求硫及磷含量 $\omega(S,P)\leqslant0.04\%$。

③ 镀铜：为防锈及提高导电性，焊丝表面应镀铜。

2）焊丝分类。

半自动 CO_2 气体保护焊主要采用直径为 0.5mm、0.8mm、1.0mm、1.2mm 的细焊丝。自动 CO_2 气体保护焊除采用细焊丝外，还采用直径为 1.6～5.0mm 的粗焊丝。

CO_2 气体保护焊焊丝有实心焊丝和药芯焊丝两种。实心焊丝即普通的 CO_2 焊丝，是目前最常用的焊丝。

常用的实心焊丝型号为 H08Mn2SiA，其中，H 表示焊丝；08 表示含碳量 0.08%；Mn2Si 表示焊丝中 Mn 的质量分数约为 2.00%，Si 的质量分数小于 1.50%；A 表示含硫、磷量小于 0.03%，无字母 A 则表示硫、磷含量<0.04%。

药芯焊丝的截面可分为 O 形截面和复杂截面。复杂截面焊丝的截面又可分为梅花、T 形、E 形和双层等。一般情况下，细焊丝多制成 O 形截面，粗焊丝多采用复杂截面。

3.4.3 CO$_2$气体保护焊的焊接工艺参数及其选择

CO$_2$气体保护焊的焊接工艺参数主要有：焊丝直径、焊接电流、电弧电压、焊接速度、焊丝伸出长度、气体流量、电源极性、焊枪倾角、回路电感、装配间隙和坡口尺寸等。

1. 焊丝直径

焊丝直径应根据焊件厚度、焊接位置及生产率的要求来选择。当焊接薄板或中厚板进行立焊、横焊、仰焊时，多采用直径 1.6mm 以下的焊丝；在平焊位置焊接中厚板时，可以采用直径 1.2mm 以上的焊丝。焊丝直径的选择见表 3.5。

表 3.5 CO$_2$气体保护焊焊丝直径的选择

焊丝直径/mm	焊件厚度/mm	焊接位置
0.8	1～3	各种位置
1.0	1.5～6	
1.2	2～12	
1.6	6～25	
≥1.6	中厚	平焊、平角焊

在选用焊丝时，在焊丝直径允许电流范围内，尽可能选用细焊丝，以提高焊丝熔化速度、提高引弧成功率、减少飞溅、增加熔深、改善焊缝成形、提高焊接质量。

2. 焊接电流

焊接电流应根据焊件厚度、材质、焊丝直径、施焊位置及熔滴过渡形式来确定。在短路过渡时，焊接电流在 50～230A 内选择；在颗粒状过渡时，焊接电流在 250～500A 内选择。焊丝直径与焊接电流的关系见表 3.6。CO$_2$气体保护焊焊机调节电流实际上是在调整送丝速度，焊机的焊接电流必须与电弧电压相匹配，既一定要保证送丝速度与电弧电压对焊丝的熔化能力一致，以保证电弧长度的稳定。同一焊丝，焊接电流越大，送丝速度越快。焊接电流相同时，焊丝越细，送丝速度越快。

表 3.6 CO$_2$气体保护焊焊丝直径与焊接电流的关系

焊丝直径/mm	焊接电流适用范围/A	适应的板厚/mm
0.6	40～100	0.6～1.6
0.8	50～150	0.8～2.3

续表

焊丝直径/mm	焊接电流适用范围/A	适应的板厚/mm
0.9	70~200	1.0~3.2
1.0	90~250	1.2~6.0
1.2	120~350	2.0~6.0
1.6	300 以上	6.0 以上

焊接电流大小必须在焊丝许用电流范围之内。焊接电流过大将引起熔池翻腾和焊缝成形恶化。焊接电流过小，能量集中性变差，会出现引弧困难、飞溅变大、熔深浅、焊缝成形不良的情况。

3. 电弧电压

电弧电压既焊接电压，为焊接提供焊接能量。电弧电压越高，焊接能量越大，焊丝熔化速度就越快，焊接电流也就越大。焊接电压的变化影响焊接电弧的长短，从而决定了熔宽的大小。一般，随着电弧电压的增大，熔宽增大，而熔深略有减小。

为了保证焊缝成形良好，电弧电压必须与焊接电流配合选取。通常，在焊接电流小时，电弧电压较低；焊接电流大时，电弧电压较高。一般在短路过渡时，电弧电压为16~24V；在细颗粒过渡时，电弧电压为25~45V。但应注意，电弧电压必须与焊接电流配合适当，电弧电压过高或过低都会影响电弧的稳定性，使飞溅严重。

4. 焊接速度

在一定的焊丝直径、焊接电流和电弧电压的条件下，焊接速度增加，将使焊缝宽度和熔深减小。若焊接速度过快，容易产生咬边、未焊透和未熔合等缺陷，且气体保护效果变差，还可能出现气孔；若焊接速度过慢，则使焊接生产率降低、焊接接头晶粒粗大、焊接变形增大、焊缝成形差。一般半自动 CO_2 气体保护焊的焊接速度为15~40m/h。

5. 焊丝伸出长度

焊丝伸出长度是指导电嘴端部到焊件的距离，而保持焊丝伸出长度不变是保证焊接过程稳定的基本条件之一。它主要取决于焊丝直径，一般焊丝长度约为焊丝直径的10~12倍。当焊丝伸出长度过大时，容易因过热而发生成段熔断，使气体保护效果变差、飞溅严重、焊接过程不稳定、熔深变浅、成形变差。焊丝伸出长度过小，则会缩短喷嘴与焊件的距离，飞溅的金属容易堵塞喷嘴，影响气体保护效果，还可能阻挡焊工视线，导致熔深变深，甚至造成焊丝易与导电嘴的黏接。焊丝伸出长度对焊缝成形的影响如图3.27所示。

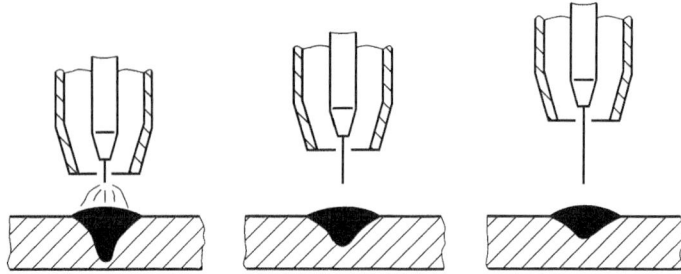

图 3.27　焊丝伸出长度对焊缝成形的影响

对于不同直径、不同材料的焊丝，允许的焊丝伸出长度不同，焊接时可参考表 3.7 进行选择。

表 3.7　焊丝伸出长度的允许值　（单位：mm）

焊丝直径/mm	允许值	
	H08Mn2SiA 焊丝	H08Cr19Ni9Ti 焊丝
0.8	6～12	5～9
1.0	7～13	6～11
1.2	8～15	7～12

6. 气体流量

气体流量过小，则电弧不稳，焊缝表面易被氧化成深褐色，并有密集气孔；气体流量过大，会产生涡流，焊缝表面呈浅褐色，也会出现气孔。CO_2 气体流量与焊接电流、焊丝伸出长度、焊接速度等均有关系。通常焊接电流在 200A 以下时，气体流量约为 10～15L/min；焊接电流大于 200A 时，气体流量约为 15～25L/min。

7. 电源极性

CO_2 气体保护焊一般采用直流反接。直流反接具有电弧稳定性好、飞溅小及熔深大等特点。

8. 焊枪倾角

焊枪倾角也是不可忽略的因素。当焊枪倾角小于 10° 时，不论是前倾还是后倾，对焊接过程及焊缝成形都没有明显的影响；但倾角过大（如前倾角大于 25° 时），将增加熔宽并减小熔深，还会增加飞溅。

9. 回路电感

焊接回路的电感值应根据焊丝直径和电弧电压来选择，不同直径焊丝的合适电感值不同。通常电感值随焊丝直径增大而增加，并可通过试焊的方法来判断。若焊接过程稳定，飞溅很少，则说明电感值是合适的。

10. 装配间隙和坡口尺寸

一般对于 12mm 以下的焊件不开坡口也可焊透，对于必须开坡口的焊件，一般坡口角度可由焊条电弧焊的 60°左右减为 30°～40°，钝边可相应增大 2～3mm，根部间隙可相应减少 1～2mm。

3.4.4 CO_2 气体保护焊焊接施工

CO_2 气体保护焊焊接
（工程现场）

1. 准备工作

（1）坡口形状

细焊丝短路过渡的 CO_2 气体保护焊主要焊接薄板或中厚板，一般开 I 形坡口；粗焊丝短路过渡的 CO_2 气体保护焊主要焊接中厚板及厚板，可以开较小的坡口。

（2）坡口加工方法与处理

加工坡口的方法主要有机械加工、气割和碳弧气刨等。

焊缝附近有污物时，会影响焊接质量，焊前应将坡口周围 10～20mm 范围内的油污、油漆、铁锈、氧化皮及其他污物清除干净。

（3）定位焊

由于 CO_2 气体保护焊电弧的热量较手工电弧焊大，要求定位焊有足够的强度。通常定位焊都不磨去，仍保留在焊缝中，在焊接过程中很难全部重熔，因此应保证定位焊的质量。

焊接薄板时定位焊焊缝长度为 5～10mm，间距为 100～150mm；焊接中厚板时定位焊焊缝长度为 20～60mm，间距为 200～500mm。

2. 引弧

CO_2 气体保护焊采用碰撞引弧，引弧时不必抬起焊枪，只要保证焊枪与工件距离。

引弧前先按遥控盒上的点动开关或焊枪上的控制开关将焊丝送出枪嘴，保持焊丝伸出长度为 10～15mm。将焊枪按要求放在引弧处，此时焊丝端部与工件未接触，枪嘴高度由焊接电流决定。按下焊枪上的控制开关，焊机自动提前送气，延时接通电源，保持高电压、慢送丝。当焊丝碰撞工件短路后自然引燃电弧。短路时，焊枪有自动顶起的倾向，故引弧时要稍用力下压焊枪，防止因焊枪抬起过高、电弧太长而熄灭。

3. 焊接

（1）CO_2 气体保护焊的熔滴过渡

CO_2 气体保护焊焊接过程中，电弧燃烧的稳定性和焊缝成形的好坏取决于熔滴过渡形式。熔滴过渡形式有短路过渡、滴状过渡和潜弧射滴过渡三种。

1）短路过渡。在采用细焊丝、小电流，特别是较低电弧电压的情况下，由于电压低、电弧较短，熔滴长大到一定的尺寸即与熔池接触而形成短路，电弧熄灭。由于强烈过热和磁收缩作用，使熔滴爆断，直接过渡到熔池中，电弧重新引燃。如此重复的过程，就形成了稳定的短路过渡。这种过渡电弧稳定、飞溅较小、熔滴过渡频率高、焊缝成形良好，广泛用于薄板结构及需要低热输入情况下的焊接。

2）滴状过渡。当电弧长度超过一定值时，熔滴依靠表面张力的作用可以保持在焊丝端部自由长大，当促使熔滴下落的力（如重力、电磁力等）大于表面张力时，熔滴就离开焊丝自由过渡到熔池，而不发生短路。滴状过渡有轴向滴状过渡和非轴向滴状过渡（图 3.28）两种状态。由于焊接参数及材料的不同，滴状过渡形式又可分为粗滴过渡和细滴过渡。粗滴过渡就是熔滴呈粗大颗粒状向熔池自由过渡的形式。由于粗滴过渡飞溅大、电弧不稳定、焊缝成形粗糙，在生产中基本不采用；细滴过渡飞溅少、电弧稳定、焊缝成形良好，在生产中被广泛应用。

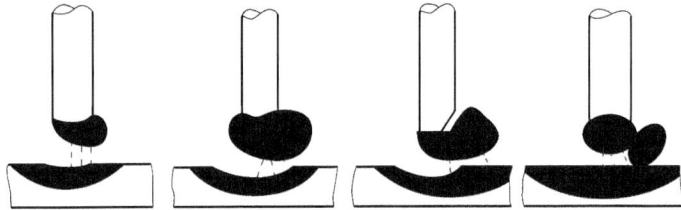

图 3.28　非轴向滴状过渡

3）潜弧射滴过渡。潜弧射滴过渡（图 3.29）是介于上述两种过渡形式之间的过渡形式，此时的焊接电流和电弧电压比短路过渡大，比细颗粒滴状过渡小。熔滴呈细小颗粒并以喷射状态快速通过电弧空间向熔池过渡。熔滴的尺寸随着焊接电流的增大而减小。在弧长一定时，当焊接电流增大到一定数值后，即出现喷射过渡状态。潜弧射滴过渡的特点是熔滴细、过渡频率高、熔滴沿焊丝的轴向以高速度向熔池运动，并且有电弧稳定、飞溅小、熔深大、焊缝成形美观、生产效率高等优点。

图 3.29　潜弧射滴过渡

（2）CO_2 气体保护焊的焊接

引燃电弧后，焊接过程中要保持焊枪适当的倾斜和枪嘴高度，使焊接尽可能地匀速移动。当坡口较宽时，为保证两侧熔合好，焊枪作横向摆动。焊接时，必须根据焊接实际效果判断焊接工艺参数是否合适。看清熔池情况、电弧稳定性、飞溅大小及焊缝成形的好坏来修正焊接工艺参数，直至满意为止。

4. 收弧

焊接结束前必须收弧。若收弧不当容易产生弧坑并出现裂纹、气孔等缺陷。

1）若焊机有收弧坑控制电路，焊枪在收弧处停止前进，同时接通此电路，焊接电流电弧电压自动减小，直至填满弧坑为止。

2）若焊机没有弧坑控制电路或因焊接电流小没有使用弧坑控制电路，在收弧处焊枪停止前进，并在熔池未凝固时反复断弧、引弧数次，直至填满弧坑为止。该工序操作要快，若熔池已凝固在引弧，则可能产生未熔合、气孔等缺陷。

5. CO_2 气体保护焊焊接安全操作注意事项

1）焊工是特殊工种，其操作技能和资格对工程质量起到保证作用，因此必须经考试并取得合格证书，且必须在其考试合格项目及其认可范围内持证上岗。

2）作业前，应检查并确认焊丝的进给机构、电线的连接部分、CO_2 气体的供应系统等符合要求。

3）CO_2 气瓶宜放在阴凉处，避免在太阳下暴晒，并应放置牢靠，不得靠近热源。

4）CO_2 气体预热器端的电压不得大于 36V，作业后应切断电源。

5）焊接操作及配合人员必须按规定穿戴劳动防护用品，并必须采取防止触电、瓦斯中毒和火灾等事故的安全措施。

6）现场使用的电焊机应设有防雨、防潮、防晒的机棚，并应装设相应的消防器材。

7）雨天不得露天电焊。在潮湿地带作业时，操作人员应站在铺有绝缘物品处操作，并应穿绝缘鞋。

✖ 任务完成与自评

全班分成若干小组，每小组 4 人，在计划时间内完成板厚为 12mm 的 Q355 低合金钢板 V 形坡口对接焊接技能训练。

1. 焊前准备

（1）焊件准备

1）材料：-100×12×300 钢板（材质 Q355）2 块。

2）气割坡口加工，不留钝边。

3）清理坡口：清除坡口面及靠近坡口上下两侧 20mm 范围内的表面锈蚀、油污、氧化皮及水分。

（2）焊件装配

焊件装配必须保证间隙均匀、高低平整。

（3）焊机准备

准备 CO_2 气体保护焊焊机。

（4）焊接材料准备

焊丝要求表面整洁、无折丝现象。CO_2 气体纯度≥95%。

2．焊接操作

（1）装配与定位焊

板件装配间隙 3mm，允许错边量≤0.5mm，定位焊缝长度 10～15mm。

（2）焊接

选择合理的焊接参数，根据 CO_2 气体保护焊焊接操作要点完成钢板 CO_2 气体保护焊对接连接。

3．任务完成能力评价

项目	要求	记录	分值	扣分	备注
安全生产要求	不了解		20		
	一般				
	熟悉				
CO_2 气体保护焊焊接设备要求	不了解		20		
	一般				
	熟悉				
CO_2 气体保护焊焊前准备工作	不了解		20		
	一般				
	熟悉				
CO_2 气体保护焊焊接参数的选择	不了解		20		
	一般				
	熟悉				
CO_2 气体保护焊操作技术	不了解		20		
	一般				
	熟悉				

任务 3.5　栓　钉　焊

栓钉焊

■ **任务目标**

　　根据《钢结构焊接规范》（GB 50661—2011）、《钢结构工程施工规范》（GB 50755—2012）、《钢结构工程施工质量验收标准》（GB 50205—2020）要求，进行栓钉焊焊接技能训练。操作中，正确选择栓钉焊焊接工艺参数。

3.5.1　栓钉焊准备工作

栓钉焊（图 3.30）采用专用栓钉焊设备进行焊接，是在栓钉与母材之间通过焊接电流局部加热熔化栓钉和局部母材，并同时施加压力挤出液态金属，使栓钉整个截面与母材形成牢固结合的焊接方法。

图 3.30　栓钉焊

1. 栓钉焊焊接设备

栓钉焊焊接设备（图 3.31）包括焊接电源、栓钉焊专用焊枪、控制电缆、焊接电缆等。栓钉焊焊接电源为专用螺柱焊机。

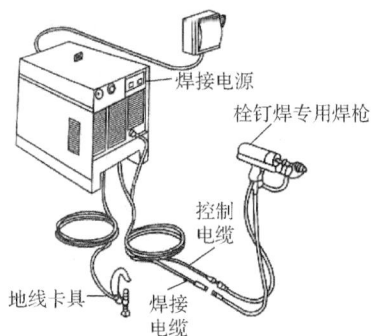

图 3.31　栓钉焊焊接设备

当受条件限制，由于装配顺序、焊接空间要求以及安装空间需要，构件上局部位置栓钉无法采用专用栓钉焊设备进行焊接时，栓钉可采用焊条电弧焊和气体保护焊进行焊接，即非穿透栓钉焊。此时焊缝尺寸应通过计算确定，栓钉角焊缝的强度不得低于原来全熔透的强度。为确保栓钉焊缝的质量，对焊接部位的母材应进行必要的清理和焊前预热，相关工艺应满足对应方法的工艺要求。

2. 栓钉

建筑钢结构栓钉及焊接瓷环（图 3.32）的规格、尺寸及允许偏差应符合国家现行标准《电弧螺柱焊用圆柱头焊钉》（GB/T 10433—2002）的规定。栓钉成品的抗拉强度、屈服强度及伸长率应满足产品标准要求。栓钉出厂前必须通过焊接端的质量评定（对其进行拉伸试验和弯曲试验，其抗拉强度及弯曲性能均应满足要求），包括对相同材质、相同几何形状、相同引弧点、相同直径、采用相同瓷环的栓钉焊接端的评定。

图 3.32　栓钉及焊接瓷环

栓钉配套的焊接瓷环在栓钉焊接过程中起到电弧防护、减少飞溅并参与焊缝成形的作用。在保存时应有防潮措施，受潮的焊接瓷环使用前应在 120～150℃ 范围内烘焙 1～2h。瓷环内径尺寸应与栓钉公称直径匹配，瓷环成品的化学组成及物理性能均应满足产品标准要求。生产厂商应按批次提供瓷环材质证明及产品合格证等质量证明文件。

3.5.2　栓钉焊焊接工艺

1. 划线定位

按照施工图纸及设计要求的位置和间距，用钢板尺和划针在构件上划出栓钉的位置，并在栓钉位置处打上样冲眼。

2. 清理焊接区域

用角磨机将构件施焊部位的涂层打磨干净，并用钢丝刷清扫铁屑残渣。焊接钢构件表面不允许有涂层、水、油脂及其他影响焊缝质量的污渍存在。

栓钉及瓷环都应干燥，否则应进行烘焙。

3. 试焊

施工单位对其采用的栓钉和钢材焊接应进行焊接工艺评定，其结果应满足设计要求并符合国家现行标准的规定。

施工班组每班焊接作业前，应至少试焊 3 个栓钉，试焊栓钉应达到完全熔合和四周全部焊满，栓钉弯曲 30° 检查时热影响区无裂纹，试焊调整焊接工艺参数，检查合格后再正式施焊。

4. 焊接

（1）焊接准备

将栓钉放在焊枪的夹持装置中，把相应直径的保护瓷环置于母材上，再将栓钉插入瓷环内并与母材接触，如图 3.33 所示。

栓钉焊（工程现场）

（2）引弧

按动电源开关，栓钉自动提升，激发电弧，如图 3.34 所示。

图 3.33　焊接准备

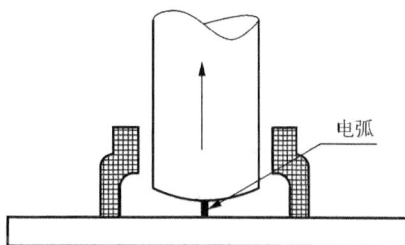

图 3.34　引弧

（3）焊接

焊接时电流增大，使栓钉端部和母材局部表面熔化，如图 3.35 所示。

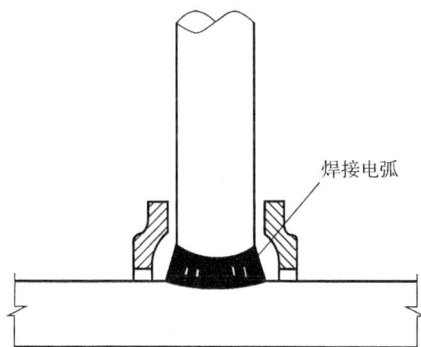

图 3.35　焊接

（4）加压

达到设定电弧燃烧时间后，将栓钉自动压入母材，如图 3.36 所示。

（5）断电

切断电源，熔化金属凝固，并使焊枪保持不动，如图 3.37 所示。

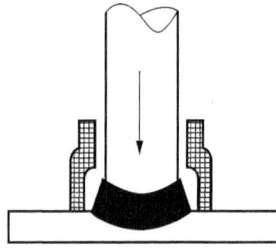

图 3.36 加压

（6）冷却

使焊缝冷却，栓钉端部表面形成均匀的环状焊缝余高，然后敲碎并清除瓷环，焊接完成，如图 3.38 所示。

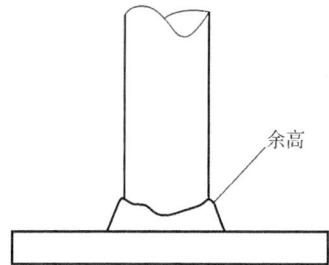

图 3.37 断电   图 3.38 冷却

3.5.3 栓钉焊质量检验

1. 外观检验

焊接结束后，首先检查栓钉规格和排列尺寸位置是否满足设计要求。

栓钉焊接接头外观检验应符合表 3.8 的规定。当采用电弧焊方法进行栓钉焊接时，其焊接接头最小焊脚尺寸应符合表 3.9 的规定。

表 3.8 栓钉焊接接头外观检验合格标准

外观检验项目	合格标准	检验方法
焊缝外形尺寸	360°范围内焊缝饱满 拉弧式栓钉焊：焊缝高≥1mm，焊缝宽≥0.5mm 电弧焊：最小焊脚尺寸应符合表 3.9 的规定	目测、钢尺、焊缝量规
焊缝缺陷	无气孔、夹渣、裂纹等缺陷	目测、放大镜（5 倍）
焊缝咬边	咬边深度≤0.5mm，且最大长度不得大于 1 倍的栓钉直径	钢尺、焊缝量规
栓钉焊后倾斜角度	倾斜角度偏差 θ≤5°	钢尺、量角器

表 3.9 采用电弧焊方法的栓钉焊接接头最小焊脚尺寸

栓钉直径/mm	角焊缝最小焊脚尺寸/mm	检验方法
10, 13	6	
16, 19, 22	8	钢尺、焊缝量规
25	10	

2. 打弯检验

栓钉焊接接头外观质量检验合格后进行打弯抽样检查，栓钉弯曲 30° 后目测检查，焊缝和热影响区不得有肉眼可见的裂纹，若无裂纹则为合格。弯曲检验可用锤击打弯或套管弯曲的方法进行。

✖ 任务完成与自评

项目	要求	记录	分值	扣分	备注
栓钉焊接操作	焊前准备		20		
	焊接操作		30		
栓钉焊接质量检验	外观检验		25		
	打弯检验		25		

任务 3.6 焊接工艺评定

■ 任务目标

通过对本任务内容的学习，熟悉常见的焊缝外观缺陷及内部缺陷种类，明确各缺陷的成因、预防及治理措施，掌握焊缝质量验收的方法。对前述已完成的手工电弧焊焊接接头的焊缝外观质量进行验收。

焊接工艺评定

3.6.1 焊接工艺评定基础知识

1. 焊接工艺评定概念

焊接工艺评定是指为验证所拟定的焊件焊接工艺的正确性而进行的试验过程及结果评价。焊接工艺评定是保证焊接质量的重要措施，为正式制定焊接工艺指导书或焊接工艺卡提供可靠依据。

由于钢结构工程中的焊接节点和焊接接头不可能进行现场实物取样检验，而探伤仅能确定焊缝的几何缺陷，无法确定接头的理化性能。为保证工程焊接质量，应在构件制作和结构安装施工焊接前进行焊接工艺评定，同时根据焊接工艺评定的结果制订相应的施工焊接工艺规程，并在施焊过程中进行全过程质量控制。

2. 焊接工艺评定目的

焊接工艺评定的主要目的在于评定及验证针对焊接生产所需要的焊接工艺，最终归纳并确定为焊接工艺规程。

（1）验证施焊单位拟订的焊接工艺是否正确

1）按照事先所拟订的焊接工艺指导书验证所焊接的接头是否具有所要求的使用性能。

2）对施工单位采用的钢材、焊接材料、选用的焊接方法、初步制定的焊接工艺、焊后热处理工艺等进行验证，进而确定所定方案的正确性。

3）应特别对首次应用的钢材、焊接材料、焊接工艺的应用性进行考核、验证。

4）在焊接工艺评定试验的基础上，针对焊接工艺评定试验所代表的所有规格、条件，制定详细的焊接工艺规程，以指导实际生产。

（2）评价施工单位能否焊出符合要求的焊接接头

焊接工艺评定试件应由该工程施工企业中持证的焊接人员施焊；焊接工艺评定的环境应反映工程施工现场的条件；焊接工艺评定所用设备、仪表的性能应处于正常工作状态；焊接工艺评定所用的钢材、栓钉、焊接材料必须能覆盖实际工程所用材料并应符合相关标准要求，同时应具有生产厂出具的质量证明文件；焊接工艺评定中的焊接热输入、预热、后热制度等施焊参数应根据被焊材料的焊接性能制订。因此，焊接工艺评定在很大程度上能反映出施工单位所具有的施工条件和施工能力。

3. 焊接工艺评定一般规定

（1）焊接工艺评定要求

施工单位应按现行国家标准《钢结构焊接规范》（GB 50661—2011）的规定进行焊接工艺评定。除符合《钢结构焊接规范》（GB 50661—2011）规定的免予评定条件外，施工单位首次采用的钢材、焊接材料、焊接方法、接头形式、焊接位置、焊后热处理制度以及焊接工艺参数、预热和后热措施等各种参数的组合条件，应在钢结构构件制作及安装施工之前进行焊接工艺评定，并根据评定报告确定焊接工艺，编写焊接工艺规程并进行全过程质量控制。

就焊接产品质量控制而言，过程控制比焊后无损检测更为重要，特别是对高强钢或特种钢，产品制造过程中工艺参数对产品性能和质量的影响更为直接，产生的不利后果更难以恢复，同时也是用常规无损检测方法无法检测到的。因此，正确的过程检验程序和方法是保证产品质量的重要手段。焊接工艺评定和焊接过程检验的程序、内容应符合现行国家标准《钢结构焊接规范》（GB 50661—2011）的规定。

（2）免予焊接工艺评定

对于一些特定的焊接方法和参数、钢材、接头形式与焊接材料种类的组合，其焊接工艺已经长期使用。实践证明，按照这些焊接工艺进行焊接所得到的焊接接头性能良好，能够满足钢结构焊接的质量要求。本着经济合理、安全适用的原则，《钢结构焊接规范》（GB 50661—2011）借鉴了美国《钢结构焊接规范》AWS D1.1，并充分考虑到国内实际情况，对免予评定焊接工艺作出了相应规定。采用免予评定的焊接工艺并不免除对钢结构制作、安装企业资质及焊工个人能力的要求，同时必须实施有效的焊接质量控制和监督。在实际生产中，应严格执行规范规定，通过免予评定焊接工艺文件编制可实际操作的焊接工艺，并经焊接工程师和技术负责人签发后，方可使用。

3.6.2 焊接工艺评定流程

焊接工艺评定应由施工单位根据所承担钢结构的设计节点形式，钢材类型、规格，采用的焊接方法，焊接位置等，制订焊接工艺评定方案，拟定相应的焊接工艺评定指导书。按《钢结构焊接规范》（GB 50661—2011）的规定施焊试件、切取试样，并由具有相应资质的检测单位进行检测试验，测定焊接接头是否具有所要求的使用性能，并出具检测报告；相关机构对施工单位的焊接工艺评定施焊过程应进行见证，并由具有相应资质的检测单位根据检测结果及焊接规范的相关规定对拟定的焊接工艺进行评定，并出具焊接工艺评定报告。

1. 编制焊接工艺评定指导书

在编制焊接工艺评定指导书前，必要时进行焊接工艺性预试验，拟定相应的焊接工艺评定指导书。

焊接工艺评定前，先要确定焊接参数，原则上是根据被焊钢材的焊接性试验结果制订。对于焊接性已经被充分了解、有明确的指导性焊接工艺参数，并已经实践中长期使用的成熟钢种，一般不需要由施工企业进行焊接性试验。对于国内新开发生产的钢种，或者由国外进口未经使用过的钢种，应由钢厂提供焊接性试验评定资料。否则施工企业应进行焊接性试验，以作为制订焊接工艺评定参数的依据。

2. 施焊试件

按规程标准的规定要求及工艺评定试验指导书的内容，在监督人员监督下施焊试件，记录试验过程和所有数据，编制焊接工艺评定记录表。

3. 试件检验检测

试件焊接完成后，进行外观检验、无损探伤；切取加工试样，由监督部门认证资质的检测单位，在监督人员到场监督下进行检测、试验，编制焊接工艺评定检验表。

4. 编制焊接工艺评定报告

汇总检验、检测、试验结果，编制焊接工艺评定报告。

5. 编制焊接工艺规程

根据焊接工艺评定试验报告，编制焊接工艺规程，上报批准后实施焊接生产。焊接工艺评定结果不合格时，应分析原因，制订新的评定方案，按原步骤重新评定，直到合格为止。

※ 任务完成与自评

项目	要求	记录	分值	扣分	备注
焊接工艺评定程序	熟悉		50		
	不熟悉				
焊接工艺评定文件	熟悉		50		
	不熟悉				

任务 3.7 焊接质量检验

■ 任务目标

完成前述手工电弧焊焊接接头的焊缝质量验收，包括完成焊缝的外观质量检验、明确焊缝的内部缺陷检验要求。

焊接质量检验

3.7.1 焊接检验要求

1. 焊接检验分类

（1）自检

自检是施工单位在钢结构制造、安装过程中，由本单位具有相应资质的检测人员或委托具有相应检验资质的检测机构进行的检验。

（2）监检

监检是业主或其代表委托具有相应检验资质的独立第三方检测机构进行的检验。

2. 焊接检验程序

钢结构焊接质量检验贯穿于焊接施工全过程，包括焊前检验、焊接的中间检验和焊后的成品检验。

（1）焊前检验

焊前检验是指焊接开始前应进行的检验工作，是焊接检验的第一阶段。它要求对焊接材料的质量按设计、规范要求进行检验，对特殊要求的焊接材料及重要的焊接受力部位，还要求做焊接工艺评定试验，保证其满足设计要求。焊前检验主要对焊件表面处理情况及焊件的坡口制作、组焊的装配等进行检验。焊前检验的目的是预先防止和减少焊接时产生缺陷的可能性，检验的项目包括：

1）按设计文件和相关标准的要求对工程中所用钢材、焊接材料的规格、型号（牌号）、材质、外观及质量证明文件进行确认；

2）对焊工合格证及认可范围进行确认；

3）对焊接工艺技术文件及操作规程进行审查；

4）对坡口形式、尺寸及表面质量进行检查；

5）对组对后构件的形状、位置、错边量、角变形、间隙等进行检查；

6）对焊接环境、焊接设备等条件进行确认；

7）对定位焊缝的尺寸及质量予以认可；

8）对焊接材料的烘干、保存及领用情况进行检查；

9）对引弧板、引出板和衬垫板的装配质量进行检查。

（2）焊接的中间检验

焊接的中间检验即焊接过程中的检验，它是焊接检验的第二阶段。主要对焊接规范、参数、设备的运行状况进行检验；对焊接工艺及其执行情况进行确认与检验；对焊缝尺寸、结构变形、焊接材料的保管和使用等情况进行实测检验，同时做好相应的实时检验记录，形成焊接检验的文件。焊接的中间检验是焊接过程中最重要的环节，其目的是防止由于操作或其他特殊因素的影响而产生焊接缺陷，便于及时发现问题并加以解决。它直接对钢结构质量产生重要影响。检验内容包括：

1）对实际采用的焊接电流、焊接电压、焊接速度、预热温度、层间温度及后热温度和时间等焊接工艺参数与焊接工艺文件的符合性进行检查；

2）对多层多道焊焊道缺欠的处理情况进行确认；

3）对于采用双面焊清根的焊缝，应在清根后对其进行外观检查及规定的无损检测；

4）对多层多道焊中焊层、焊道的布置及焊接顺序等进行检查。

焊前检验和焊接过程中检验，是防止产生缺陷、避免返修的重要环节。尽管多数焊接缺陷可以通过返修来消除，但一方面，返修要消耗材料、能源、工时、增加产品成本；另一方面，通常返修要求采取更严格的工艺措施，工作量增加，而返修处可能产生更为复杂的应力状态，成为新的影响结构安全运行的隐患。

（3）焊后的成品检验

焊后成品检验是焊接最终的检验环节。主要检查内容包括：

1）对焊缝的外观质量与几何尺寸进行检查；

2）对焊缝进行无损检测；

3）对焊接工艺规程记录及检验报告进行审查。

焊接完成后，全部焊缝应进行外观检查。要求全焊透的一级、二级焊缝应进行内部缺陷无损检测，一级焊缝探伤比例应为100%，二级焊缝探伤比例应不低于20%。焊接质量的抽样检验，除裂纹缺陷外，抽样检验的焊缝数不合格率小于2%时，该批验收合格；抽样检验的焊缝数不合格率大于5%时，该批验收不合格；抽样检验的焊缝数不合格率为2%～5%时，应按不少于2%探伤比例对其他未检焊缝进行抽检，且必须在原不合格部位两侧的焊缝延长线各增加一处，在所有抽检焊缝中不合格率不大于3%时，该批验收合格，大于3%时，该批验收不合格。当检验有1处裂纹缺陷时，应加倍抽查，在加倍抽检焊缝中未再检查出裂纹缺陷时，该批验收合格；检验发现多处裂纹缺陷或加倍抽查又发现裂纹缺陷时，该批验收不合格，应对该批余下焊缝的全数进行检验。批量验收不合格时，应对该批余下的全部焊缝进行检验。

3.7.2 焊缝外观质量检验

1. 常见的焊缝外观缺陷及防治措施

（1）焊缝外观形状和尺寸不符合要求

1）表现：外表面形状高低不平；焊缝成形不良（图3.39）；焊缝焊波粗劣；焊缝宽度不均匀；焊缝余高过高或过低；角焊缝焊脚单边或下凹过大；母材错边；接头的变形和翘曲超过了产品的允许范围等。

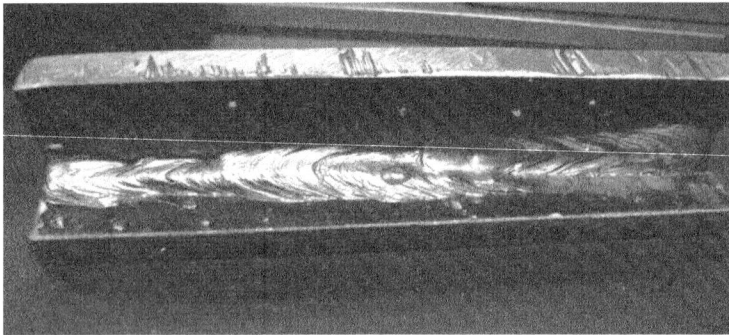

图 3.39 焊缝成形不良

2）成因：焊件坡口角度不对；装配间隙不均匀；定位点焊时未对正；焊接电流过大或过小；运条速度过快或过慢；焊条的角度选择不当；埋弧焊焊接工艺选择不正确等。

3）预防措施：选择合适的坡口角度；按标准要求点焊组装焊件，并保持间隙均匀；编制合理的焊接工艺流程；控制变形和翘曲；正确选用焊接电流；准确地掌握焊接速度；采用恰当的运条手法和角度；随时注意适应焊件的坡口变化，以保证焊缝外观成形均匀一致。

4）治理措施：加强焊后自检和专检，发现问题及时处理；对于成形差的焊缝，进行打磨、补焊；凸起或者余高过大的焊缝，采用砂轮或碳弧气刨清除过量的焊缝金属；对达不到验收标准要求，成形太差的焊缝实行割口或换件重焊；加强焊接验收标准的学习，严格按照标准施工。

（2）咬边

1）表现：在焊缝金属与基体金属交界处，沿焊趾的母材部位，金属被电弧烧熔后形成的凹槽，称为咬边，如图 3.40 所示。咬边减少了基体金属的有效截面，直接削弱了焊接接头的强度，在咬边外，容易引起应力集中，承载后可能在此处产生裂纹。

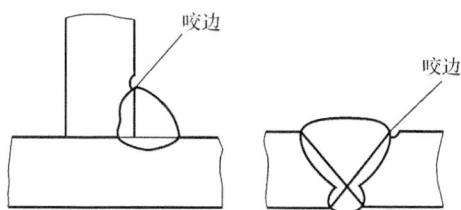

图 3.40　咬边

2）成因：焊接电流过大、电弧过长、运条角度不当等均可造成咬边。此外，运条时，电弧在焊缝两侧停顿时间短，液态金属未能填满熔池；横焊时，在上坡口面停顿的时间过长，以及运条、操作不正确也会造成咬边；埋弧焊时主要是焊接电流过大，焊接速度过快，焊丝角度不当也会造成咬边。

3）预防措施：选择适宜的焊接电流，运条角度，进行短弧操作；焊条摆动至坡口边缘，稍作稳弧停顿，操作应熟练、平稳；埋弧焊的焊接工艺参数要选择适当。

4）治理措施：对检查中发现的焊缝咬边进行打磨清理、补焊，使之符合验收标准要求；加强质量标准的学习，提高焊工质量意识；加强练习，提高防止咬边缺陷的操作技能。

（3）焊瘤

1）表现：在焊接过程中，液态金属流淌到焊缝之外形成的金属瘤，称为焊瘤，如图 3.41 所示。焊瘤不仅影响了焊缝表面的美观，还会造成应力集中现象。在焊瘤下面，常有未焊透缺陷存在，在焊瘤附近，容易造成表面夹渣的缺陷。

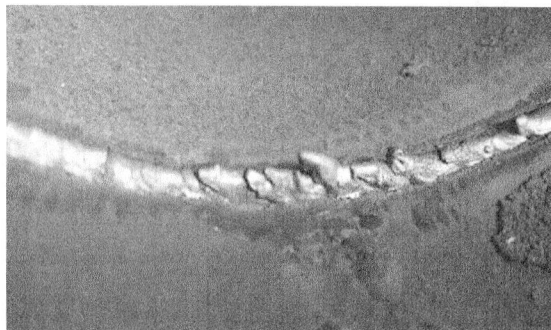

图 3.41　焊瘤

2）成因：由于钝边薄，间隙大，击穿熔孔尺寸大而形成焊瘤；焊接时电流过大，击穿焊接时电弧燃烧、加热时间长，造成熔池温度增高，熔池体积增大，液态金属因自身重力作用下坠而形成焊瘤；对运条或焊枪操作不熟练，焊条或焊炬角度不当而形成焊瘤；焊接速度过慢而形成焊瘤。

3）预防措施：选择适宜的钝边尺寸和装配间隙；控制熔孔大小并均匀一致；掌握电弧燃烧和熄灭的时间；选择合理的焊接规范，击穿焊接电弧加热时间不可过长，操作应熟练，运条角度适当。

4）治理措施：用角向打磨机、砂轮或者碳弧气刨清除过量的焊缝金属，使之符合验收标准要求。

（4）弧坑

1）表现：电弧焊时，由于熄弧或收弧不当，在焊缝末端（熄弧）形成低于母材金属表面的凹坑，称为弧坑，如图3.42所示。出现弧坑后，焊缝在该处的强度极大削弱，在弧坑处引发其他微裂纹、气孔等缺陷，易引起应力集中。

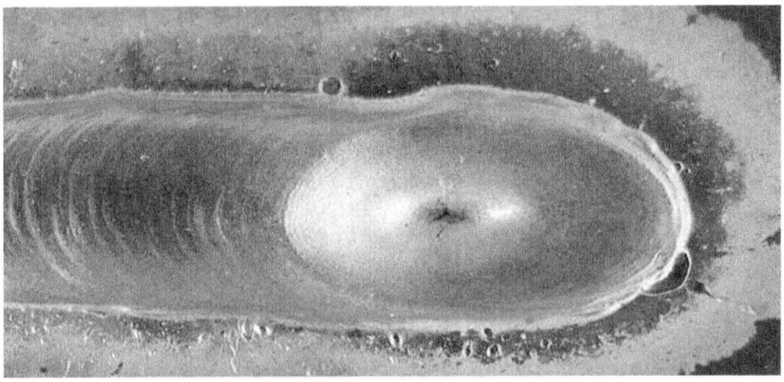

图3.42　弧坑

2）成因：焊接收弧中熔池不饱满便进行收弧；停止焊接时，焊工对收弧情况估计不足，停弧时间掌握不准。

3）预防措施：焊缝结尾应在收弧处作短时间停留或作几次环形运条，以便继续填加一定量的熔化金属；埋弧焊时，应分两次按"停止"按钮（先停止送丝，后切断电源），重要的结构应设置引弧板和熄弧板。

4）治理措施：加强焊工操作技能练习，掌握各种收弧、停弧和接头的焊接操作方法；加强焊工责任心；对已经形成的弧坑进行打磨清理并补焊。

（5）烧穿

1）表现：焊接过程中，电焊条在焊接时由于焊接电流过大，或熔池高温停留时间过长，而引起焊点的液体金属流失，并使焊点形成孔洞的现象，叫作烧穿。

2）成因：焊接电流过大、焊接速度过慢、坡口间隙过大都可能产生烧穿。

3）预防措施：选择合适的焊接电流；选择合适的坡口角度和装配间隙；提高焊工

的操作技能。

4）治理措施：可采用连续点焊将空洞补焊；如遇焊缝反面不可返修的情况，则报废；可返修时，在烧穿处先进行打磨，在焊缝反面补焊一道衬垫焊缝，再于焊缝正面补焊一道合格焊缝。

（6）表面气孔

1）表现：表面气孔是在焊接过程中，熔池中的气体未完全溢出熔池，而熔池已经凝固，在焊缝表面形成的孔洞，如图 3.43 所示。

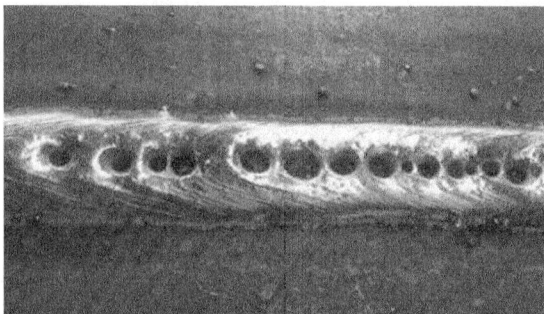

图 3.43 表面气孔

2）成因：焊接过程中由于防风措施不严格，熔池内混入气体；焊接材料没有经过烘焙或烘焙不符合要求，焊丝清理不干净，在焊接过程中自身产生气体进入熔池；熔池温度低，凝固时间短；焊件清理不干净，杂质在焊接高温时产生气体进入熔池；电弧过长，气体保护焊时保护气体流量过大或过小，保护效果不佳等。

3）预防措施：母材、焊丝按照要求清理干净；焊条按照要求烘焙；防风措施严格，无穿堂风等；选用合适的焊接参数，焊接速度不能过快，电弧不能过长，正确掌握起弧、运条、熄弧等操作要领；气体保护焊时保护气流流量合适，保护气体纯度符合要求。

4）治理措施：焊接材料、母材打磨清理等严格按照规定执行；加强焊工练习，提高操作水平和操作经验；对有表面气孔的焊缝，机械打磨清除缺陷，缺陷清除后再进行补焊。

（7）表面裂纹

1）表现：表面裂纹（图 3.44）是在焊接接头的焊缝、熔合线、热影响区出现的表面开裂缺陷。

2）成因：表面裂纹因不同的钢种、焊接方法、焊接环境、预热要求、焊接接头中杂质的含量、装配及焊接应力的大小等而不同，但产生表面裂纹的根本原因是产生裂纹的内部诱因和必须的应力。

3）预防措施：严格按照规程和作业指导书的要求做好焊接准备工作；提高焊接操作技能，熟练掌握焊接方法；采取合理的焊接顺序、减少焊接应力等。

4）治理措施：针对每种产生裂纹的具体原因采取相应的措施；对已经产生裂纹的

焊接接头，应将裂纹完全清除后，再进行补焊。

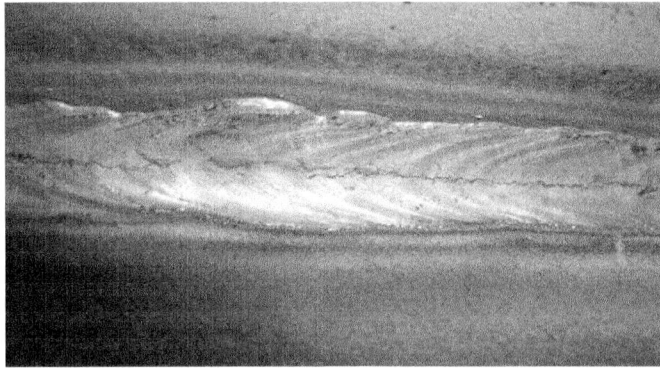

图 3.44 焊缝表面裂纹

2. 焊缝外观质量验收

（1）一般规定

《钢结构焊接规范》（GB 50661—2011）明确规定，所有焊缝应冷却到环境温度后方可进行外观检测。外观检测内容包括焊缝的尺寸偏差及外观质量检测。

外观检测采用目测方式，裂纹的检查应辅以 5 倍放大镜并在合适的光照条件下进行，必要时可采用磁粉探伤或渗透探伤检测，尺寸的测量使用焊缝量规（图 3.45）和钢尺进行。

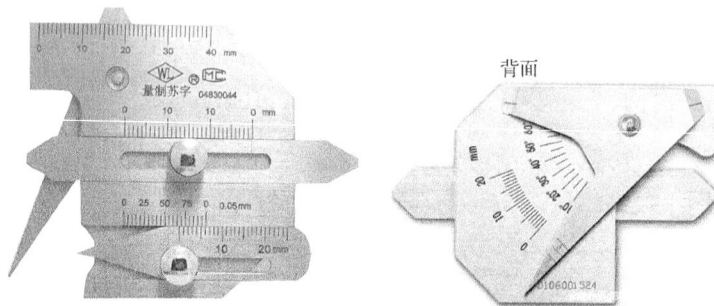

图 3.45 焊缝量规

栓钉焊接接头的焊缝外观质量应符合《钢结构焊接规范》（GB 50661—2011）的要求。外观质量检验合格后进行打弯抽样检查。其合格标准为：当栓钉弯曲至 30°时，焊缝和热影响区不得有肉眼可见的裂纹，检查数量不应小于栓钉总数的 1%且不少于10 个。

电渣焊、气电立焊接头的焊缝外观成形应光滑，不得有未熔合、裂纹等缺陷；当板厚小于 30mm 时，压痕、咬边深度不应大于 0.5mm；板厚不小于 30mm 时，压痕、咬边深度不应大于 1.0mm。

（2）承受静荷载结构焊缝外观检测

1）焊缝外观质量应满足表 3.10 的规定。

表 3.10　焊缝外观质量要求

检验项目	焊缝质量要求		
	一级	二级	三级
裂纹	不允许	不允许	不允许
未焊满	不允许	≤0.2mm+0.02t 且≤1mm，每 100mm 长度焊缝内未焊满累积长度≤25mm	≤0.2mm+0.04t 且≤2mm，每 100mm 长度焊缝内未焊满累积长度≤25mm
根部收缩	不允许	≤0.2mm+0.02t 且≤1mm，长度不限	≤0.2mm+0.04t 且≤2mm，长度不限
咬边	不允许	≤0.05t 且≤0.5mm，连续长度≤100mm，且焊缝两侧咬边总长≤10%焊缝全长	≤0.1t 且≤1mm，长度不限
电弧擦伤	不允许	不允许	允许存在个别电弧擦伤
接头不良	不允许	缺口深度≤0.05t 且≤0.5mm，每 1000mm 长度焊缝内不得超过 1 处	缺口深度≤0.1t 且≤1mm，每 1000mm 长度焊缝内不得超过 1 处
表面气孔	不允许	不允许	每 50mm 长度焊缝内允许存在直径<0.4t 且≤3mm 的气孔 2 个，孔距应≥6 倍孔径
表面夹渣	不允许	不允许	深≤0.2t，长≤0.5t 且≤20mm

注：t 为接头较薄件母材厚度。

2）焊缝外观尺寸检测。

T 形接头、十字接头、角接接头等要求焊透的对接和角接组合焊缝（图 3.46），其加强焊脚尺寸 h_k 不应小于 $t/4$ 且不大于 10mm，其允许偏差为 0～4mm。

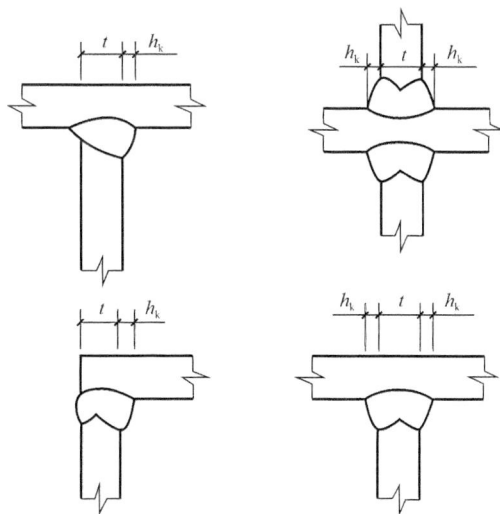

图 3.46　对接和角接组合焊缝

对接焊缝与角焊缝外观尺寸允许偏差应符合表 3.11 的规定。

表 3.11 对接焊缝与角焊缝外观尺寸允许偏差

序号	项目	示意图	外观尺寸允许偏差/mm	
			一级、二级	三级
1	对接焊缝余高 C		$B<20$ 时，C 为 0～3.0； $B\geqslant20$ 时，C 为 0～4.0	$B<20$ 时，C 为 0～3.5； $B\geqslant20$ 时，C 为 0～5.0
2	对接焊缝错边 Δ		$\Delta<0.1t$，且 $\leqslant2.0$	$\Delta<0.15t$，且 $\leqslant3.0$
3	角焊缝余高 C		$h_{\mathrm{f}}\leqslant6$ 时，C 为 0～1.5； $h_{\mathrm{f}}>6$ 时，C 为 0～3.0	
4	对接和角接组合焊缝余高 C		$h_{\mathrm{k}}\leqslant6$ 时，C 为 0～1.5； $h_{\mathrm{k}}>6$ 时，C 为 0～3.0	

注：B 为焊缝宽度；t 为对接接头较薄件母材厚度。

（3）有疲劳验算要求的钢结构焊缝外观检测

1）焊缝外观质量应满足表 3.12 的要求。

表 3.12 焊缝外观质量要求

检验项目	焊缝质量要求		
	一级	二级	三级
裂纹	不允许	不允许	不允许
未焊满	不允许	不允许	$\leqslant0.2$mm$+0.02t$ 且 1mm，每 100mm 长度焊缝内未焊满累积长度$\leqslant25$mm
根部收缩	不允许	不允许	$\leqslant0.2$mm$+0.02t$ 且$\leqslant1$mm，长度不限
咬边	不允许	$\leqslant0.05t$ 且$\leqslant0.3$mm，连续长度$\leqslant100$mm，且焊缝两侧咬边总长$\leqslant10\%$焊缝全长	$\leqslant0.1t$ 且$\leqslant0.5$mm，长度不限
电弧擦伤	不允许	不允许	允许存在个别电弧擦伤
接头不良	不允许	不允许	缺口深度$\leqslant0.05t$ 且$\leqslant0.5$mm，每 1000mm 长度焊缝内不得超过 1 处
表面气孔	不允许	不允许	直径小于 1.0mm，每米不多于 3 个，间距不小于 20mm
表面夹渣	不允许	不允许	深$\leqslant0.2t$，长$\leqslant0.5t$ 且$\leqslant20$mm

注：t 为接头较薄件母材厚度。

2）焊缝外观尺寸检测。

有疲劳验算要求的钢结构焊缝外观尺寸偏差应符合表 3.13 要求。

表 3.13　有疲劳验算要求的钢结构焊缝外观尺寸允许偏差

项目	焊缝种类	外观尺寸允许偏差
焊脚尺寸	对接与角接组合焊缝 h_k	0 +2.0mm
	角焊缝 h_f	−1.0mm +2.0mm
	手工焊角焊缝 h_f（全长的 10%）	−1.0mm +3.0mm
焊缝高低差	角焊缝	≤2.0mm（任意 25mm 范围高低差）
余高	对接焊缝	≤2.0mm（焊缝宽 b≤20mm）
		≤3.0mm（b>20mm）
余高铲磨后表面	横向对接焊缝	表面不高于母材 0.5mm
		表面不低于母材 0.3mm
		粗糙度 50um

3.7.3　焊缝内部质量检验

1. 常见的焊缝内部缺陷及防止措施

（1）气孔

1）表现：在焊缝内部出现的单个、条状或群体气孔，是焊缝内部最常见的缺陷，如图 3.47 所示。气孔会减小焊缝的有效截面积、降低焊缝的机械性能、损坏焊缝的致密性，特别是直径不大、深度很深的圆柱形长气孔（俗称针孔）危害极大。

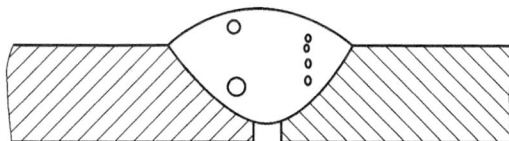

图 3.47　焊缝内部气孔

2）成因：焊条或焊剂受潮，或者未按要求烘干；焊条药皮开裂、脱落、变质；基本金属和焊条钢芯的含碳量过高；焊条药皮的脱氧能力差；焊件表面及坡口有水、油污、铁锈等污物存在，这些污物在电弧高温作用下，分解出一氧化碳、氢和水蒸气等，进入熔池后往往形成一氧化碳气孔和氢气孔；焊接电流偏低或焊接速度过快，熔池存在的时间短，以至于气体来不及从熔池金属中逸出；电弧长度过长，使熔池失去了气体的保护，空气很容易侵入熔池；焊接电流过大，焊条发红，药皮脱落，而失去了保护作用；电弧偏吹，运条手法不稳等；埋弧焊时，使用过高的电弧电压，网络电压波动过大。

3）预防措施：根据材料特点、板厚及坡口形式选择合适的焊接工艺参数，保持焊接过程的稳定性，减少气孔的产生；焊前一定要将焊条或焊剂按规定的温度和时间进行烘干，并做到随用随取，或取出后放在焊条保温桶中随用随取；焊条药皮不得开裂、脱落、变质。焊丝表面应清洁，无油无锈；认真清理坡口及两侧，去除氧化物、油脂、水分等；当用碱性焊条施焊时，应保持较低的电弧长度，外界风大时应采取防风措施；选择合适的焊接规范，缩短灭弧停歇时间。灭弧后，当熔池尚未全部凝固时，及时再引弧给送熔滴，击穿焊接；运条角度要适当，操作应熟练，不要将熔渣拖离熔池。

4）治理措施：严格执行焊接工艺规程；加强焊工练习，提高操作水平和责任心；对在探伤过程中发现的超标气孔铲除并进行补焊。

（2）夹渣

1）表现：焊接后残留在焊缝内部的非金属夹杂物称为夹渣，如图3.48所示。夹渣会减少焊缝的有效截面积，降低焊缝的机械性能。

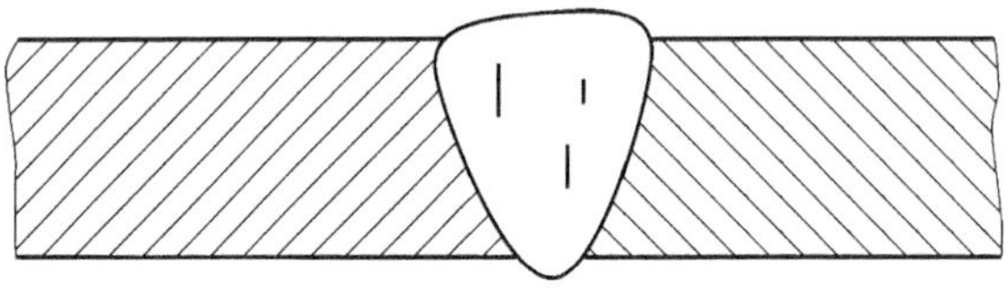

图3.48　焊缝夹渣

2）成因：焊接过程中，由于焊工疏忽，焊层之间、焊道之间的熔渣未清除干净就继续施焊，特别对于碱性焊条，若熔渣未清除干净，更易产生夹渣；由于焊条药皮受潮，药皮开裂或变质，药皮成块脱落进入熔池，又未能充分熔化或反应不完全，使熔渣不能浮出熔池表面，造成夹渣；焊接时，焊接电流太小，熔化金属和熔渣所得到的热量不足，流动性差，再加上这时熔化金属凝固速度快，使得熔渣不能及时浮出；焊接时，焊条角度和运条方法不恰当，熔渣和铁水分辨不清，将熔渣和熔化金属混杂在一起；焊缝熔宽忽宽忽窄，熔宽与熔深之比过小，咬边过深及焊层形状不良等都会导致夹渣；坡口设计、加工不当也导致焊缝夹渣；基体金属和焊接材料的化学成分不当，如当熔池中含氧、氮、硫较多时，其产物（氧化物、氮化物、硫化物等）在熔化金属凝固时，因速度较快来不及浮出，便会残留在焊缝中形成夹渣。

3）预防措施：认真清除锈皮和焊层间的熔渣，将凹凸不平处铲平，然后才能进行下一遍焊接；选用具有良好工艺性能的焊条，选择合适的焊接电流，能改善熔渣上浮的条件，有利于防止夹渣的产生。遇到焊条药皮成块脱落时，必须停止焊接，查明原因并更换焊条；选择适当的运条角度，操作应熟练，使熔渣和液态金属良好分离。

4）治理措施：焊前将焊件表面彻底清理干净；加强练习，焊接操作技能娴熟，责任心强；对探伤过程中发现的夹渣缺陷，在完全清除缺陷后进行补焊。

（3）未焊透

1）表现：焊接时接头根部未完全熔透的现象称为未焊透，如图3.49所示。焊缝未焊透会明显地减小焊缝的有效截面积，降低焊接接头的机械性能。由于未焊透处存在缺口及"末端尖劈"，会造成严重的应力集中现象，承载后极易在此处引起裂纹。

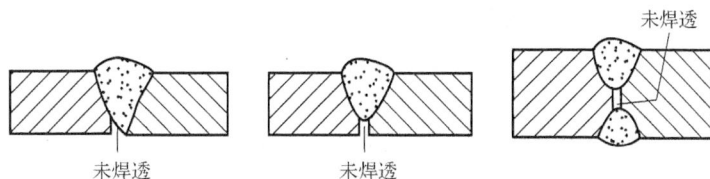

图 3.49　未焊透

2）成因：坡口角度小，钝边过大，装配间隙小或错边；所选用的焊条直径过大，使熔敷金属送不到根部；焊接电流太小，焊接速度太快，由于电弧穿透力降低使得熔池变浅而造成未焊透；由于操作不当，使熔敷金属未能送到预定位置，或由于电弧的磁偏吹使热能散失，该区域电弧作用不到；单面焊双面成形的击穿焊由于电弧燃烧时间短或坡口根部未能形成一定尺寸的熔孔而造成未焊透。

3）预防措施：选择合适的坡口角度、装配间隙及钝边尺寸，并防止错边；选择合适的焊接电流、焊条直径，运条角度应适当；如果焊条药皮厚度不均产生偏弧时，应及时更换；掌握正确的焊接操作方法，对手工电弧焊的运条和气体保护焊焊丝的送进应稳定、准确；熟练地击穿尺寸适宜的熔孔，应把熔敷金属送至坡口根部。

4）治理措施：铲去未焊透的焊缝金属，然后进行补焊。

（4）未熔合

1）现象：熔焊时，焊道与母材之间或焊道之间未能完全熔化结合在一起的部分称为未熔合，也称为"假焊"，如图 3.50 所示。常见的未熔合部位有坡口边缘未熔合，焊缝金属层间未熔合。这是一种比较危险的焊接缺陷，焊缝出现间断和突变部位，使得焊接接头的强度大大降低。未熔合部位还存在尖劈间隙，承载后应力过于集中，极易由此处产生裂纹。

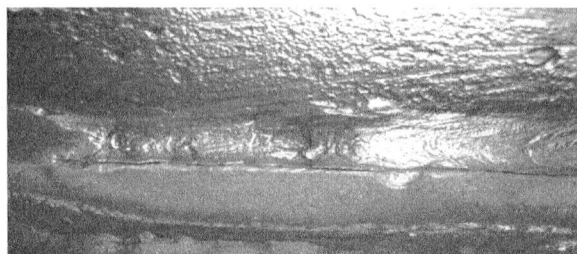

图 3.50　未熔合

2）成因：电流不稳定，电弧偏吹，使得偏离部位（如母材或上一道焊层）的热量不足以熔化基体金属或上道焊层的熔敷金属；在坡口或上一层焊缝的表面有油污、铁锈等杂质，或存在熔渣及氧化物，阻碍了金属的熔合；焊接电流过大，焊条熔化过快，坡口母材金属或前一层焊缝金属未能充分熔化，熔敷金属覆盖造成"假焊"；在横焊时，由于上侧坡口金属熔化后产生下坠，影响下侧坡口面金属的加热熔化，造成"冷接"；横焊操作时，在上、下坡口面击穿顺序不对，未能先击穿下坡口后击穿上坡口，或者在上、下坡口面上击穿孔位置未能错开一定距离，使上坡口熔化金属下坠产生粘接，造成未熔合。

3）预防措施：焊条或焊炬（焊枪）的倾斜角度要适当，并注意观察坡口两侧母材金属的熔化情况；选用稍大的焊接电流，使基体金属或前一道焊层金属充分熔化；当焊条偏弧时，应及时调整焊条角度，或更换焊条，使电弧始终对准熔池；对坡口表面和前一层焊道的表面，应认真进行清理，使之露出金属光泽后再施焊；横焊操作时，掌握好上、下坡口面的击穿顺序和保持适宜的熔孔位置和尺寸大小；气体保护焊时，焊丝的送进应熟练，从熔孔上坡口拖到下坡口。

4）治理措施：铲除未熔合的焊缝金属，进行补焊。

（5）裂纹

1）现象：裂纹是所有的焊接缺陷里危害最大的一种。它是在焊接应力及其他致脆因素共同作用下，焊接接头局部区域金属原子结合力遭到破坏而形成的新界面所产生的缝隙。裂纹具有尖锐的缺口和大的长宽比的特征。焊接裂纹不仅发生于焊接过程中，有的还存在一定潜伏期，有的则产生于焊后的再次加热过程中。焊接裂纹根据其部位、尺寸、形成原因和机理的不同，可以有不同的分类方法。按裂纹形成的条件不同，可将其分为热裂纹、冷裂纹、再热裂纹和层状撕裂等四类。裂纹最大的一个特征是具有扩展性，在一定的工作条件下会不断"生长"，直至断裂。

2）成因：产生裂纹的根本原因只有产生裂纹的内部诱因和必须的应力两种。

3）预防措施：焊接条件应满足规程和作业指导书的要求；提高焊接操作技能，熟练掌握使用焊接方法；采取合理的焊接顺序等措施，减少焊接应力。

4）治理措施：焊缝或母材上裂纹应采用磁粉、渗透或其他无损检测方法确定裂纹的范围及深度，应用砂轮打磨或碳弧气刨等方法清除裂纹及其两端各50mm长的焊缝或母材，并应用渗透或磁粉探伤方法确定裂纹完全清除后，再重新进行补焊。焊接裂纹返修前，应通知焊接工程师对裂纹产生的原因进行调查和分析，制定专门的返修工艺方案后按工艺要求进行返修。

焊接缺陷可采用砂轮打磨、碳弧气刨、铲凿或机械等方法彻底清除。焊接修复前，应清洁修复区域的表面。焊缝缺陷返修的预热温度应高于相同条件下正常焊接的预热温度30～50℃，并应采用低氢焊接方法和焊接材料进行焊接；焊缝返修部位应连续施焊，中断焊接时应采取后热、保温措施；焊缝同一部位的缺陷返修次数不宜超过两次。当超过两次时，返修前应先对焊接工艺进行工艺评定，评定合格后再进行后续的返修焊接。返修后的焊接接头区域应增加磁粉或着色检查。

2. 焊缝内部质量验收

（1）内部质量验收方法

焊缝的内部质量验收采用无损检测（缩写是 NDT），也叫作无损探伤，指的是检查焊缝质量时不损坏结构本身，采用射线、超声、红外、电磁等原理技术并结合仪器对焊缝进行缺陷、化学、物理参数检测的技术。常用的无损检测方法有超声波探伤（UT）、射线探伤（RT）、磁粉探伤（MT）、渗透探伤（PT）等。

超声波探伤是利用超声波的众多特性（如反射和衍射），通过观察显示在超声检测仪上的有关超声波在被检材料或工件中发生的传播变化进行判定，当超声波束自零件表面由探头通至金属内部，遇到缺陷与零件底面时就分别发生反射波，在荧光屏上形成脉冲波形，根据这些脉冲波形来判断缺陷位置和大小。采用超声波检测时，超声波检测设备、工艺要求及缺陷评定等级应符合现行国家标准《钢结构焊接规范》（GB 50661—2011）的规定。

射线探伤是利用某种射线来检查焊缝内部缺陷的一种方法。常用的射线有 X 射线和 γ 射线两种。X 射线和 γ 射线能不同程度地透过金属材料，对胶片产生感光作用。利用这种性能，当射线通过被检查的焊缝时，因焊缝缺陷对射线的吸收能力不同，使射线落在胶片上的强度不同，胶片感光程度也不同，这样就能准确、可靠、非破坏性地显示缺陷的形状、位置和大小。当不能采用超声波探伤或对超声波检测结果有疑义时，可采用射线检测验证，射线检测技术应符合现行国家标准《焊缝无损检测　射线检测　第 1 部分：X 和伽玛射线的胶片技术》（GB/T 3323.1—2019）或《焊缝无损检测　射线检测　第 2 部分：使用数字化探测器的 X 和伽玛射线技术》（GB/T 3323.2—2019）的规定，缺陷评定等级应符合现行国家标准《钢结构焊接规范》（GB 50661—2011）的规定。

磁粉探伤利用工件缺陷处的漏磁场与磁粉的相互作用，它利用了钢铁制品表面和近表面缺陷（如裂纹，夹渣等）磁导率和钢铁磁导率的差异，磁化后这些材料不连续处的磁场将发生畸变，导致漏磁部分工件表面产生漏磁场，从而吸引磁粉形成缺陷处的磁粉堆积——磁痕，在适当的光照条件下，显现出缺陷位置和形状，对这些磁粉的堆积加以观察和解释，就实现了磁粉探伤。

渗透探伤是利用毛细管作用原理检测材料表面开口性缺陷的无损检测方法。

根据结构的承载情况不同，现行国家标准《钢结构焊接规范》（GB 50661—2011）中将焊缝的质量分为三个质量等级。内部缺陷的检测一般可用超声波探伤和射线探伤。射线探伤具有直观性、一致性好的优点，但是射线探伤成本高、操作程序复杂、检测周期长，尤其是钢结构中大多为 T 形接头和角接头，射线检测的效果差，且射线探伤对裂纹、未熔合等危害性缺陷的检出率低。超声波探伤则正好相反，其操作程序简单、快速，对各种接头形式的适应性好，对裂纹、未熔合的检测灵敏度高，因此对钢结构内部质量控制检测多采用超声波探伤，一般已不采用射线探伤，除非不能采用超声波探伤或对超声波检测结果有疑义时，可采用射线检测进行补充或验证。

（2）无损检测要求

1）承受静荷载结构焊缝无损检测。

无损检测应在外观检测合格后进行。Ⅲ、Ⅳ类钢材及焊接难度等级为 C、D 级时，应以焊接完成 24h 后无损检测结果作为验收依据；钢材标称屈服强度不小于 690MPa 或供货状态为调质状态时，应以焊接完成 48h 后无损检测结果作为验收依据。设计要求全焊透的焊缝，一级焊缝应进行 100%的无损检测，其合格等级不应低于《钢结构焊接规范》（GB 50661—2011）超声波检测 B 级检验的Ⅱ级要求。二级焊缝应进行抽检，抽检比例不应小于 20%，其合格等级不应低于超声波检测 B 级检测的Ⅲ级要求。

2）需疲劳验算结构的焊缝无损检测。

无损检测应在外观检查合格后进行。Ⅰ、Ⅱ类钢材及焊接难度等级为 A、B 级时，应以焊接完成 24h 后检测结果作为验收依据，Ⅲ、Ⅳ类钢材及焊接难度等级为 C、D 级时，应以焊接完成 48h 后的检查结果作为验收依据。

板厚不大于 30mm（不等厚对接时，按较薄板计）的对接焊缝除按规定进行超声波检测外，还应采用射线检测，抽检其接头数量的 10%且不少于一个焊接接头。

板厚大于 30mm 的对接焊缝除按规定进行超声波检测外，还应增加接头数量的 10%且不少于一个焊接接头，按检验等级为 C 级、质量等级为不低于一级的超声波检测，检测时焊缝余高应磨平，使用的探头折射角应有一个为 45°，探伤范围应为焊缝两端各 500mm。焊缝长度大于 1500mm 时，中部应加探 500mm。当发现超标缺欠时应加倍检验。

用射线和超声波两种方法检验同一条焊缝时，必须达到各自的质量要求，该焊缝方可判定为合格。

（3）超声波检测

钢结构内部缺陷检验一般采用超声波检测。图 3.51 为无损检测人员正采用超声波探伤仪进行焊缝的无损探伤检测。

图 3.51 焊缝的无损探伤检测

1）检验级别。对接及角接接头的检验等级应根据质量要求分为 A、B、C 三级，检验的完善程度 A 级最低，B 级一般，C 级最高，应根据结构的材质、焊接方法、使用条件及承受载荷的不同，合理选用检验级别。

2）检验范围。对接及角接接头超声波检验范围见图 3.52。

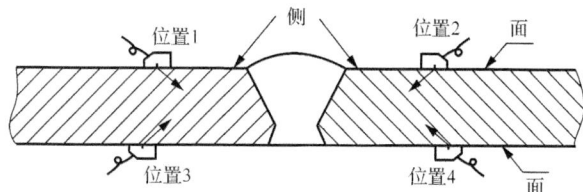

图 3.52　超声波检验范围

A 级检验采用一种角度的探头在焊缝的单面单侧进行检验，只对能扫查到的焊缝截面进行探测，一般不要求作横向缺欠的检验。母材厚度大于 50mm 时，不得采用 A 级检验。

B 级检验采用一种角度探头在焊缝的单面双侧进行检验，受几何条件限制时，应在焊缝单面、单侧采用两种角度探头（两角度之差大于 15°）进行检验。母材厚度大于 100mm 时，应采用双面双侧检验，受几何条件限制时，应在焊缝双面单侧采用两种角度探头（两角度之差大于 15°）进行检验，检验应覆盖整个焊缝截面。条件允许时应作横向缺欠检验。

C 级检验至少应采用两种角度探头在焊缝的单面双侧进行检验。同时应作两个扫查方向和两种探头角度的横向缺欠检验。母材厚度大于 100mm 时，应采用双面双侧检验。检查前应将对接焊缝余高磨平，以便探头在焊缝上作平行扫查。焊缝两侧斜探头扫查经过母材部分应采用直探头作检查。当焊缝母材厚度不小于 100mm，或窄间隙焊缝母材厚度不小于 40mm 时，应增加串列式扫查。

3）检验要求。采用超声波探伤技术对钢结构进行检测时，需严格遵循无损检测要求。针对不同的焊缝质量等级，探伤比例不同。一级焊缝内部缺陷超声波探伤比例为 100%，二级焊缝内部缺陷超声波探伤比例为 20%。探伤比例的计数方法应按以下原则确定：工厂制作焊缝按照焊缝长度计算百分比，且探伤长度不小于 200mm；当焊缝长度小于 200mm 时，应对整条焊缝探伤；现场安装焊缝应按照同一类型、同一施焊条件的焊缝条数计算百分比，且不应少于 3 条焊缝。

✖ 任务完成与自评

项目	要求	记录	分值	扣分	备注
焊缝尺寸验收	余高、错边满足要求		30		
焊缝外观缺陷	无咬边、裂纹、焊瘤、表面气孔		30		
焊缝内部缺陷	预防措施		40		

单 元 习 题

一、单选题

1. 埋弧焊适用于（   ）位置的焊接。
　　A．平焊　　　　　　B．横焊　　　　　　C．立焊　　　　　D．仰焊

2. 引弧板设置时，焊条电弧焊焊缝引出长度应（   ）。
　　A．大于 15mm　　B．大于 25mm　　C．大于 50mm　　D．大于 80mm

3. 埋弧焊是电弧在焊剂层下燃烧进行焊接的方法，是利用焊丝和焊件之间产生的（   ）熔化焊丝、焊剂和母材而形成焊缝。
　　A．化学热　　　　B．电弧热　　　　　C．电阻热　　　　D．电阻

4. CO_2 气体保护焊时，为减少飞溅，保持电弧稳定，电源种类一般采用（   ）。
　　A．交流电源　　B．直流正接　　　C．直流反接　　D．交、直流两用

5. CO_2 气体保护焊时应（   ）。
　　A．先通气后引弧　　　　　　　　B．先引弧后通气
　　C．先停气后熄弧　　　　　　　　D．先停电后停送丝

二、多选题

1. （   ）属于手工电弧焊焊接机具设备。
　　A．直流电焊机　　B．交流电焊机　　C．焊钳　　　　D．焊枪

2. 以下属于焊缝外观缺陷的是（   ）。
　　A．焊瘤　　　　　B．咬边　　　　　C．夹渣　　　　D．弧坑

3. CO_2 气体保护焊焊枪又称焊炬，它用来（   ）。
　　A．传导电流　　　　　　　　　　B．输送焊丝
　　C．输送保护气体　　　　　　　　D．冶金处理

4. 当焊缝出现咬边的质量缺陷时，以下处理方法正确的是（   ）。
　　A．对检查中发现的焊缝咬边，进行打磨清理、补焊，使之符合验收标准要求
　　B．加强质量标准的学习，提高焊工质量意识
　　C．加强练习，提高防止咬边缺陷的操作技能
　　D．用角向打磨机、砂轮或者碳弧气刨清除过量的焊缝金属

三、复习思考题

1. 试述钢结构的焊接方法以及各自的适用范围。
2. 简述手工电弧焊的工作原理。

3. 什么是焊接工艺评定?

4. 哪些情况下要进行焊接工艺评定?

5. 试述焊缝外观质量的验收内容及验收方法。

6. 试述焊缝内部质量的验收内容及验收方法。

钢结构螺栓连接施工

▌单元概述 　螺栓连接是钢结构最主要的一种连接方法，螺栓连接包括普通螺栓连接及高强度螺栓连接。建筑钢结构主要构件常采用高强度螺栓连接。本单元以《钢结构工程施工规范》（GB 50755—2012）、《钢结构工程施工质量验收标准》（GB 50205—2020）为主要依据，对钢结构常用的螺栓连接施工进行全面叙述。每一工作任务均从螺栓进场检验开始，然后介绍施工现场螺栓连接施工相关要求，最后进行螺栓连接紧固质量检验。通过本单元的学习，要求学生掌握普通螺栓及高强度螺栓连接的施工方法，并能对螺栓连接紧固质量进行检验。

▌知识目标 　1. 熟悉普通螺栓及高强度螺栓分类，理解螺栓性能等级含义，熟悉常用螺栓规格。
　2. 掌握普通螺栓及高强度螺栓进场检验内容。
　3. 熟悉普通螺栓及高强度螺栓连接施工工具。
　4. 掌握高强度螺栓连接摩擦面处理方法。
　5. 掌握普通螺栓及高强度螺栓连接施工工艺。
　6. 掌握普通螺栓及高强度螺栓连接紧固质量检验方法。

▌能力目标 　1. 能按要求进行普通螺栓进场检验。
　2. 能正确进行普通螺栓连接的施工。
　3. 能对普通螺栓连接紧固质量进行验收。
　4. 能按要求进行高强度螺栓进场检验。
　5. 能正确进行高强度螺栓连接的施工。
　6. 能对高强度螺栓连接紧固质量进行验收。

▌思政引导 　钢结构建筑符合我国节能减排和循环经济的发展方向，是对城市环境影响最小的建筑结构之一，是绿色建筑的主要代表。螺栓连接作为钢结构建筑最重要的一种连接方式，实现了钢结构的可拆卸、可重复使用。钢结构施工现场应无噪声、无大气污染、无污水排放，符合节能、节水、节材及可持续发展的要求。钢构件采用标准化制造、集成化生产、施工现场快速拼装的施工模式，不仅满足绿色环保的要求，同时大幅缩短了施工周期，减轻了建筑对周边环境的负荷，并且最大限度地实现了人、建筑、环境的和谐共处。当代大学生作为未来城市的建设者和接班人，应认真践行"绿水青山就是金山银山"绿色发展理念，为我国钢结构的发展贡献自己的一份力量。

任务 4.1 普通螺栓连接施工

■ 任务目标

　　根据《钢结构工程施工规范》（GB 50755—2012）、《钢结构工程施工质量验收标准》（GB 50205—2020）的要求，完成指定钢板普通螺栓连接施工，并进行普通螺栓连接紧固质量检验。

普通螺栓连接施工

4.1.1 普通螺栓连接的类型及规格

1. 普通螺栓的性能等级

　　钢结构连接用螺栓按其性能划分为 3.6、4.6、4.8、5.6、5.8、6.8、8.8、9.8、10.9、12.9 等 10 余个等级。其中 3.6、4.6、4.8、5.6、5.8、6.8 级为普通螺栓。8.8 级及以上为高强度螺栓。

　　螺栓性能等级标号由两部分数字组成，分别表示螺栓的公称抗拉强度值和材质的屈强比。例如，性能等级 4.6 级的螺栓，其螺栓材质公称抗拉强度达 400MPa，螺栓材质的屈强比为 0.6，即螺栓材质的公称屈服强度达 400MPa×0.6=240MPa。螺栓性能等级的含义是国际通用的标准，相同性能等级的螺栓，不管其材料和产地的区别，其性能是相同的，设计上只按性能等级选用。

2. 普通螺栓的规格

　　普通螺栓按照形式可分为六角头螺栓、双头螺栓、沉头螺栓、圆头螺栓等（图 4.1）。建筑钢结构常用的普通螺栓为六角头螺栓。双头螺栓两头都有螺纹，用于较厚钢板的连接。当连接需要紧固件头部不突出、表面与钢板表面平齐或更低时，采用沉头螺栓。圆头螺栓头部比较光滑，不容易勾住其他物体。

　　普通螺栓按加工精度分为 A、B、C 三级。A、B 级为精制螺栓，C 级为粗制螺栓。粗制螺栓孔径比螺栓杆杆径大 1.0～1.5mm，制作简单，安装方便，但受剪切时性能较差，宜用于沿杆轴方向受拉的连接和承受静力荷载或间接承受动力荷载结构中的次要连接（如次梁和主梁、檩条与屋架的连接），或者临时固定构件的安装连接（螺栓仅定位或夹紧），以及不承受动力荷载的可拆卸结构的连接。精制螺栓加工精度高，其螺栓杆杆径比孔径小 0.3～0.5mm，受剪性能优于粗制螺栓，但由于制作和安装都比较复杂，目前已很少采用，除特殊注明外，一般采用普通粗制 C 级螺栓。

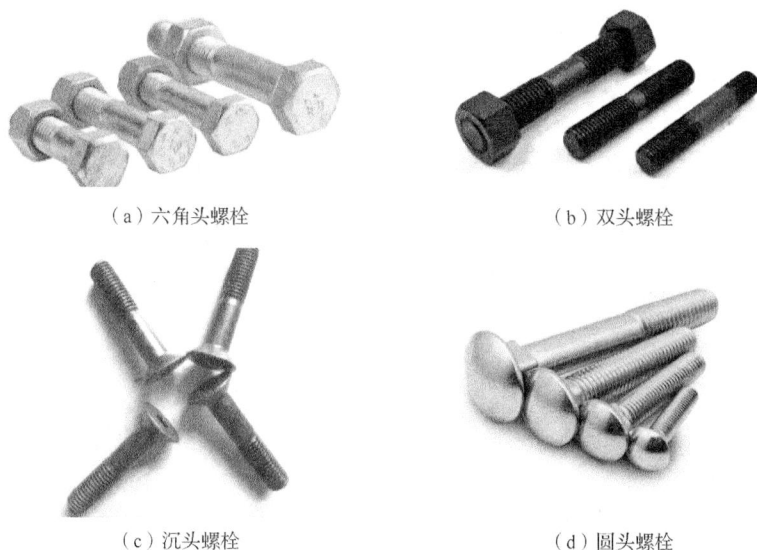

(a) 六角头螺栓 　　　　　　　　　　(b) 双头螺栓

(c) 沉头螺栓 　　　　　　　　　　(d) 圆头螺栓

图 4.1　常见普通螺栓

3. 普通螺栓组成

普通螺栓连接副包括螺母、螺栓杆和垫圈，如图 4.2 所示。

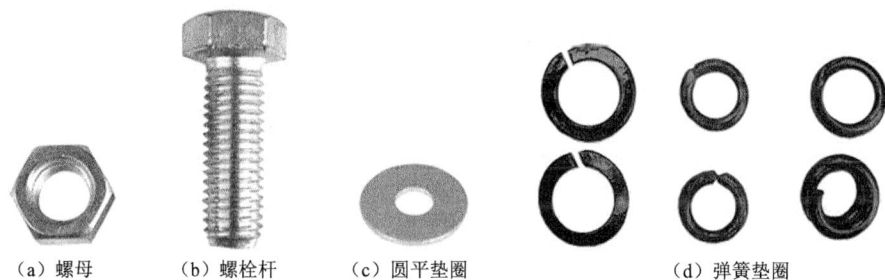

(a) 螺母 　　(b) 螺栓杆 　　(c) 圆平垫圈 　　　　　(d) 弹簧垫圈

图 4.2　普通螺栓连接副

（1）螺母

钢结构常用的螺母，其公称高度 h 大于或等于 $0.8D$（D 为其相匹配的螺栓直径），螺母强度设计应选用与之相匹配的螺栓中最高性能等级的螺栓强度，当螺母拧紧到螺栓保证荷载时，不能发生螺纹脱扣。

螺母按性能等级分 4、5、6、8、9、10、12 等几个级别，其中 8 级（含 8 级）以上螺母与高强度螺栓匹配，8 级以下螺母与普通螺栓匹配。

螺母的螺纹应和螺栓相一致，一般应为粗牙螺纹（除非特殊注明用细牙螺纹），螺母的保证应力和硬度应符合国家现行标准的规定。

（2）垫圈

常用钢结构螺栓连接的垫圈，按形状及其使用功能可以分为以下几类：

1）圆平垫圈——一般放置于紧固螺栓头及螺母的支承面下，用以增加螺栓头及螺母的支承面，同时防止被连接件表面损伤；

2）方形垫圈——一般置于地脚螺栓头及螺母支承面下，用以增加支承面及遮盖较大螺栓孔眼（图4.3）；

3）斜垫圈——主要用于工字钢、槽钢翼缘倾斜面的垫平，使螺母支承面垂直于螺杆，避免紧固时造成螺母支承面和被连接的倾斜面局部接触（图4.4）；

图4.3　方形垫圈　　　　　　　　　　图4.4　斜垫圈

4）弹簧垫圈——防止螺栓拧紧后在动载作用下的振动和松动，依靠垫圈的弹性功能及斜口摩擦面防止螺栓的松动，一般用于有动荷载（振动）或经常拆卸的结构连接处。

4.1.2 普通螺栓连接施工工艺

1. 准备工作

（1）现场准备

构件已经安装完毕。高空作业时应有可靠的操作平台或施工吊篮，严格遵守《建筑施工高处作业安全技术规范》（JGJ 80—2016）的规定。被连接件表面应清洁、干燥、不得有油污等。

（2）螺栓准备

1）螺栓长度的确定。

连接螺栓的长度应根据被连接钢板的厚度确定。螺栓长度指的是螺栓头内侧到尾部的距离，一般为5mm进制，可按式（4.1）计算：

$$L = \delta + m + nh + C \tag{4.1}$$

式中：δ——被连接件的总厚度（mm）；

m——螺母厚度（mm）；

n——垫圈个数；

h——垫圈厚度（mm）；

C——螺纹外露部分长度（2～3丝扣为宜，≤5mm）（mm）。

2）进场检验。

进入施工现场的普通螺栓应全数进行检查。检查产品的质量合格证明文件、中文产品标志及检验报告，其品种、规格、性能等应符合现行国家产品标准的规定和设计要求。

3）最小拉力荷载复验。

普通螺栓作为永久性连接螺栓时，当设计有要求或对其质量有疑义时应进行螺栓实物最小拉力荷载复验，测其抗拉强度是否满足要求。当试验超过最小拉力荷载直至拉断时，断裂应发生在螺纹部分，而不应发生在螺头与杆部的交接处或螺杆处。复验时每一规格的螺栓抽查 8 个，检查螺栓实物复验报告。

4）普通螺栓作为永久性螺栓连接时，紧固连接应符合下列规定：

螺栓头和螺母侧应分别放置平垫圈，螺栓头侧放置的垫圈不应多于 2 个，螺母侧放置的垫圈不应多于 1 个；承受动力荷载或重要部位的螺栓连接，设计有防松动要求时，应采取有防松动装置的螺母或弹簧垫圈，弹簧垫圈应放置在螺母侧；对工字钢、槽钢等有斜面的螺栓连接，宜采用相同倾斜面的斜垫圈，使螺母和螺栓头部的支承面垂直于螺杆；同一个连接接头螺栓数量不应少于 2 个；螺栓紧固后外露丝扣不应少于 2 扣，紧固质量检验可采用锤敲检验。

（3）施工工具

常用的普通螺栓施工工具有双头呆扳手、活动扳手、单头梅花扳手和电动扳手（图4.5）。其中，单头梅花扳手的圆环状套筒内有 12 个棱角，能将螺母或螺栓的六角部分全部围住，工作时不易滑脱，安全可靠。电动扳手省时省力，但价格较高。

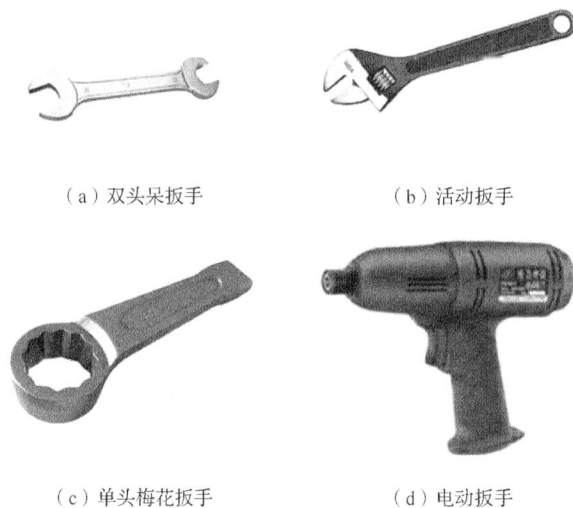

（a）双头呆扳手　　（b）活动扳手　　（c）单头梅花扳手　　（d）电动扳手

图 4.5　普通螺栓连接施工工具

（4）作业人员

1）进入施工现场必须戴好安全帽，高空作业必须系好安全带，穿防滑鞋；

2）高空操作人员使用的工具及安装用的零部件，应放入随身携带的工具袋内，不可随便向下丢抛。手动工具（如梅花扳手等）应用小绳拴在施工人员的手腕上，避免坠落伤人。

2. 普通螺栓连接施工

普通螺栓连接施工时，应对连接板面进行清理。要求板面质量平整，无飞边、毛刺、油污等。可用钢丝刷、扁铲、砂轮磨光机进行清理。螺栓应能自由穿入螺栓孔，不得用小锤敲击螺栓强行穿入孔内，以免造成螺纹损伤和孔壁翻边。螺栓孔不合格应当铰刀扩孔或焊补后施钻，不允许气割扩孔。要求螺栓穿入方向一致，以方便施工为原则。螺栓紧固应使被连接件接触面、螺栓头和螺母与构件表面密贴。为了使接头中螺栓受力均匀，螺栓的紧固次序应从中间开始，对称向两边进行；对大型接头应采用复拧，即两次紧固方法，保证接头内各个螺栓能均匀受力。

3. 普通螺栓紧固质量验收

普通螺栓连接紧固应牢固、可靠、无松动、无漏拧现象，外露丝扣不应少于 2 扣，且每个螺栓每侧不得用 2 个及以上的垫圈。拧紧程度可用锤击法检查，按连接节点数抽查 10%，且不少于 3 个节点。检查时用 0.3kg 小锤，一手扶螺栓（或螺母）头，另一手用锤敲，要求螺栓头（螺母）不偏移、不颤动、不松动，锤声干脆，否则说明螺栓紧固质量不好，需重新紧固施工。

✖ 任务完成与自评

全班分成若干小组，每小组 2 人，在实训室按计划时间完成图 4.6 所示普通螺栓连接施工。连接钢板材质为 Q235，采用 4.8 级 M16 普通螺栓，螺栓孔直径为 $\phi 17$。要求按照前述普通螺栓连接施工工艺流程进行施工，安装完成后对连接进行紧固质量检验。

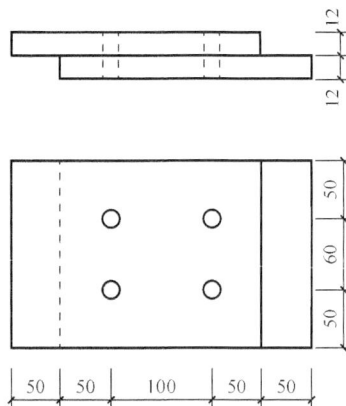

图 4.6　普通螺栓连接

任务完成能力评价

项目	要求	记录	分值	扣分	备注
普通螺栓进场检验	不了解		25		
	一般				
	熟悉				
普通螺栓连接施工工具准备	不了解		25		
	一般				
	熟悉				
普通螺栓紧固	不了解		25		
	一般				
	熟悉				
普通螺栓连接紧固质量验收	不了解		25		
	一般				
	熟悉				

任务 4.2 高强度螺栓连接施工

高强度螺栓连接施工

■ **任务目标**

根据《钢结构工程施工规范》（GB 50755—2012）、《钢结构工程施工质量验收标准》（GB 50205—2020）要求，完成指定钢板大六角头高强度螺栓及扭剪型高强度螺栓连接施工，并进行高强度螺栓连接紧固质量检验。

4.2.1 高强度螺栓连接的类型及规格

1. 高强度螺栓的分类

高强度螺栓按照外形分为大六角头高强度螺栓和扭剪型高强度螺栓。

（1）大六角头高强度螺栓

大六角头高强度螺栓连接副由一个螺栓、一个螺母、两个垫圈组成，如图 4.7 所示。

图 4.7 大六角头高强度螺栓连接副

大六角高强度螺栓连接副组合应符合表 4.1 的规定。

表 4.1　大六角高强度螺栓连接副组合

螺栓	螺母	垫圈
10.9S	10H	（35～45）HRC
8.8S	8H	（35～45）HRC

螺栓、螺母、垫圈要求配套，不能随意互换使用。高强度螺栓的螺母和垫圈，生产厂已经试验互相配套，使扭矩系数为定值，互换使用将会使扭矩系数发生变化，而达不到要求的预紧力，使用时松扣，从而影响连接质量。

（2）扭剪型高强度螺栓

扭剪型高强度螺栓连接副由一个螺栓、一个螺母、一个垫圈组成，如图 4.8 所示。

图 4.8　扭剪型高强度螺栓连接副

2. 高强度螺栓的性能等级和规格

高强度螺栓的性能等级分为 8.8S、9.8S、10.9S、12.9S 四个等级，规格有 M16、M20、M22、M24、M30、M36、M42 等。

4.2.2　高强度螺栓连接施工流程

1. 准备工作

（1）现场准备

施工前应根据工程特点设计施工操作吊篮，并按施工组织设计的要求加工制作或采购。要求吊篮安全牢靠轻便，便于工人施工转场。钢结构安装的刚度单元内的构件已经吊装到位，校正合格后及时进行高强度螺栓的施工。

（2）高强度螺栓准备

高强度螺栓连接副在运输、保管过程中，应轻装、轻卸，防止损伤螺纹。高强度螺栓连接副应按包装箱上注明的批号、规格分类保管，室内存放。包装箱上应标明批号、规格、数量及生产日期。不同批号的螺栓、螺母、垫圈不得混杂使用。螺栓、螺母、垫圈表面不应出现生锈和沾染脏污，螺纹不应损伤。高强度螺栓连接副在安装使用前严禁随意开箱。高强度螺栓连接副的保存时间不应超过 6 个月。当保存时间超过 6 个月后使用时，必须按要求重新进行扭矩系数或紧固轴力试验，检验合格后，方可使用。

1）螺栓长度的确定。高强度螺栓长度 l 应保证在终拧后，螺栓外露丝扣为 2～3 扣。其长度应按式（4.2）计算：

$$l = l' + \Delta l \tag{4.2}$$

式中：l'——连接板层总厚度（mm）；

Δl——附加长度（mm）。

$$\Delta l = m + n_w s + 3p$$

式中：m——高强度螺母公称厚度（mm）；

n_w——垫圈个数；扭剪型高强度螺栓为 1，大六角头高强度螺栓为 2；

s——高强度垫圈公称厚度（mm）；

p——螺纹的螺距（mm）。

当高强度螺栓公称直径确定之后，Δl 可按表 4.2 取值。但采用大圆孔或槽孔时，高强度垫圈公称厚度（s）应按实际厚度取值。根据上式计算出的螺栓长度，按修约间隔 5mm 进行修约，修约后的长度为螺栓公称长度。

表 4.2 　高强度螺栓附加长度 Δl 　　　　　　（单位：mm）

螺栓规格	M12	M16	M20	M22	M24	M27	M30
高强度螺母公称厚度	12.0	16.0	22.0	22.0	24.0	27.0	30.0
高强度垫圈公称厚度	3.00	4.00	4.00	5.00	5.00	5.00	5.00
螺纹的螺距	1.75	2.00	2.50	2.50	3.00	3.00	3.50
大六角头高强度螺栓附加长度	23.0	30.0	35.5	39.5	43.0	46.0	50.5
扭剪型高强度螺栓附加长度		26.0	31.5	34.5	38.0	41.0	45.5

2）进场检验。钢结构连接用高强度螺栓连接副的品种、规格、性能应符合国家现行标准的规定并满足设计要求。高强度大六角头螺栓连接副应随箱带有扭矩系数检验报告，扭剪型高强度螺栓连接副应随箱带有紧固轴力（预拉力）检验报告。高强度大六角头螺栓连接副应按国家现行标准的规定抽取试件进行扭矩系数复验；扭剪型高强度螺栓连接副进场时，应进行紧固轴力（预拉力）复验，其检验结果应符合国家现行标准的规定。

① 高强度大六角头螺栓连接副扭矩系数复验。复验用的螺栓应在施工现场待安装的螺栓批中随机抽取，每批应抽取 8 套连接副进行复验。检验方法和结果应符合国家现行标准《钢结构用高强度大六角头螺栓、大六角螺母、垫圈技术条件》（GB/T 1231—2006）的规定。

将螺栓穿入轴力计，在测出螺栓预拉力 P 的同时，测定施加于螺母上的施拧扭矩值 T，按式（4.3）计算扭矩系数 K：

$$K = T / (P \cdot d) \tag{4.3}$$

式中：T——施拧扭矩（N·m）；

d——高强度螺栓的公称直径（mm）；

P——螺栓预拉力（kN）。

高强度大六角头螺栓连接副扭矩系数平均值及标准偏差应符合表 4.3 的规定。

表 4.3 高强度大六角头螺栓连接副扭矩系数平均值及标准偏差

连接副表面状态	扭矩系数平均值	扭矩系数标准偏差
符合现行国家标准《钢结构用高强度大六角头螺栓、大六角螺母、垫圈技术条件》（GB/T 1231—2006）的规定	0.11～0.15	≤0.0100

注：每套连接副只做一次试验，不得重复使用。试验时垫圈发生转动，试验无效。

② 扭剪型高强度螺栓紧固轴力复验。复验用的螺栓应在施工现场待安装的螺栓批中随机抽取，每批应抽取 8 套连接副进行复验。检验方法和结果应符合现行国家标准《钢结构用扭剪型高强度螺栓连接副》（GB/T 3632—2008）的规定，连接副的紧固轴力平均值及标准偏差应符合表 4.4 的规定。

表 4.4 扭剪型高强度螺栓连接副紧固轴力平均值及标准偏差 （单位：kN）

螺栓规格	M16	M20	M22	M24	M27	M30
紧固轴力的平均值	100～121	155～187	190～231	225～270	290～351	355～430
标准偏差	≤10.0	≤15.4	≤19.0	≤22.5	≤29.0	≤35.4

注：每套连接副只做一次试验，不得重复使用。试验时垫圈发生转动，试验无效。

（3）螺栓孔的检查验收

1）螺栓孔制孔要求。主要构件连接和直接承受动力荷载重复作用且需要进行疲劳计算的构件，其连接高强度螺栓孔应采用钻孔成型。次要构件连接且板厚小于或等于 12mm 时可采用冲孔成型，孔边应无飞边、毛刺。

高强度螺栓制孔时，其孔径大小可参考表 4.5 进行选配。

表 4.5 高强度螺栓孔径选配表 （单位：mm）

螺栓公称直径	12	16	20	22	24	27	30
螺栓孔直径	13.5	17.5	22	24	26	30	33

高强度螺栓连接构件的栓孔精度、孔壁表面粗糙度、孔径及孔距的允许偏差等，均应符合规范要求。螺栓孔孔距的允许偏差应符合表 4.6 的规定。

表 4.6 螺栓孔孔距的允许偏差 （单位：mm）

螺栓孔孔距范围	≤500	501～1200	1201～3000	>3000
同一组内任意两孔间距离	±1.0	±1.5		
相邻两组的端孔间距离	±1.5	±2.0	±2.5	±3.0

注：1. 在节点中连接板与一根杆件相连的所有螺栓孔为一组。

2. 对接接头在拼接板一侧的螺栓孔为一组。

3. 在两相邻节点或接头间的螺栓孔为一组，但不包括上述两款 1、2 所规定的孔。

4. 受弯构件翼缘上的连接螺栓孔，每米长度范围内的螺栓孔为一组。

2）螺栓孔检查验收。采用标准圆孔连接处，板叠上所有螺栓孔均应采用量规检查，其通过率应符合下列规定：

① 用比孔的公称直径小 1.0mm 的量规检查，每组至少应通过 85%；

② 用比螺栓公称直径大 0.2～0.3mm 的量规检查（M22 及以下规格为大 0.2mm，M24～M30 规格为大 0.3mm），应全部通过。

以上检查时，凡量规不能通过的孔，必须经施工图编制单位同意后，方可扩孔或补焊后重新钻孔，扩孔后的孔径不应超过 1.2 倍螺栓直径，修孔数量不应超过该节点螺栓数量的 25%。可采用铰刀或锉刀进行修整扩孔。修孔前应将四周螺栓全部拧紧，使板叠密贴后再进行修孔。因气割扩孔的随意性大且不规则，切割面粗糙，还会给扩孔处钢材造成缺陷，因此严禁采用气割扩孔。采用补焊后重新钻孔时，补焊应用与母材相匹配的焊条补焊，严禁用钢块、钢筋、焊条等填塞。补焊后，应经无损检测合格后重新制孔，每组孔中经补焊重新钻孔的数量不得超过该组螺栓数量的 20%。处理后的孔应作出记录。

（4）高强度螺栓摩擦面处理

1）高强度螺栓摩擦面间隙处理。高强度螺栓连接处的钢板接触面应平整，摩擦面对因板厚公差、制造偏差或安装偏差等产生的接触面间隙，应按表 4.7 的规定进行处理。

表 4.7　接触面间隙处理

序号	示意图	处理方法
1		Δ<1.0mm 时，不予处理
2	磨斜面	Δ=1.0～3.0mm 时，将厚板一侧磨成 1∶10 缓坡，使间隙小于 1.0mm
3		Δ>3.0mm 时，加垫板，垫板厚度不小于 3mm，最多不超过三层，垫板材质和摩擦面处理方法应与构件相同

2）高强度螺栓摩擦面，承载力提高处理。高强度螺栓连接其摩擦面的状态对接头的抗滑移承载力有很大影响。为了获得较大的抗滑移系数，提高节点的承载力，必须对高强度螺栓连接摩擦面进行处理。常见的处理方法有：喷砂（丸）、喷砂（丸）后生赤锈、喷砂（丸）后涂无机富锌漆、砂轮打磨、手工钢丝刷清理等。当需在工地处理构件摩擦面或经工地复查不合要求需重新处理时，其摩擦面抗滑移系数必须符合设计要求。

① 喷砂（丸）处理。喷砂（丸）处理是利用机械动力将石英砂或者钢丸高速喷射到钢构件表面，通过撞击作用来完成对钢构件的表面处理。图 4.9 所示为密闭式喷丸室，喷丸处理是目前钢结构加工厂广泛采用的一种钢构件表面处理方法。

② 喷砂（丸）后涂无机富锌漆。喷砂（丸）后涂无机富锌漆，是在喷砂或喷丸处理的基础上，在钢板表面涂上无机富锌漆，其主要目的是防止钢材的腐蚀。它的原理是

利用涂料将腐蚀介质与钢板隔离，再就是利用锌的抗腐蚀能力比铁强，以锌的腐蚀代替钢材的腐蚀，从而起到保护目的。

图 4.9　密闭式喷丸室

③ 喷砂（丸）后生赤锈。喷砂（丸）处理的构件直到现场安装中间有一个时间段，在这段时间里，可以将构件露天放置，让构件表面生上一层赤锈，采用这种处理方法的摩擦面在安装前应用细钢丝刷除去摩擦面上的浮锈。

④ 砂轮打磨。砂轮打磨仅适用于钢构件小面积摩擦面的处理，或者摩擦面受损的钢构件表面的修复。采用此方法时应注意砂轮打磨的方向应与钢构件表面的受力方向垂直，打磨的范围不小于 4 倍螺栓孔径。

⑤ 手工钢丝刷清理。这种方法适用于对摩擦面抗滑移系数要求不高的钢构件表面的处理。

高强度螺栓连接摩擦面应保持干燥、整洁，不应有飞边、毛刺、焊接飞溅物、焊疤、氧化铁皮、污垢等，除设计要求外摩擦面不应涂漆。连接件紧固后，结构涂装时油漆不能渗入连接板摩擦面，严格防止摩擦面误涂油漆；高强度螺栓和连接部位刷漆前，在螺栓、螺母、垫圈周边应涂抹腻子或快干红丹漆封闭，严禁用较稀油漆直接涂刷，这样会使油漆浸入螺栓、垫圈和连接板摩擦面，使摩擦系数降低，螺栓预紧力松弛，从而严重破坏连接强度。如有油漆渗入，必须拆下重新喷砂或更换处理。

严禁在高强度螺栓连接处摩擦面上做任何标志。处理后的高强度螺栓连接处摩擦面的抗滑移系数应符合设计要求。施工单位在安装之前应进行高强度螺栓连接摩擦面的抗滑移系数复验。

3）高强度螺栓连接摩擦面抗滑移系数检验。钢结构制作和安装单位应分别进行高强度螺栓连接摩擦面（含涂层摩擦面）的抗滑移系数试验和复验，现场处理的构件摩擦面应单独进行摩擦面抗滑移系数试验，其结果应满足设计要求。

① 试件要求。抗滑移系数试件每个检验批制作三组试件进行试验。检验批可按分部工程（子分部工程）所含高强度螺栓用量划分：每 5 万个高强度螺栓用量的钢结构为一批，不足 5 万个高强度螺栓用量的钢结构视为一批。选用两种及两种以上表面处理（含有涂层摩擦面）工艺时，每种处理工艺均需检验抗滑移系数。

② 抗滑移系数试验。抗滑移系数试验应采用图 4.10 所示的双摩擦面的高强度螺栓拼接的拉力试件。试件与所代表的钢结构构件应为同一材质、同批制作、采用同一摩擦面处理工艺和具有相同的表面状态，在同一环境条件下存放，并应用同批同一性能等级的高强度螺栓连接副。

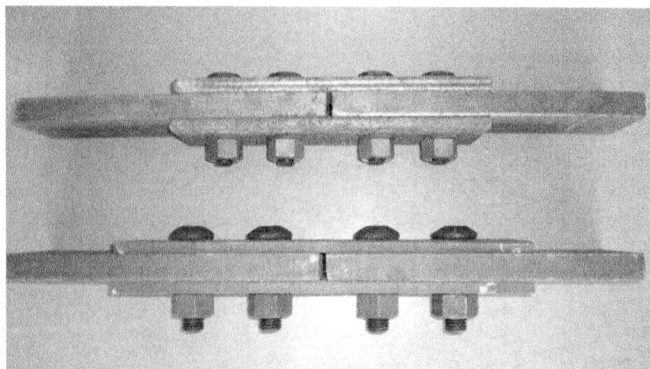

图 4.10　双摩擦面的高强度螺栓拼接的拉力试件

抗滑移系数应根据试验所测得的滑移荷载 N_v 和螺栓预拉力 P 的实测值，按式（4.4）计算。

$$\mu = \frac{N_v}{n_f \cdot \sum_{i=1}^{m} P_i} \qquad (4.4)$$

式中：N_v——由试验测得的滑移荷载（kN）；

n_f——摩擦面面数，取 $n_f = 2$；

$\sum_{i=1}^{m} P_i$——试件滑移一侧高强度螺栓预拉力实测值之和（kN）；

m——试件一侧螺栓数量，取 $m=2$。

测得的三组试件抗滑移系数最小值必须大于或等于设计规定值。当不符合上述规定时，构件摩擦面应重新处理。处理后的构件摩擦面应按上述规定重新检验。

（5）施工工具

高强度螺栓施工采用特制的扭力扳手。它在拧转螺母时，能显示出所施加的扭矩，或者当施加的扭矩到达规定值后，会发光或发出声响信号。扭力扳手适用于对扭矩大小有明确地规定的装配工作。目前，可采用的有指针式手动扭力扳手（图 4.11）、数显式手动扭力扳手（图 4.12）、音响式手动扭矩扳手、电动定扭矩扳手（图 4.13）及电动扭剪扳手（图 4.14）。大六角头高强度螺栓施工所用的扭矩扳手，班前必须校正，其扭矩相对误差应为±5%，合格后方准使用。校正用的扭矩扳手，其扭矩相对误差应为±3%。

图 4.11 指针式手动扭力扳手

图 4.12 数显式手动扭力扳手

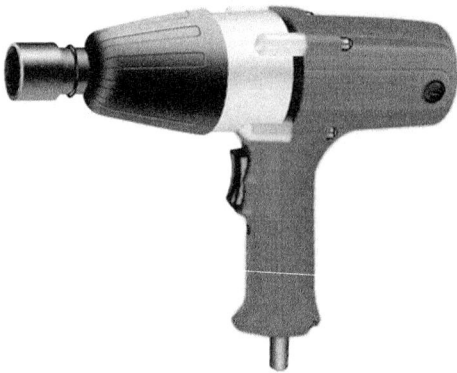

图 4.13 电动定扭矩扳手

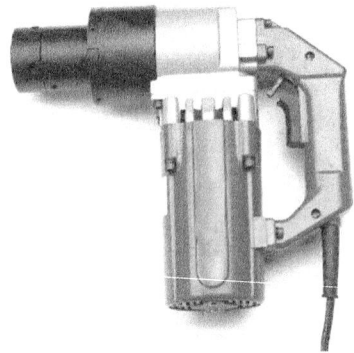

图 4.14 电动扭剪扳手

2. 高强度螺栓施工

（1）施工顺序

高强度螺栓的紧固分为初拧、复拧和终拧。螺栓群则按一定顺序施拧。为了使高强度螺栓连接处板层能更好密贴，施拧顺序应由螺栓群中央顺序向外拧紧，从接头刚度大的部位向约束小的方向拧紧。几种常见的接头螺栓群施拧顺序应符合下列规定。

1）一般接头螺栓群施拧应从接头中心顺序向两端进行（图 4.15）。

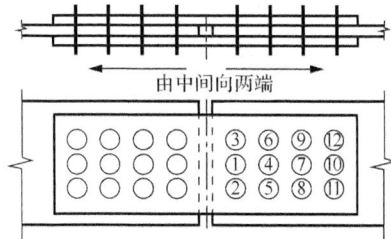

图 4.15　一般接头施拧顺序

2）箱形接头螺栓群施拧应按 A、C、B、D 的顺序进行（图 4.16）。

3）工字梁接头螺栓群施拧应按①～⑥的顺序进行（图 4.17）。

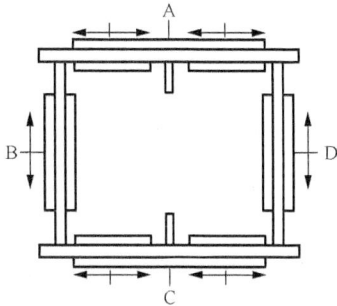

图 4.16　箱形接头施拧顺序

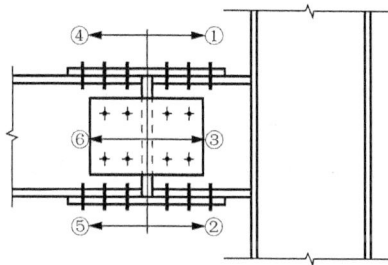

图 4.17　工字梁接头施拧顺序

4）工字形柱对接螺栓紧固顺序为先翼缘后腹板。

5）两个或多个接头螺栓群的拧紧顺序应先主要构件接头，后次要构件接头。

6）接头如既有高强度螺栓连接又有焊缝连接时，应按设计要求规定的顺序进行。设计无规定时，按先紧固后焊接（先栓后焊）的顺序进行，先终拧完高强度螺栓再焊接焊缝。

（2）临时螺栓固定

高强度螺栓连接安装时，应先进行临时固定。在每个节点上应穿入的临时螺栓和冲钉数量，由安装时可能承担的荷载计算确定，并应符合下列规定。

1）不得少于节点螺栓总数的 1/3。

2）不得少于 2 个临时螺栓。

3）冲钉穿入数量不宜多于临时螺栓数量的 30%。

（3）大六角头高强度螺栓施工

高强度螺栓的安装应在结构构件中心位置调整后进行，其穿入方向应以施工方便为准，并力求一致。高强度螺栓连接副组装时，螺母带圆台面的一侧应朝向垫圈有倒角的一侧。对于大六角头高强度螺栓连接副组装时，螺栓头下垫圈有倒角的一侧应朝向螺栓头。

大六角头高强度螺栓连接副施拧可采用扭矩法或转角法。

1）扭矩法：高强度螺栓连接由于连接处钢板不平整，致使先拧和后拧的高强度螺栓预拉力有很大的差别。为克服这一现象，提高拧紧预拉力的精度，使各螺栓受力均匀，高强度螺栓的拧紧分为初拧和终拧两个步骤。当单排（列）螺栓个数超过 15 时，可认为是属于大型接头，应在初拧和终拧间增加复拧。初拧扭矩可取施工终拧扭矩的 50%左右。复拧扭矩值等于初拧扭矩值。初拧、复拧后应用不同颜色的油漆在螺母上做上标记，防止漏拧。再按式（4.5）的终拧扭矩值进行终拧。终拧后的高强度螺栓连接副与板叠之间应无间隙且无歪斜现象，否则必须拆除后更换高强度螺栓重新处理。终拧后的高强度螺栓应用另一种颜色在螺母上做标记。高强度大六角头螺栓连接副的初拧、复拧、终拧宜在一天内完成。

终拧扭矩值的计算如下：

$$T_c = kP_c d \tag{4.5}$$

式中：T_c——施工终拧扭矩（N·m）；

k——高强度螺栓连接副的扭矩系数平均值，取 0.110～0.150；

P_c——高强度大六角头螺栓施工预拉力，可按表 4.8 选用（kN）；

d——高强度螺栓公称直径（mm）。

表 4.8　高强度大六角头螺栓施工预拉力　（单位：kN）

螺栓性能等级	螺栓公称直径/mm						
	M12	M16	M20	M22	M24	M27	M30
8.8S	50	90	140	165	195	255	310
10.9S	60	110	170	210	250	320	390

2）转角法：采用转角法施工时，也按照初拧、终拧的顺序进行，大型节点增加复拧。初拧和复拧同扭矩法施工，使节点内各螺栓受力基本均匀。终拧用转角法施工。初拧达到 30%～50%终拧扭矩值后，再用扳手使螺母旋转一个终拧角度，使螺栓达到终拧要求。终拧角度与螺栓长度、板叠厚度等有关，施工前由试验确定，初拧（复拧）后连接副的终拧转角度应符合表 4.9 的要求。

表 4.9　初拧（复拧）后连接副的终拧转角度

螺栓长度 l	螺母转角	连接状态
$l \leqslant 4d$	1/3 圈（120°）	
$4d < l \leqslant 8d$ 或 200mm 及以下	1/2 圈（180°）	连接形式为一层芯板加两层盖板
$8d < l \leqslant 12d$ 或 200mm 以上	2/3 圈（240°）	

注：1. d 为螺栓公称直径；

2. 螺母的转角为螺母与螺栓杆间的相对转角；

3. 当螺栓长度 l 超过螺栓公称直径 d 的 12 倍时，螺母的终拧角度应由试验确定。

（4）扭剪型高强度螺栓施工

扭剪型高强度螺栓垫圈应安装在螺母一侧，并注意螺母和垫圈的安装方向，不得装反。

扭剪型高强度螺栓连接副的拧紧应分为初拧、终拧。对于大型节点应分为初拧、复拧、终拧。初拧扭矩和复拧扭矩值为 $0.065 \times P_c \times d$，或按表 4.10 选用。初拧或复拧后的高强度螺栓应用颜色在螺母上标记，用专用扳手进行终拧，直至拧掉螺栓尾部梅花头。

扭剪型高强度螺栓
施工（工程现场）

除因构造原因无法使用专用扳手拧掉梅花头者外，螺栓尾部梅花头拧断为终拧结束。未在终拧中拧掉梅花头的螺栓数不应大于该节点螺栓数的 5%。对所有梅花头未拧掉的扭剪型高强度螺栓连接副应采用扭矩法或转角法进行终拧并做标记。

扭剪型高强度螺栓连接副的初拧、复拧、终拧宜在一天内完成。

表 4.10 扭剪型高强度螺栓初拧（复拧）扭矩值 （单位：N·m）

螺栓规格	M16	M20	M22	M24	M27	M30
初拧扭矩	115	220	300	390	560	760

4.2.3 高强度螺栓连接紧固质量检验

1. 大六角头高强度螺栓紧固质量检验

（1）扭矩法紧固质量检验

大六角高强度螺栓按扭矩法施工时，应在终拧完成 1h 以后，48h 内进行终拧扭矩检查。首先用小锤（约 0.3kg）敲击螺母对高强度螺栓进行普查，判断是否有漏拧。终拧扭矩检查时，先在螺杆端面和螺母上画一直线，然后将螺母拧松约 60°，再用扭矩扳手重新拧紧，使两线重合，测得此时的扭矩应在 $0.9T_{ch} \sim 1.1T_{ch}$ 范围内。T_{ch} 计算方法为

$$T_{ch} = kPd \tag{4.6}$$

式中：T_{ch}——检查扭矩（N·m）；

k——螺栓连接副的扭矩系数平均值；

P——高强度螺栓预拉力设计值（kN），按表 4.11 取用；

d——高强度螺栓公称直径。

表 4.11 不同规格高强度螺栓的预拉力 P （单位：kN）

螺栓的性能等级	P						
	M12	M16	M20	M22	M24	M27	M30
8.8S	45	80	125	150	175	230	280
10.9S	55	100	155	190	225	290	355

终拧扭矩应按节点数抽查 10%，且不应少于 10 个节点；对每个被抽查节点应按螺

栓数抽查 10%，且不应少于 2 个螺栓。如发现有不符合规定的，应再扩大 1 倍检查，如仍有不合格者，则整个节点的高强度螺栓应重新施拧。

高强度螺栓连接副终拧后，螺栓丝扣外露应为 2～3 扣，其中允许有 10%的螺栓丝扣外露 1 扣或 4 扣。

（2）转角法紧固质量检验

采用转角法紧固的高强度螺栓连接，检查初拧后在螺母与相对位置所画的终拧起始线和终止线所夹的角度应是否达到规定值。

终拧转角检查宜在螺栓终拧 1h 以后，48h 内完成。检查终拧转角时，在螺杆端面和螺母相对位置画线，然后全部卸松螺母，再按规定的初拧扭矩和终拧角度重新拧紧螺栓，拧转角度应符合表 4.9 要求，测量终止线与原终止线画线间的角度，误差在±30°者为合格。终拧转角应按节点数抽查 10%，且不应少于 10 个节点；对每个被抽查节点按螺栓数抽查 10%，且不应少于 2 个螺栓。如发现有不符合规定的，应再扩大 1 倍检查，如仍有不合格者，则整个节点的高强度螺栓应重新施拧。

2. 扭剪型高强度螺栓紧固质量检验

扭剪型高强度螺栓终拧检查，以目测尾部梅花头拧断为合格。对于不能用专用扳手拧紧的扭剪型高强度螺栓，应按大六角头高强度螺栓紧固质量检查方法进行终拧紧固质量检查。

※ 任务完成与自评

全班分成若干小组，每小组 2 人，在实训室按计划时间完成图 4.18 所示的大六角头高强度螺栓连接施工。连接钢板材质为 Q235，采用 8.8 级 M16 高强度螺栓，螺栓孔直径为 ϕ17.5。按照前述大六角高强度螺栓连接紧固方法进行拧紧，紧固完成后对连接进行紧固质量检验。

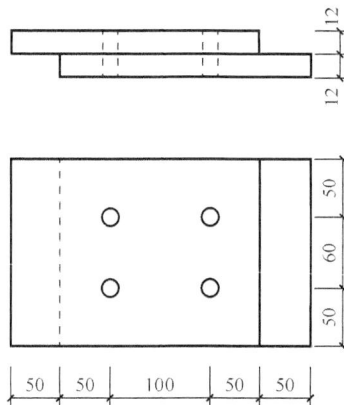

图 4.18　大六角头高强度螺栓连接

任务完成能力评价

项目	要求	记录	分值	扣分	备注
高强度螺栓进场检验	不了解		20		
	一般				
	熟悉				
高强度螺栓施工工具准备	不了解		10		
	一般				
	熟悉				
高强度螺栓连接孔位校准	不了解		10		
	一般				
	熟悉				
高强度螺栓连接临时固定	不了解		20		
	一般				
	熟悉				
高强度螺栓紧固	不了解		20		
	一般				
	熟悉				
高强度螺栓连接紧固质量验收	不了解		20		
	一般				
	熟悉				

单 元 习 题

一、单选题

1．在建筑工程中，普通螺栓连接钢结构时，其紧固次序应为（　　）。
A．从中间开始，对称向两边进行　　　B．从两边开始，对称向中间进行
C．从一边开始，依次向另一边进行　　D．任意位置开始

2．永久性普通螺栓紧固应牢固可靠，外露丝扣不应少于（　　）扣。
A．3　　　　　　B．2　　　　　　C．1　　　　　　D．2.5

3．下列关于高强度螺栓施工的说法正确的是（　　）。
A．高强度螺栓不得强行穿入
B．高强度螺栓可兼做安装螺栓
C．高强度螺栓应该一次性拧紧到位
D．高强度螺栓梅花头可用火焰切割

4. 高强度大六角头螺栓连接副终拧完成 1h 后，（ ）内应进行终拧扭矩检查，检查结果应符合规范规定要求。

    A．24h   B．12h   C．36h   D．48h

5. 高强度螺栓在终拧以后，允许有（ ）的螺栓丝扣外露 1 扣或 4 扣。

    A．5%   B．10%   C．15%   D．20%

6. 高强度螺栓连接安装时，在每个节点上穿入临时螺栓和冲钉应先进行临时固定，冲钉穿入数量不宜多于临时螺栓数量的（ ）。

    A．20%   B．25%   C．30%   D．35%

二、多选题

1. 高强度螺栓不能自由穿入螺栓孔时，可采用（ ）修整螺栓孔。

    A．铰刀   B．锉刀   C．气割   D．碳弧气刨

2. 扭剪型高强度螺栓连接副施拧的技术要求有（ ）。

    A．采用专业电动扳手施拧

    B．高强度螺栓安装不能自由穿入螺栓孔时，可自行采用气割扩孔

    C．螺栓安装完毕后用约 0.3kg 重的手锤采用锤击法逐个检查

    D．终拧以拧掉尾部梅花头为准

    E．梅花头断裂位置只允许在梅花卡头与螺纹连接的最小截面处

3. 关于高强度螺栓连接施工的说法，错误的有（ ）。

    A．在施工前对连接副实物和摩擦面进行检验和复验

    B．把高强度螺栓作为临时螺栓使用

    C．高强度螺栓的安装可采用自由穿入和强行穿入两种

    D．高强度螺栓连接中连接钢板的孔必须采用钻孔成型的方法

    E．高强度螺栓不能作为临时螺栓使用

三、复习思考题

1. 试述高强度螺栓摩擦面的处理方法。
2. 如何进行普通螺栓的紧固质量验收。
3. 试述大六角头高强度螺栓的紧固方法。
4. 试述扭剪型高强度螺栓的紧固方法。
5. 如何进行高强度螺栓的紧固质量验收。

钢结构构件加工制作

▮ 单元概述　本单元以《钢结构工程施工规范》（GB 50755—2012）、《钢结构工程施工质量验收标准》（GB 50205—2020）为主要依据，讲述钢结构构件及钢部件加工工艺、钢构件组装及预拼装工艺。通过本单元的学习，要求学生熟悉钢结构构件加工制作前的准备工作；掌握钢结构零部件的加工制作工艺与质量控制措施，钢结构构件的组装、预拼装施工方法与要求。

▮ 知识目标
1. 了解钢结构构件加工制作前的准备工作。
2. 熟悉钢结构构件加工制作施工机具。
3. 熟悉钢结构零部件的加工制作流程。
4. 掌握钢结构零部件的加工制作工艺与质量控制措施。
5. 熟悉钢结构构件的组装、预拼装流程。
6. 掌握钢结构构件的组装、预拼装施工方法与要求。

▮ 能力目标
1. 能正确选用钢结构构件加工制作施工机具。
2. 能编制钢结构构件加工制作方案。
3. 能实施钢结构构件的组装、预拼装施工。
4. 能组织钢结构构件成品验收。

▮ 思政引导　随着我国钢结构制造技术不断创新发展，自动化程度的不断提高，钢结构构件加工企业生产的产品规格质量、精度正在发生质的飞跃，未来的钢结构构件加工将朝着智能化方向发展。全自动焊接生产线，焊接 H 型钢、箱形构件自动化生产线的应用推广，使我们充分认识到我国钢结构制造业的不断发展进步，已经由制造大国向制造强国逐渐转变。但是，与欧美国家相比，我国的钢结构企业在自动化、标准化、专业化水平方面仍有差距，为此我们大学生应树立崇高理想和远大抱负，发奋图强。当前，国内大型钢结构加工企业需要引进大量掌握先进加工制作工艺的职业技能人才，作为钢结构专业的学生，我们应该认清肩负的社会责任，努力学习新技术、不断创新、艰苦奋斗，为我国实现科技强国梦贡献自己的一份力量。

任务 5.1　钢结构构件加工制作前的准备工作

钢结构构件加工前的
准备工作

■ 任务目标

　　根据《钢结构工程施工规范》（GB 50755—2012）、《钢结构工程施工质量验收标准》（GB 50205—2020）要求，完成钢结构构件加工制作之前的技术准备、材料准备、机具准备工作。

5.1.1　技术准备

钢结构构件工厂加工制作前的技术准备工作包括图纸会审、深化设计、编制工艺流程、组织技术交底。

1. 图纸会审

1）钢结构构件加工前的图纸会审主要内容包括以下项目：

① 设计文件是否齐全（设计文件包括设计图、施工图、图纸说明和设计变更通知单等）；

② 构件的几何尺寸是否标注齐全；

③ 相关构件的尺寸是否正确；

④ 节点是否清楚，是否符合国家标准；

⑤ 构件的数量是否符合总数量；

⑥ 构件之间的连接形式是否合理；

⑦ 加工符号、焊接符号是否齐全；

⑧ 结合本单位的设备和技术条件考虑，能否满足图纸上的技术要求；

⑨ 图纸的标准化是否符合国家规定。

2）图纸审查后要做技术交底准备，其内容主要有：

① 根据构件尺寸考虑原材料对接方案和接头在构件中的位置；

② 考虑总体的加工工艺方案及重要的工装方案；

③ 对构件的结构不合理处或施工有困难的地方，要与需方或者设计单位做好变更签证的手续；

④ 列出图纸中的关键部位或者有特殊要求之处，加以重点说明。

2. 深化设计

由于设计院提供的设计图不能直接用来加工制作钢结构构件，而是要考虑加工工艺，如公差配合、加工余量、焊接控制等因素后，在原设计图的基础上进行深化设计，绘制加工制作图（又称施工详图）。详图设计一般由加工单位负责，应根据建设单位的技术设计图纸以及发包文件中所规定的规范、标准和要求进行。加工制作图是最后沟通设计人员及施工人员意图的详图，是实际尺寸、划线、剪切、坡口加工、制孔、弯制、拼装、焊接、涂装、产品检查、堆放、发送等各项作业的指示书。

3. 编制工艺流程

为了以最快的速度、最少的劳动量和最低的费用，可靠地加工出符合图纸设计要求的产品，在钢结构构件加工前需编制加工工艺流程，具体内容包括：

1）成品技术要求。

2）具体措施：关键零件的加工方法、精度要求、检查方法和检查工具；主要构件的工艺流程、工序质量标准、工艺措施（如组装次序、焊接方法等）；采用的加工设备和工艺设备。

编制工艺流程表的基本内容包括零件名称、材料牌号、规格、件数、工序名称和内容、所用设备和工艺装备名称及编号、工时定额等。关键零件还要标注加工尺寸和公差，重要工序要画出工序图。

4. 组织技术交底

上岗操作人员应进行培训和考核，特殊工种应进行资格确认，充分做好各项工序的技术交底工作。技术交底按工程的实施阶段可分为两个层次。

第一个层次是开工前的技术交底会，参加的人员主要有工程图纸的设计单位、工程建设单位、工程监理单位及制作单位的有关部门和有关人员。技术交底主要内容有：

1）工程概况；

2）工程结构件的类型和数量；

3）图纸中关键部位的说明和要求；

4）设计图纸的节点情况介绍；

5）对钢材、辅料的要求和原材料对接的质量要求；

6）工程验收的技术标准说明；

7）交货期限、交货方式的说明；

8）构件包装和运输要求；

9）涂层质量要求；

10）其他需要说明的技术要求。

第二个层次是在投料加工前召开的本工厂施工人员交底会，参加的人员主要有制作单位的技术、质量负责人，技术部门和质检部门的技术人员、质监人员，生产部门的负责人、施工员及相关工序的代表人员等。此类技术交底主要内容除上述1）～10）的内容外，还应增加工艺方案、工艺规程、施工要点、主要工序的控制方法、检查方法等与实际施工相关的内容。

5.1.2 材料准备

1. 材料采购

施工详图经工作员翻样，统计出各类钢材的材料用量表，并做好材料规格、型号的归纳，交采购部进行材料采购。

2. 材料检验

材料进场后，会同业主、质监人员、设计人员按设计图纸及国家规范对材料按要求进行检验。

1）钢材质量证明文件齐全。质量证明文件应符合设计要求，并按国家现行有关标准的规定进行抽样检验，不符合国家标准和设计文件的均不得采用。

2）钢材表面有锈蚀、麻点和划痕等缺陷时，其深度不得大于该钢材厚度负偏差值的 1/2，且不应大于 0.5mm。

3）钢板表面的锈蚀等级应符合现行国家标准《涂覆涂料前钢材表面处理 表面清洁度的目视评定 第 1 部分：未涂覆过的钢材表面和全面清除原有涂层后的钢材表面的锈蚀等级和处理等级》（GB/T 8923.1—2011）规定的 C 级及 C 级以上等级。

4）连接材料（焊条、焊丝、焊剂）、高强度螺栓、普通螺栓以及涂料（底漆和面漆）等均应具有出厂质量证明书，并符合设计要求和国家现行有关标准的规定。

3. 材料储存

钢材储存堆放时要减少钢材的变形和锈蚀。既节约用地，也要使钢材提取方便。露天堆放时，堆放场地要平整，并高于周围地面、四周有排水沟、雪后易于清扫。堆放时，尽量使钢材截面的背面向上或向外，以免积雪、积水。堆放在有顶棚的仓库内时，可直接堆放在地坪上（下垫楞木），小钢材亦可堆放在架子上，堆与堆之间应留出通道。堆放时每隔 5～6 层放置楞木，其间距以不引起钢材明显的弯曲变形为宜。楞木要上下对齐，且在同一垂直平面内。

钢材堆放应保证其堆垛的稳定性。可在堆垛时使钢材互相勾连，或采取其他措施。这样，钢材的堆放高度可达到所堆宽度的两倍，否则钢材堆放的高度不应大于其宽度。钢材堆放时在其端部固定标牌和编号，标牌应标明钢材的规格、钢号、数量和材质验收证明书编号，并在钢材端部根据其钢号涂以不同颜色的油漆。钢材的标牌应定期检查，选用钢材时按顺序寻找。

材料堆放时要考虑便于搬运，要在料堆之间留有一定宽度的通道以便运输。通道宽度视材料规格和运输机械而定，一般为 1.5～2.0m。

焊条、焊丝、焊剂等焊接材料应按牌号和批号分别存放在干燥的储藏仓库。焊条和焊剂在使用之前应按出厂证明书上的规定进行烘焙和烘干，应清除焊丝铁锈油污以及其他污物。

5.1.3 机具准备

钢结构构件加工制作常用的加工机具有测量、划线工具，切割、切削机具以及矫正、冲压机械。

1. 材料测量、划线工具

（1）直角尺

直角尺是检验和划线工作中常用的量具，用于检测工件的垂直度及工件相对位置的垂直度，适用于零部件的垂直度检验、安装加工定位、划线等工作。直角尺在使用前应校验其准确度，一般采用划垂直线检查其垂直度。

（2）卡钳

卡钳有内、外卡钳两种。内卡钳用于量孔径或槽道的大小，外卡钳用于量零件的厚度和圆柱形零件的外径等。卡钳属间接量具，量得的间隙需用尺确定数值。使用内外卡钳应注意铆钉的紧固，以防止卡钳松动造成测量错误。

（3）划针

划针用于较精确零件的划线，使用时沿直尺、90°角尺或样板边缘进行划线。

（4）划规及地规

划规是划圆弧和圆使用的工具；地规是划较大圆弧使用的工具。

（5）样冲

在机械钻孔中，很多需要划线。为了避免划出的线被擦掉，要在划出线上以一定的距离打一个小孔（小眼）做标记，做标记的这个工具，叫作样冲。因为该孔是用冲子冲出的，所以把这个定位孔称作样冲眼。制孔时，为避免钻头在光滑表面打滑，先用定位冲在需要钻孔的位置打一个"窝"，俗称"打样冲眼"，然后再钻孔。

2. 切割、切削机具

（1）半自动切割机

半自动切割机由可调速的电动机拖动，沿着轨道做直线运动完成直线气割。如改装导引半径杆，可做圆周切割。切割嘴可以切出直线或不同半径的圆弧以及斜面。

（2）风动砂轮机

风动砂轮机以压缩空气为动力，是机械化手持工具，主要用于磨削、打磨工作。如焊接厚钢板坡口的磨削、焊后磨平等。

（3）电动砂轮机

电动砂轮机由罩壳、砂轮、长端盖、电动机、开关和手把组成。其规格按砂轮直径可分100mm、125mm和150mm三种。砂轮机的作用是磨削，若以钢丝轮代替砂轮，可用来清理金属表面的铁锈、旧漆等；若以布轮代替砂轮，还可进行抛光工作。

（4）风铲

风铲属于风动冲击工具，用压缩空气推动活塞往复运动，使用铲子铲平铸件的毛边。

（5）砂轮锯

砂轮锯，又称砂轮切割机，属于高速锯切设备。砂轮切割机可用于金属方扁管、方扁钢、工字钢、槽钢等材料的切割。

（6）龙门剪板机

龙门剪板机是板材剪切中应用较广的剪板机。其特点是剪切速度快、精度高，进料容易，使用方便。在龙门剪板机上，可以沿直线轮廓剪切各种形状的板材毛坯件。常见的龙门剪板机如图 5.1 所示。

图 5.1　龙门剪板机

（7）联合冲剪机

联合冲剪机是一种综合了冲压、板材剪切、型材剪断等多种功能的机床设备，如图 5.2 所示。它具有独立的工作部位，型板剪切头配以相应的模具，可以剪断圆钢、方钢、角钢、槽钢等型钢；冲头部位配以相应的模具，可以用来完成冲孔、落料等冲压工序；而剪切部位则可直接用来剪断扁钢和条状板材料。其操作简便、能耗少、维护成本低，是现代制造业金属加工的首选设备。

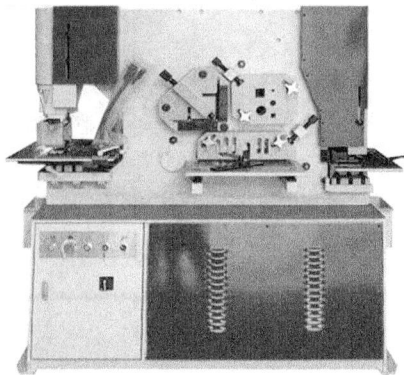

图 5.2　联合冲剪机

（8）锉刀

锉刀是用碳素工具钢经热处理后，再将工作部分淬火制成的，是一种用于锉光工件的手工小型生产工具。锉削时锉痕不重叠，比较光洁，在锉削硬材料时也较省力。用于对金属、木料、皮革等表层做微量加工。

（9）凿子

凿子主要用于凿削毛坯件表面多余的金属、毛刺、分割材料、切坡口及不便于机械加工的区域。

3. 矫正、冲压机械

（1）多辊钢板矫正机

多辊钢板矫正机可使钢板反复弯曲，达到矫平的目的。钢板的弯曲是通过一系列轴辊来实现的。两排轴辊之间的间隙可由专门机构调整，一般取间隙的数值略小于钢板的厚度，这样才能使钢板通过时受到相反方向的多次交变弯曲，使其内应力超过材料的屈服强度，使钢板得到矫平，钢板矫平过程如图 5.3 所示。

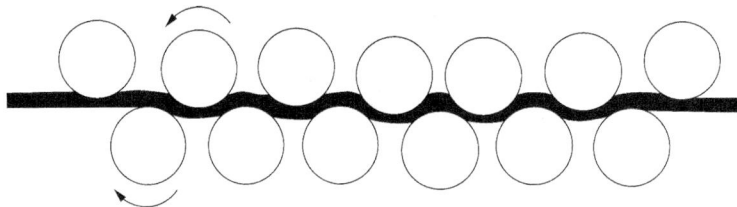

图 5.3　钢板矫平过程

（2）H 型钢翼缘矫正机

H 型钢翼缘矫正机（图 5.4）用于焊接 H 型钢翼缘的矫正。

图 5.4　H 型钢翼缘矫正机

（3）冲床

冲床就是一台冲压式压力机。通过模具能做出落料、冲孔、成型、拉深、修整、精冲、整形、铆接及挤压件等。

5.1.4 安全要求

钢结构构件生产效率高，工件在空间大量、频繁地移动，各个工序中大量采用的机械设备都须作必要的防护和保护。因此，生产过程中的安全措施极为重要，特别是在制作大型、超大型钢结构构件时，更要重视安全事故的防范。

1）进入施工现场的操作者和生产管理人员均应穿戴好劳动防护用品，按规程要求操作。

2）对操作人员进行安全学习和安全教育，特殊工种必须持证上岗。

3）为了便于钢结构构件的制作和操作者的操作活动，宜在一定高度上装配组装胎架、焊接胎架、各种搁置架等，并均应与地面离开 0.4～1.2m。

4）构件的堆放、搁置应稳固，必要时应设置支撑或定位。构件堆垛不得超过二层。

5）索具、吊具要定时检查，不得超过额定荷载。正常磨损的钢丝绳应按规定更换。

6）所有钢结构构件制作中，各种胎具的制造和安装均应进行强度计算，不能仅凭经验估算。

7）生产过程中所使用的氧气、乙炔、丙烷、电源等必须有安全防护措施，并定期检测泄漏和接地情况。

8）对施工现场的危险源应做出相应的标志、信号、警戒等，操作人员必须严格遵守各岗位的安全操作规程，以避免意外伤害。

9）构件起吊应听从指挥。构件移动时，移动区域内不得有人滞留和通过。

10）所有制作场地的安全通道必须畅通。

❋ 任务完成与自评

项目	要求	记录	分值	扣分	备注
钢构件加工技术准备	不了解		20		
	一般				
	熟悉				
钢构件加工材料准备	不了解		30		
	一般				
	熟悉				
钢构件加工机具准备	不了解		30		
	一般				
	熟悉				
安全要求	不了解		20		
	一般				
	熟悉				

任务 5.2 钢零件及钢部件加工

▌**任务目标**

　　根据《钢结构工程施工规范》（GB 50755—2012）、《钢结构工程施工质量验收标准》（GB 50205—2020）要求以及本任务内容的学习，能完成钢构件加工工艺文件的编制。

5.2.1 放样和号料

1. 放样

　　放样是钢结构构件制作工艺中的第一道工序，是根据产品施工详图或零、部件图样要求的形状和尺寸，按 1∶1 的比例把产品或零、部件的实体画在放样台或平板上，求取实长并制成样板、样杆的过程，是作为下料、弯制、铣、刨、制孔等加工的依据。

　　样板、样杆所用材料要求轻质不易变形，一般采用铝板、薄白铁板、纸板、木板、塑料板等材料制作，按精度要求选用不同的材料。样杆及样板上应用油漆写明加工号、构件编号、规格、数量以及螺栓孔位置、直径和各种工作线、弯曲线等加工符号。

2. 号料

　　号料是以样板为依据，在原材料上划出实样，并打上各种加工记号。目前，国内大多数加工单位已采用数控加工设备，省略了放样和号料工序；但是有些加工和组装工序仍需放样、做样板和号料等工序。

　　号料前，应核对钢材规格、材质、批号，并清除钢板表面油污、泥土及其他脏污。不同规格、不同材质的零件应分别号料。

　　号料时，依据先大后小的原则依次号料。主要零件应根据构件的受力特点和加工状况，按工艺规定的方向进行号料。因钢板沿轧制方向和垂直轧制方向力学性能有差异，一般构件主要受力方向与钢板轧制方向一致，弯曲加工方向（如弯折线、卷制轴线）与钢板轧制方向垂直，以防止出现裂纹。

　　号料后，零件和部件应按施工详图和工艺要求进行标识，包括工程号、零部件编号、加工符号、孔的位置等，便于切割及后续工序工作，避免造成混乱。同时，将零部件所用材料的相关信息，如钢种、厚度、炉批号等记录到下料配套表和余料上，以备后续使用。

　　放样和号料时应预留余量，一般包括制作和安装时的焊接收缩余量，构件的弹性压缩量，切割、刨边和铣平等加工余量及厚钢板展开时的余量等。自动气割切断的加工余量为 3mm，手工气割切断的加工余量为 4mm，气割后铣端或刨边时，其加工余量为 4～

5mm，剪切后铣端或刨边的加工余量为 3～4mm。对接焊缝，沿焊缝长度方向每米留 0.7mm 加工余量，对接焊缝垂直于焊缝方向每个对口留 1mm 加工余量，角焊缝每米留 0.5mm 加工余量。

放样和样板（样杆）的允许偏差应符合表 5.1 的规定。

表 5.1　放样和样板（样杆）的允许偏差

项目	允许偏差
平行线距离和分段尺寸	±0.5mm
样板长度	±0.5mm
样板宽度	±0.5mm
样板对角线差	1.0mm
样杆长度	±1.0mm
样板的角度	±20′

号料的允许偏差应符合表 5.2 的规定。

表 5.2　号料的允许偏差　　　　　　　　　（单位：mm）

项目	允许偏差
零件外形尺寸	±1.0
孔距	±0.5

5.2.2　切割

钢材在号料以后，必须按其所需的形状和尺寸进行切割。常用的切割方法有气割、机械切割和等离子切割等。气割具有成本低、操作简便、技术成熟、使用广泛等特点，是目前使用最广泛的切割技术。

1. 气割

气割是利用氧气与可燃气体混合燃烧所产生的火焰分离材料的热切割，又称氧气切割或火焰切割。气割时，火焰在起割点将材料预热到燃点，然后喷射氧气流，使金属材料剧烈氧化燃烧，生成的氧化物熔渣被气流吹除，形成切口。气割用的氧纯度应大于 99%，可燃气体一般用乙炔气，也可用石油气、天然气。用乙炔气的切割效率最高、质量较好，但成本较高。割炬是进行气割的主要工具，它是使可燃气体与氧气按一定比例混合燃烧形成稳定火焰的工具。

钢板火焰切割（工程现场）

气割根据操作方法的不同，可分为手工气割和机械气割。对小零件板材，或机械操作不方便时，采用手工气割。对于中厚钢板，多采用机械气割，所采用的机械有自动或半自动切割机、多头切割机、数控切割机、仿形切割机、多维切割机等。

为保证气割操作的顺利进行和气割面质量，气割前钢材切割区域表面应清理干净。

工件应垫平、垫高（距离地面一定高度），且下方留有一定的空隙，有利于熔渣的吹除。切割时，应根据设备类型、钢材厚度、切割气体等因素选择合适的工艺参数。

（1）气割的工艺参数

气割的工艺参数包括预热火焰功率、切割氧压力、切割速度、割嘴距工件的距离以及切割倾角等。

1）预热火焰功率。预热火焰功率是影响气割质量的重要参数。气割时一般选用中性焰或轻微的氧化焰，火焰的强度要适中。应根据工件厚度、割嘴种类和质量要求选用预热火焰。气割的预热时间应根据割件厚度确定。

2）切割氧压力。切割氧压力取决于割嘴类型和嘴号，可根据工件厚度选择氧气压力。切割氧气压力过大，易使切口变宽、粗糙；压力过小，使切割过程缓慢，易造成黏渣。实际切割中，最佳切割氧压力可用试放"风线"的办法来确定。对所采用的割嘴，当"风线"最清晰且长度最长时，切割氧压力即为合适值，可获得最佳的切割效果。

3）切割速度。切割速度与工件厚度、割嘴有关，一般随工件厚度增大而速度减慢。切割速度须与切口内金属的氧化速度相适应。切割速度太慢会使切口上缘局部熔化，太快则后拖量过大，甚至割不透。在切割操作时，切割速度可根据切口中落下的熔渣火花方向来掌握，火花呈垂直或稍偏向前方排出时为正常速度。直线切割时，采用火花稍偏向后方排出的速度较快。切割速度过慢会降低生产效率，影响割口表面质量。机械切割速度比手工切割速度可平均提高20%。

4）割嘴距工件的距离。割嘴距工件表面的距离根据工件厚度及预热火焰长度来确定，通常火焰焰心离开工件表面的距离应保持在3～5mm。割嘴高度过低会使切口上缘发生熔塌，飞溅物易堵塞割嘴，甚至引起回火。割嘴高度过大，热损失增加，预热火焰对切口前缘的加热作用减弱，预热不充分，切割氧流动力下降，造成排渣困难，影响切割质量；同时进入切口的氧纯度也降低，导致后拖量和切口宽度增大。

5）切割倾角。割嘴与工件间的切割倾角影响气割速度和后拖量。切割倾角的大小根据工件厚度确定，工件厚度在30mm以下时，后倾角为20°～30°；工件厚度大于30mm时，前倾角为5°～10°；割透后割嘴垂直于工件，后倾角为5°～10°；手工曲线切割时，割嘴垂直于工件。

（2）气割的质量要求

气割的允许偏差见表5.3。

表5.3 气割的允许偏差 （单位：mm）

项目	允许偏差
零件宽度、长度	±3.0
切割面平面度	0.05t，且不应大于2.0
割纹深度	0.3
局部缺口深度	1.0

注：t为切割面厚度。

2. 机械切割

机械切割是利用机械设备使被加工的金属受剪切挤压作用而发生剪切变形来实现切割分离的工艺过程，包括剪切、锯切、铣切等。剪切使用设备有剪板机、型钢冲剪机，适用板厚<12mm 的零件钢板、压型钢板、冷弯型钢的切割；锯切使用设备有条锯、圆片锯、砂轮锯、锯床等，其中砂轮锯适用于切割厚度<4mm 的薄壁型钢及小型钢管，锯床适用于切割各种型钢及梁柱等构件；铣切主要用于焊缝坡口的切割。

机械切割时要求切面平整，由于切断时断面边缘产生很大的剪切应力，在剪切面附近连续 2～3mm 范围以内，形成严重的冷作硬化区，这部分钢材脆性很大，因此机械切割的零件厚度不宜大于 12mm。对较厚的钢材或直接受动荷载的钢板不应采用剪切，否则要将冷作硬化区域刨除。碳素结构钢在环境温度低于-16℃、低合金结构钢在环境温度低于-12℃时，不得进行剪切、冲孔，否则钢材会产生低温冷脆。

机械切割的允许偏差应符合表 5.4 的规定。

表 5.4　机械切割的允许偏差

项目	允许偏差/mm
零件宽度、长度	±3.0
边缘缺棱	1.0
型钢端部垂直度	2.0

3. 等离子切割

等离子切割是利用高温等离子电弧的热量使工件切口处的金属局部熔化（和蒸发），并借高速等离子的动量排除熔融金属以形成切口的一种加工方法。等离子切割采用的工作气体是等离子弧的导电介质，又是携热体，同时还要排出切口中的熔融金属，它对等离子弧的切割特性以及切割质量、速度都有明显的影响。常用的等离子弧工作气体有氩、氢、氮、氧、空气、水蒸气以及某些混合气体。等离子切割配合不同的工作气体可以切割各种氧气切割难以切割的金属，尤其是对于有色金属（不锈钢、铝、铜、钛、镍）切割效果更佳。其主要优点在于切割厚度不大的金属时，等离子切割速度快，尤其在切割普通碳素钢薄板时，速度可达氧气切割法的 5～6 倍，切割面光洁、热变形小、几乎没有热影响区。

4. 钢网架（桁架）用钢管切割

钢网架（桁架）用钢管杆件宜用管车床或数控相贯线切割机下料，下料时应预放加工余量和焊接收缩量，焊接收缩量可由工艺试验确定。钢管杆件加工的允许偏差应符合表 5.5 的规定。

表 5.5　钢管杆件加工的允许偏差　　　　　　　　　（单位：mm）

项目	允许偏差
长度	±1.0
端面对管轴的垂直度	0.005r
管口曲线	1.0

注：r 为管半径。

钢材切割完成后，切割面应无裂纹、夹渣、毛刺和分层等现象。一般采用观察检查或放大镜检查，有疑义时应进行渗透、磁粉或超声波探伤检查。

5.2.3　矫正和成型

1. 矫正

（1）钢材变形的原因

1）钢材在轧制过程中产生的变形。在轧制过程中钢材可能由于残余应力而引起变形。例如，在轧制钢板时，由于轧辊沿长度方向受热不均匀、轧辊弯曲，高速设备失衡等原因，造成轧辊间隙不一致，而使板料在宽度方向的压缩不均匀，延伸较多的部分受延伸较少部分的拘束而产生压缩应力，而延伸较少部分产生拉应力，因此延伸较多部分在压缩应力作用下可能产生失稳而导致变形。

热轧厚板时，由于高温金属良好的热塑性和较大的横向刚度，延伸较多的部分克服了相邻延伸较少部分对其力的作用，而产生了板材的不均匀伸长。

2）钢材在储存和运输过程中产生的变形。钢材因运输和不正确堆放产生变形。钢结构使用的钢材均是几何尺寸较大的钢板和型材，吊装使其受力不均或运输颠簸或储存不当、垫底不平等原因会使钢材产生弯曲、扭曲和局部变形。

3）钢材在下料过程中产生的变形。钢材下料一般要经过气割、剪切、等离子弧切割等工序。钢材在加工的过程中，可能因内应力释放引起变形，也可能因受到外力产生变形。例如，将整张钢板割去某一部分后，会使钢材在轧制时造成的应力得到释放引起变形；又如，气割、等离子弧切割过程是对钢材局部进行加热而使其分离，这种不均匀加热必然会产生残余应力，导致钢材产生不同程度的变形，尤其是气割窄而长的钢板时边缘部位产生钢板弯曲现象。在剪切、冲裁等工序时，由于工件受到剪切，在剪切边缘必然产生很大的塑性变形。

钢材变形超过规范允许的偏差将影响构件的制作及安装质量，必须对其进行矫正。

（2）钢材矫正的方法

1）手工矫正。

① 反向变形法：对于刚性较好的钢材弯曲变形可采用反向变形法进行矫正。

② 锤展伸长法：对于变形较小或刚性较差的钢材变形可采用锤展伸长法进行矫正，即锤击纤维较短处，使其伸长与较长纤维趋于一致。

2）机械矫正。机械矫正就是通过机械动力或液压力对材料的弯曲、不平整处给予

146

拉伸、压缩或弯曲作用,使材料恢复平直状态。机械矫正使用的设备有拉伸机、压力机、撑直机、卷板机、型钢矫正机、平板机等。对于薄板、型钢扭曲的矫正,以及钢管、扁钢和线材弯曲的矫正,可采用拉伸机进行矫正;对于中厚板的弯扭变形、型钢的扭曲变形、型钢梁的旁弯及上拱、较大直径钢管的弯曲变形,可采用压力机进行矫正;对于较长而窄的钢板弯曲及旁弯变形以及槽钢、工字钢等上拱及旁弯,圆钢等较大尺寸圆弧的弯曲变形,可采用撑直机进行矫正;钢板拼接而成的大直径管道,在焊缝处产生凹凸、椭圆等缺陷可采用卷板机进行矫正。此外,还有型钢矫正机,用于对角钢、槽钢、H型钢等各种型钢翼缘的变形及弯曲的矫正。平板机可对钢板弯曲变形进行矫正。

3)火焰矫正。火焰矫正是采用火焰对钢材纤维伸长部位进行局部加热,利用钢材热胀冷缩的特性,使加热部分的纤维在四周较低温度部分的阻碍下膨胀,产生压缩塑性变形,冷却后纤维缩短,使纤维长度趋于一致,从而使变形得以矫正。决定火焰矫正效果主要有三个因素:火焰加热的方式、火焰加热的位置和火焰加热的温度。

火焰加热的方式主要有点状加热、线状加热和三角形加热。火焰加热的位置应选择在金属纤维较长的部位或者凸出部位。生产中常采用氧-乙炔火焰加热,采用中性焰。碳素结构钢和低合金结构钢在加热矫正时,加热温度应为700~800℃,最高温度严禁超过900℃,最低温度不得低于600℃。当温度超过900℃时,钢材内部组织会发生变化,导致材质变差,而800~900℃属于退火或正火区,是热塑变形的理想温度。当温度低于600℃后,钢材矫正效果较小,且钢材在500~550℃时存在热脆性,故当温度降到600℃时,应停止矫正工作。

① 点状加热。点状加热的热点呈小圆形,直径为10~30mm,点距为50~100mm,呈梅花状布局,如图5.5所示。加热后"点"的周围向中心收缩,使变形得到矫正。

② 线状加热。线状加热也称为带状加热,加热带的宽度不大于工件厚度的0.5~2.0倍。由于加热后上、下两面存在较大的温差,加热带长度方向产生的收缩量较小,横向收缩量较大,因而产生不同收缩使钢板变直,但加热红色区的厚度不应超过钢板厚度的1/2,常用于H型钢构件翼板角变形的纠正,如图5.6所示。

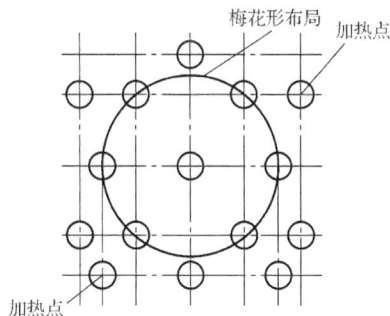

图 5.5　点状加热方式

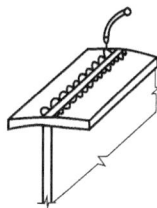

图 5.6　线状加热矫正

③ 三角形加热。三角形加热的加热面呈等腰三角形,加热面的高度与底边宽度一般控制在型材高度的1/5~2/3,加热面应在工件变形凸出的一侧,三角顶在内侧、底在

工件外侧边缘处，一般对工件凸起处加热数处，加热后收缩量从三角形顶点起沿等腰边逐渐增大，冷却后凸起部分收缩使工件得到矫正，常用于 H 型钢构件的拱变形和旁弯的矫正，如图 5.7 所示。

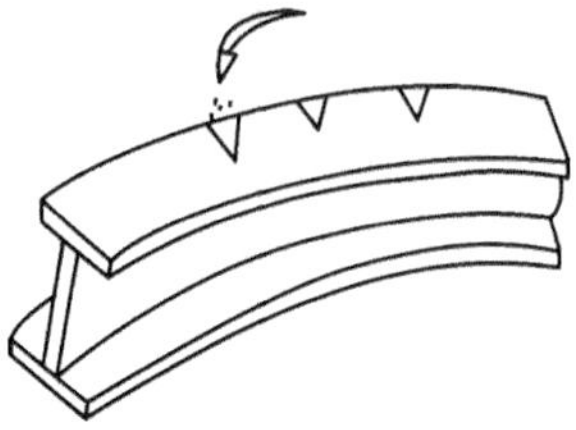

图 5.7 H 型钢构件矫正

（3）矫正的质量要求

1）矫正后的钢材表面不应有明显的凹痕或损伤，划痕深度不得大于 0.5mm，且不应大于该钢材厚度允许负偏差的 1/2。

2）钢板、型钢冷矫正的最小曲率半径和最大弯曲矢高应符合表 5.6 的规定。

表 5.6 钢板、型钢冷矫正的最小曲率半径和最大弯曲矢高　　　　（单位：mm）

钢材类别	图例	对应轴	冷矫正	
			最小曲率半径 r	最大弯曲矢高 f
钢板扁钢	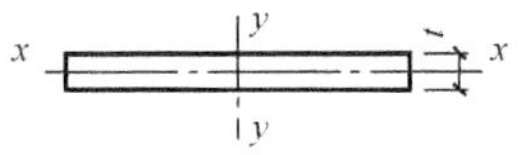	$x-x$	$50t$	$l^2/400t$
		$y-y$ （仅对扁钢轴线）	$100t$	$l^2/800t$
角钢	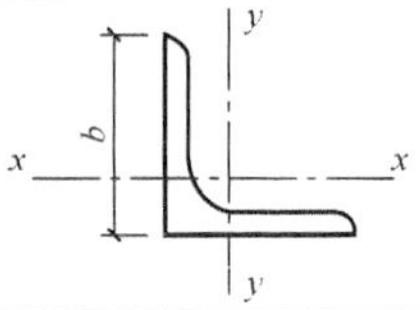	$x-x$	$90b$	$l^2/720b$
槽钢	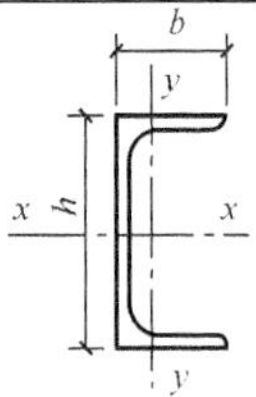	$x-x$	$50h$	$l^2/400h$
		$y-y$	$90b$	$l^2/720b$
工字钢、 H 型钢	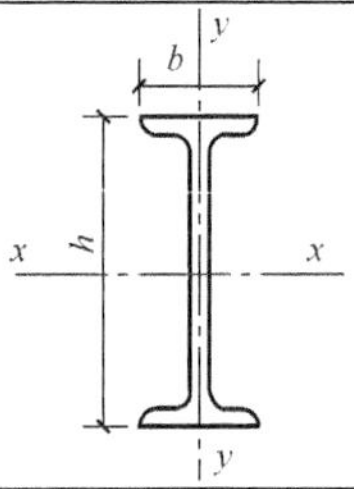	$x-x$	$50h$	$l^2/400h$
		$y-y$	$50b$	$l^2/400b$

注：l 为弯曲弦长。

3）钢材矫正后的允许偏差应符合表 5.7 的规定。

表 5.7 钢材矫正后的允许偏差　（单位：mm）

项目		允许偏差	图例
钢板的局部平面度	$t\leqslant6$	3.0	
	$6<t\leqslant14$	1.5	
	$t>14$	1.0	
型钢弯曲矢高		$l/1000$，且不大于 5.0	
角钢肢的垂直度		$b/100$ 双肢栓接角钢的角度不得大于 90°	
槽钢翼缘对腹板的垂直度		$b/80$	
工字钢、H 型钢翼缘对腹板的垂直度		$b/100$ 且不大于 2.0	

注：l 为弯曲弦长。

4）钢管弯曲成型和矫正后的允许偏差应符合表 5.8 的规定。

表 5.8 钢管弯曲成型和矫正后的允许偏差　（单位：mm）

项目	允许偏差	检查方法	图例
直径	$\pm d/200$，且 $\leqslant\pm3.0$	卡尺	
钢管、箱形杆件侧弯	$l<4000$，$\Delta\leqslant2.0$ $4000\leqslant l<16000$，$\Delta\leqslant3.0$ $l\geqslant16000$，$\Delta\leqslant5.0$	用拉线和钢尺检查	
椭圆度	$f\leqslant d/200$，且 $\leqslant3.0$	用卡尺和游标卡尺检查	
曲率（弧长>1500）	$\Delta\leqslant2.0$	用样板（弦长≥1500）检查	

2. 成型

在钢结构构件加工制造中，成型加工主要包括弯曲、卷板（滚圆）、折边和模具压制四种加工方法。其中弯曲、卷板（滚圆）和模具压制等工序，根据加工时的温度不同，涉及热加工成型和冷加工成型。

钢材的热加工是指把钢材加热到一定温度后进行的加工方法，它适用于成型、弯曲和矫正在常温下不能做的工件。热加工常用的加热方法有两种：一种是利用乙炔火焰进行局部加热，这种方法简便，但是加热面积较小；另一种是放在工业炉内加热，它虽然没有前一种方法简便，但是加热面积很大，并且可以根据结构构件的大小来砌筑工业炉。当零件采用热加工成型时，可根据材料的含碳量，选择不同的加热温度。钢材的加热温度应控制在 900～1000℃，也可控制在 1100～1300℃；碳素结构钢和低合金结构钢在温度分别下降到 700℃和 800℃前，应结束加工；低合金结构钢应自然冷却。热加工成型温度应均匀，同一构件不应反复进行热加工；当温度冷却到 200～400℃时，严禁捶打、弯曲和成型。

钢材的冷加工是指在常温下进行的加工制作，有剪切、铲、刨、辊、压、冲、钻、撑、敲等工序。冷加工绝大多数需要利用机械设备和专用工具进行，敲是一种手工操作方法，它除了用于矫正钢材和构件形状外，还常用来代替机械设备的辊压和切断等。冷加工会使钢材性质发生变化。第一种变化是作用于钢材单位面积上的外力超过材料的屈服强度而小于其极限强度，不破坏材料的连续性，但使其产生永久变形，如加工中的辊、压、折、轧、矫正等；第二种变化是作用于钢材单位面积上的外力超过材料的极限强度，促进钢材产生断裂，如冷加工中的剪、冲、刨、铣、钻等，都是利用机械的作用力超过钢材的剪应力强度，使其部分钢材分离主体的。因冷加工会使钢材的性能产生各种不同程度的影响，可以采用热处理的方法，使钢材的机械性能恢复正常状态。对于重要构件，因剪切钢材边缘导致的冷作硬化，需要将构件的边缘刨去；对于冲孔导致的边缘硬化，需要将硬化部分用铰刀扩孔以消除其表面冷硬部分。

（1）弯曲

弯曲加工是根据构件形状的需要，利用加工设备和一定的工、模具将板材或型钢弯制成一定形状的工艺方法。

弯曲按加工方法不同分为压弯、滚弯和拉弯。压弯指用压力机压弯钢板，适用于一般直角弯曲（V 形件）、双直角弯曲（U 形件），以及其他适宜弯曲的构件；滚弯指在滚圆机上滚弯钢板，适用于滚制圆筒形构件及其他弧形构件；拉弯指用转臂拉弯机或转盘拉弯机拉弯钢板，适用于将长条板材拉制成不同曲率的弧形构件。

弯曲根据加热程度不同分为冷弯和热弯。冷弯是在常温下进行弯制加工，适用于一般薄板、型钢等的加工。板材和型材冷弯成型加工最小曲率半径应符合表 5.9 的规定。热弯是将钢材加热至 950～1100℃，在模具上进行弯制加工，适用于厚板及较复杂形状构件、型钢等的加工。

表 5.9 板材和型材冷弯成型加工的最小曲率半径

钢材类别	图例		冷弯最小曲率半径 r		备注
热轧钢板	钢板卷压成钢管		碳素结构钢	15t	
			低合金结构钢	20t	
	平板弯成 120°～150°		碳素结构钢	10t	
			低合金结构钢	12t	
	方矩管弯直角		碳素结构钢	3t	
			低合金结构钢	4t	
热轧无缝钢管			碳素结构钢	20d	
			低合金结构钢	25d	
冷成型直缝钢管			碳素结构钢	25d	焊缝放置在中心线以内受压区
			低合金结构钢	30d	
冷成型方矩管			碳素结构钢	30h(b)	焊缝放置在弯弧中心线位置
			低合金结构钢	35h(b)	
热轧 H 型钢			碳素结构钢	25h	也适用于工字钢和槽钢对高度弯曲
			低合金结构钢	30h	
			碳素结构钢	20b	
			低合金结构钢	25b	
槽钢、角钢			碳素结构钢	25b	
			低合金结构钢	30b	

注：Q390 及以上钢材冷弯曲成型最小曲率半径应通过工艺试验确定。

（2）卷板（滚圆）

卷板也称滚圆，是滚圆钢板的制作方法（图 5.8）。实际上就是在外力的作用下，使钢板的外层纤维伸长，内层纤维缩短而产生弯曲变形（中层纤维不变）。卷板（滚圆）是在卷板机（又称滚板机、轧圆机）上进行的，主要用于卷圆各种容器、大直径焊接管道、锅炉汽包和高炉等的壁板。

1）卷板分类。依据卷制时的温度不同将卷板分为冷卷、热卷、温卷，可根据板料的厚度和设备条件来选择卷板的方法。当圆筒半径较大时，可在常温状态下卷圆，即冷卷。当半径较小和钢板较厚时，应将钢板加热后卷圆，称为热卷。热卷时，钢板表面的氧化皮剥落，氧化皮在钢板与轴辊之间滚轧，使筒身内壁形成凹坑和斑点而影响质量，因此在卷弯过程中和卷弯后，必须清除氧化皮，然后进行第二次的加热和卷弯。温卷综合了冷卷和热卷的优点，将钢板加热至 500～600℃，使板料比冷卷时有更好的塑性，同时减少卷板超载的可能，又可减少卷板时氧化皮的危害，操作比热卷方便。温卷的加热温度通常在金属的再结晶温度以下，因此，温卷实质上仍属于冷加工范围。

图 5.8　卷板

2）卷板机类型。卷板在卷板机上连续三点进行滚弯，按轴辊数目和位置，卷板机可分为三辊卷板机和四辊卷板机两类。三辊卷板机又分为对称式三辊卷板机与不对称式三辊卷板机两种，见图 5.9。

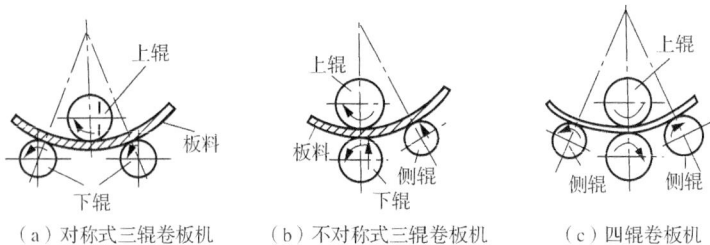

（a）对称式三辊卷板机　　（b）不对称式三辊卷板机　　（c）四辊卷板机

图 5.9　卷板机类型

3）卷板工艺。

① 准备工作。卷板前须熟悉图纸、工艺、精度、材料性能等技术要求，然后选择适当的卷板机，确定冷卷、温卷还是热卷。检查板料的外形尺寸、坡口加工、剩余直边和卡样板正确与否。确认卷板机的运转后向注油孔口注油。工作前清理工作场地，排除不安全因素。

② 预弯。卷板前必须对板料进行预弯（压头）。由于板料在卷板机上弯曲时，两端边缘总有剩余直边，理论的剩余直边数值与卷板机的型式有关，如表 5.10 所示。

表 5.10　理论剩余直边的大小

设备类别		卷板机			压力机
弯曲方式		对称弯曲	不对称弯曲		模具压弯
			三辊	四辊	
剩余直边大小	冷弯时	L	$1.5 \sim 2t$	$1 \sim 2t$	$1.0t$
	热弯时	L	$1.0 \sim 1.5t$	$0.75 \sim 1t$	$0.5t$

注：L 为侧辊中心距之半，t 为板料厚度。

实际上剩余直边要比理论值大，一般对称弯曲时为 $6 \sim 20t$，不对称弯曲为对称弯曲时的 $1/6 \sim 1/10$。由于剩余直边在矫圆时难以完全消除，并造成较大的焊缝应力和设备负荷，容易产生质量事故和设备事故，所以一般应对板料进行预弯，使剩余直边弯曲到所需的曲率半径后再卷弯。预弯可在三辊卷板机、四辊卷板机上进行。

③ 对中。为防止产生歪扭，将预弯的板料置于卷板机上滚弯时，应将板料对中，使板料的纵向中心线与辊轴线保持严格的平行。

④ 圆柱面的卷弯。圆柱面的卷弯有冷卷、热卷和温卷。冷卷时，由于钢板的回弹，卷圆时必须施加一定的过卷量，在达到所需的过卷量后，还应来回多卷几次。对于高强度钢板，由于回弹较大，应在最终卷弯前进行退火处理。卷弯过程中，应不断用样板检验弯板两端的半径。

当碳素钢板的厚度大于或等于内径的 1/40 时，应该进行热卷。热卷前，必须将钢板在室内加热炉均匀加热；加热温度是一般的终锻温度，从始锻温度到终锻温度的范围称为锻造温度。锻造（热加工）温度范围视钢材成分而定。同时，热卷时必须考虑 5%～6%的板料减薄量和一定的延伸率，以便严格控制板料厚度的选择和筒身圆周长度的精确性。

温卷是将钢板加热至 500～600℃，使板料比冷卷时有更好的塑性，同时减少卷板超载的可能，又可减少卷板时氧化皮的危害，操作也比热卷方便。

⑤ 矫圆。圆筒卷弯焊接后会发生变形，所以必须进行矫圆。矫圆分加载、滚圆、卸载三个步骤，使工件在逐渐减少矫正荷载下进行多次滚卷。

（3）折边

在钢结构构件制造中，把构件的边缘压弯成倾角或一定形状的操作称为折边；如冷弯卷边 C 型钢、Z 型钢的折弯加工。折边采用的加工机械为折边机（图 5.10），广泛用于薄壁构件的加工，它有较长的弯曲线和很小的弯曲半径。薄板经折边后可以大大提高结构的强度和刚度。

图 5.10　折边机

1）折边机的工作原理。折边机在结构上具有窄而长的滑块，配合通用或专用模具和挡料装置。上模端头多呈 V 形并有较小的圆角半径，如图 5.11 所示。为适应于弯制构件的槽口，下模（图 5.12）槽口的形状一般呈 V 形、矩形及能弯制锐角和钝角的构件。下模的长度一般与工作台面相等。专用模具是根据构件的加工特殊形状和要求而特意设计的，它不具备通用性。

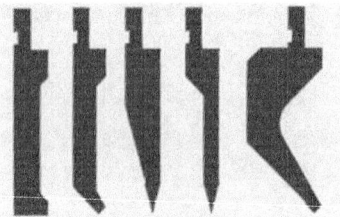

图 5.11　折边机上模

图 5.12　折边机下模

折边机操作时，将下模固定在折边机的工作台上，板料在上、下模之间，上模向下运动，对板料施加向下的压力，板料便压成一定的几何形状。当配备相应的装备时，还可用于剪切和冲孔。

2）板料折边加工。

① 准备工作。折边前必须熟悉样板、图纸及工艺规程，并了解相关技术要求，严格遵守安全操作规程。为了确保安全生产，在机器开动前，必须确保电气绝缘与接地良好。清除机械设备周围的障碍物，上、下模间不准堆放有任何工具等物件，并对机械设备加注润滑油。检查设备各部分工作是否正常，发现问题应及时修理。开动机器后，待电动机和飞轮的转速正常后，再开始工作。不允许超负荷工作，满载时，必须将板料放在两立柱中间，使两边负荷均匀。加工时，保证上、下模之间留有间隙，间隙大小按

折板要求决定，不得小于被折板料的厚度，以免发生卡固造成事故。折板板件的表面应清理干净，不准有焊疤与毛刺。

② 折边加工。折边按一定的顺序进行。在弯制多角复杂构件时，事先要确定折弯顺序，一般是由外向内依次弯曲，如果折边顺序不合理，将会造成后面的弯折无法进行。

构件冷弯折边及热弯折边时的温度控制必须符合现行《钢结构工程施工质量验收标准》（GB 50205—2020）及《钢结构工程施工规范》（GB 50755—2012）的规定。在弯制大批量构件时，需加强首件构件的质量控制。折弯时，应逐级加压，避免一次加压成型，折弯过程中经常用样板校对构件进行检验。操作时，注意不能折边角度过大，否则造成往复反折，将损伤构件。折弯时，要经常检查模具的固定螺栓是否松动，以防止模具移位。如发现移位，应立即停止工作及时调整固定。

（4）模具压制

模具压制是在压力设备上利用模具使钢材成型的一种工艺方法，钢材及构件成型的质量好坏与精度取决于模具的形状尺寸和模具质量。

模具包括上模和下模，在压力设备上成对安装。上模也称凸模，由螺栓装置在压力机压柱的固定横梁上。下模也称凹模，由螺栓固定在压力机的工作台上。上、下模的安装位置必须保证上模中心与压柱中心重合，使压柱的作用力均匀地分布在压模上。下模的位置要根据上模来确定，上、下模中心一定对中吻合，以保证压制零件形状和精度的准确。

模具压制成型有冲裁成型、弯曲成型、拉深成型、压延成型，以及利用模具对板料半成品进行再成型加工工艺。其主要再成型工序有翻边、卷边、扭转、收口、扩口、整形等。

5.2.4 边缘加工

在钢结构构件加工制作过程中，构件切割会导致边缘部分钢材硬化，须将下料后的边缘硬化部分去除以保证构件质量。钢结构焊缝为保证焊透，获得高质量的焊接接头，需要将钢板边缘开坡口，这些统称为边缘加工。

1. 边缘加工方法

构件边缘加工可采用铲边、刨边、铣边和碳弧气刨。对接焊缝坡口加工可采用手工气割或坡口机加工等方法。

（1）铲边

铲边是通过对铲头的锤击作用铲除金属的边缘多余部分而形成坡口。铲边有手工铲边和机械铲边，手工铲边的工具有手锤和手铲等，机械铲边的工具有风动铲锤和铲头等。风动铲锤是用压缩空气作动力的一种风动工具。铲边的精度较低，一般用于要求不高、工作量不大的边缘加工。

（2）刨边

钢结构构件制作中，边缘刨边主要在刨边机上进行，刨边加工有刨直边和刨斜边两种。刨边机工作时将切削的板材固定在作业架台上，然后用安装在可以左右移动的刀架上的刨刀来切削板材的边缘。刀架上可以同时固定两把刨刀，以同方向进刀切削，或一把刨刀在前进时切削，另一把刨刀则在反方向行程时切削。钢构件刨边预留加工余量随钢材的厚度、钢板的切割方法而不同，一般刨边加工余量为2～4mm。

（3）铣边

铣边加工精度较高。吊车梁、钢柱等对端部平整度、垂直度要求较高的构件采用铣边进行边缘加工。铣边一般是在端面铣床或铣边机上进行。

端面铣床是一种横式铣床，加工时用盘形铣刀，在高速旋转时，可以上下左右移动对构件进行铣削加工，对于大面积的部位也能高效率地进行铣削。端面铣前，可在铣边机上进行加工，铣边机的结构与刨边机相似，但加工时用盘形铣刀代替刨边机走刀箱上的刀架和刨刀，其生产效率较高。

零部件铣削加工的允许偏差见表5.11。

表5.11 零部件铣削加工的允许偏差 （单位：mm）

项目	允许偏差
两端铣平时零件长度、宽度	±1.0
铣平面的平面度	0.02t，且不大于0.3
铣平面的垂直度	h/1500，且不大于0.5

注：t为铣平面的厚度；h为铣平面的高度。

（4）碳弧气刨

碳弧气刨就是把碳棒作为电极，与被刨削的金属间产生电弧，此电弧具有6000℃左右高温，足以将金属加热到熔化状态，然后用压缩空气的气流把熔化的金属吹掉，达到刨削或切削金属的目的。

碳弧气刨可用于焊缝清根，比采用风铲生产效率高，噪声比风铲小，并能减轻劳动强度，特别适用于仰位和立位的刨切。采用碳弧气刨翻修有焊接缺陷的焊缝时，容易发现焊缝中各种细小的缺陷。碳弧气刨还可以用来开坡口、清除铸钢件上的毛边和浇冒口，以及铸件中的缺陷等，同时还可以切割金属（如铸铁、不锈钢、铜、铝）等。但碳弧气刨在刨削过程中会产生烟雾，对人体有害，所以钢结构构件加工施工现场必须具备良好的通风条件。

（5）焊缝坡口加工

坡口加工方法可分为气割、等离子切割、碳弧气刨等热切割加工方法以及刨边、铣边、砂轮锯磨削、坡口机加工等机械加工方法。

焊缝坡口的允许偏差见表5.12。

表 5.12　焊缝坡口的允许偏差

项目	允许偏差
坡口角度	±5°
钝边	±1.0mm

2. 边缘加工质量要求

钢构件边缘加工的允许偏差见表 5.13。

表 5.13　钢构件边缘加工的允许偏差

项目	允许偏差
零件宽度、长度	±1.0mm
加工边直线度	$l/3000$，且不大于 2.0mm
加工面垂直度	$0.025t$，且不大于 0.5mm
加工面表面粗糙度	$Ra \leqslant 50\mu m$

注：l 为加工边长度；t 为加工面的厚度。

5.2.5　网架球节点加工

网架球节点包括螺栓球节点和焊接球节点。

1. 螺栓球节点

（1）螺栓球节点加工

螺栓球节点如图 5.13 所示，螺栓球采用 45#圆钢下料。将圆钢在加热炉中加热至 1150～1200℃进行钢球初压。初锻采取高速蒸汽冲床，或油压机和专用成型模具。球体锻造温度应控制在 800～850℃。锻造时，球体表面不得有微裂纹，同时锻造后球体表面应均匀顺滑。

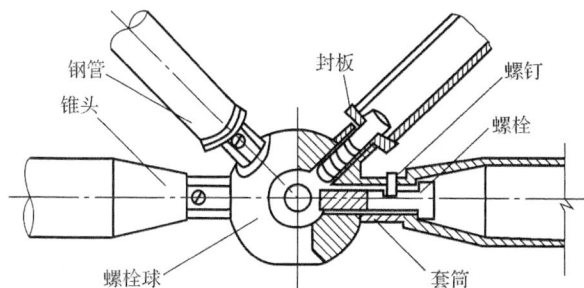

图 5.13　螺栓球节点

球体锻造完成后，进行劈面、工艺孔的加工，在专用车床上首先劈出工艺孔平面，然后在该平面上钻出工艺孔。配置专用夹具以工艺孔为基准进行球体的装夹，再进行螺栓孔的加工。先采用钻头钻出螺栓孔，然后换成丝锥进行内螺纹的攻制。螺栓孔加工完成后，需在螺栓球基准孔平面上打上球号、螺纹孔加工工号等标记。出厂之前还需进行除锈涂装，涂装时应注意避免油漆进入螺纹孔内。

（2）螺栓球节点质量要求

螺栓球成型后，表面不应有裂纹、褶皱和过烧。螺栓球螺栓尺寸应符合现行国家标准《普通螺纹　基本尺寸》（GB/T 196—2003）的规定，螺纹公差应符合现行国家标准《普通螺纹　公差》（GB/T 197—2018）中6H级精度的规定。封板、锥头、套筒表面不得有裂纹、过烧及氧化皮。封板、锥头与杆件连接焊缝质量应满足设计要求，当设计无要求时，应符合《钢结构工程施工质量验收标准》（GB 50205—2020）规定的二级焊缝质量等级标准。螺栓球加工的允许偏差见表5.14。

表5.14　螺栓球加工的允许偏差

项目		允许偏差	检验方法
球直径	$D\leq120mm$	+2.0mm / -1.0mm	用卡尺和游标卡尺检查
	$D>120mm$	+3.0mm / -1.5mm	
球圆度	$D\leq120mm$	1.5mm	用卡尺和游标卡尺检查
	$120mm<D\leq250mm$	2.5mm	
	$D>250mm$	3.5mm	
同一轴线上两铣平面平行度	$D\leq120mm$	0.2mm	用百分表V形块检查
	$D>120mm$	0.3mm	
铣平面距球中心距离		±0.2mm	用游标卡尺检查
相邻两螺栓孔中心线夹角		±30′	用分度头检查
两铣平面与螺栓孔轴线垂直度		0.005r（mm）	用百分表检查

注：D为螺栓球直径；r为铣平面半径。

2. 焊接球节点

（1）焊接球节点加工

焊接球节点如图5.14所示，是由两块圆钢板经热压或冷压成两个半球后对焊形成。钢球外径一般为160～500mm。焊接空心球节点构造简单、造型美观、连接方便、适用性强。由于球体没有方向性，可与任意方向的杆件连接，当汇交杆件较多时，其优点更加突出。但用钢量大、冲压焊接费工、焊接质量要求高。

（a）上弦节点　　　　（b）下弦节点

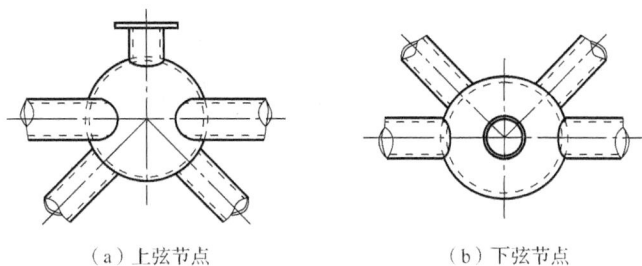

图 5.14　焊接球节点

焊接空心球分为加肋和不加肋两种，如图 5.15 所示。

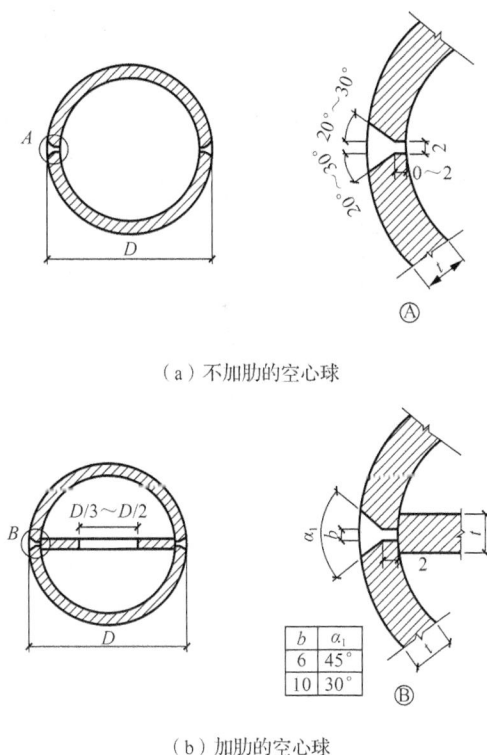

（a）不加肋的空心球

b	α_1
6	45°
10	30°

（b）加肋的空心球

图 5.15　焊接球分类

（2）焊接球节点质量要求

焊接球的半球由钢板压制而成，钢板压成半球后，表面不应有裂纹、褶皱。焊接球的两半球对接处坡口宜采用机械加工，对接焊缝表面应打磨平整。焊接球的焊缝质量应满足设计要求，当设计无要求时，应符合《钢结构工程施工质量验收标准》（GB 50205—2020）规定的二级焊缝质量等级标准。焊接球表面应光滑平整，局部凹凸不平处不应大于 1.5mm。焊接球加工的允许偏差见表 5.15。

表 5.15 焊接球加工的允许偏差 （单位：mm）

项目		允许偏差	检验方法
球直径	$D \leqslant 300$	±1.5	用卡尺和游标卡尺检查
	$300 < D \leqslant 500$	±2.5	
	$500 < D \leqslant 800$	±3.5	
	$D > 800$	±4.0	
球圆度	$D \leqslant 300$	1.5	用卡尺和游标卡尺检查
	$300 < D \leqslant 500$	2.5	
	$500 < D \leqslant 800$	3.5	
	$D > 800$	4.0	
壁厚减薄量	$t \leqslant 10$	$0.18t$，且不大于 1.5	用卡尺和测厚仪检查
	$10 < t \leqslant 16$	$0.15t$，且不大于 2.0	
	$16 < t \leqslant 22$	$0.12t$，且不大于 2.5	
	$22 < t \leqslant 45$	$0.11t$，且不大于 3.5	
	$t > 45$	$0.08t$，且不大于 4.0	
对口错边量	$t \leqslant 20$	1.0	用套模和游标卡尺检查
	$20 < t \leqslant 40$	2.0	
	$t > 40$	3.0	
焊缝余高		0～1.5	用焊缝量规检查

注：D 为焊接球的外径；t 为焊接球的壁厚。

5.2.6 铸钢件加工

1. 铸钢定义

铸钢是指专用于制造钢质铸件的钢材，它是铸造合金的一种，以铁、碳为主要元素，含碳量在 0～2%。铸钢可以依其化学成分分为铸造合金钢和铸造碳钢，按品种和用途可分为一般工程用铸钢、焊接结构用铸钢、不锈钢铸钢、耐热钢铸钢。建筑用铸钢节点是将铸钢材料通过铸型浇铸而成的一种节点，用以将钢结构构件、部件或板件连接成一整体。

铸钢节点在工厂内整体浇铸，避免或降低了多杆会交时造成的过大残余应力，对于钢管相贯节点，由于铸钢节点避免了高温焊接及倒角的存在，其应力集中系数可减少。铸钢节点具有良好的适应性，节点设计自由度大。可根据建筑需要生产出具有复杂外形和内腔的节点；可按受力状况采用最合理的截面形状，从而改善节点的应力分布；建筑结构中铸钢节点的化学成分要求比其他领域中的铸钢件要高，严格限制 C、S、P 的含量，使材质具有良好的塑性、韧性及可焊性；节点整体浇铸而成，壁厚一般大于相邻构件，节点刚度大、整体性好；铸钢节点的应用范围广，不受节点位置、形状、尺寸的限制，既可用于结构中部节点，也可用于支座节点。

2. 铸钢节点类型

不同的钢结构建筑，视结构复杂程度可采用不同的铸钢节点。铸钢节点有实心铸钢节点、半空心半实心铸钢节点、空心铸钢节点、铸钢空心球管节点、铸钢相贯节点、铸钢支座节点等类型。

实心铸钢节点虽然承载力比较大，但由于其在铸造时需要大量钢水，不仅浪费材料，而且使其造价大大提高。此外，实心铸钢节点由于其本身的自重很大，对结构整体承载力非常不利，故在实际工程中很少采用。

半空心半实心铸钢节点是在实心节点的基础上在某些部位设置减重孔的铸钢节点。为了避免应力集中现象，减重孔的内壁均为光滑的曲面（平面与平面相交处均应圆滑过度，即设倒角），减重孔的位置应避免在各杆件的交汇处，节点在杆件的交汇处是实心的，该节点的承载力和重量均介于实心铸钢件和空心铸钢件之间，此种铸钢件在建筑结构中应用最广。

空心铸钢节点是在实心铸钢节点的基础上，将所有的杆件内部掏空制作成的铸钢节点。该节点的承载力虽然较低，但可大大减少节点重量、降低造价，在满足节点强度和铸造工艺的前提下应优先采用。

铸钢空心球管节点与普遍采用的焊接空心球节点有很多相似之处。铸钢空心球管节点是将球与钢管根部整体浇铸在一起，在管与球相交处圆滑过渡，即设置倒角，焊缝位置位于铸钢管上。

铸钢相贯节点是根据节点外形将多根杆件的会交处在厂内浇铸而成，内腔可以是空心，也可以是半空心半实心。空心铸钢相贯节点与钢管相贯节点有很多相似之处，但两者也有根本区别。钢管相贯节点是主管直通，支管加工成相贯面后，直接与主管焊接。而铸钢相贯节点可根据各汇交杆件的空间位置铸造成各种形式，不受主管直通的限制，与铸钢球管节点一样，在主管与次管的相交处圆滑过渡设置倒角。

铸钢支座是一种特殊的节点形式，是将上部荷载传给下部结构的重要受力节点。因此，节点设计得是否合理直接关系到整个结构的安全，但由于其形式差别很大，很难统一而论，应视具体要求而定。

3. 铸钢件加工制作

铸钢件的铸造工艺和加工质量应符合设计文件和国家现行有关标准的规定。铸钢件加工包括工艺设计、模型制作、熔炼、浇铸、清理、热处理、打磨（修补）、机械加工和成品检验等工序。

模型的设计与制造是铸钢件制作的关键步骤，模型对铸件的尺寸精度起决定性的影响。

熔炼是将废钢、各种合金材料通过熔化、精炼、去除有害元素、去除夹杂物、脱氧、除气调整化学成分，最后获得合格的钢水。熔炼得到化学成分合格、脱氧好、夹杂物和气体含量少、有一定温度、流动性好的液体合金。液体合金凝固、冷却后形成铸件，它的成分、组织、纯净度直接决定了铸件的性能。

浇铸是将钢水浇入铸型中，直接形成铸件的一道工序。

热处理是通过加热、保温、冷却等热加工工序来改变铸件性能的加工方法。通过热处理可以改变铸钢件金相组织，消除应力，以此获得所需要的工艺性能（机加工）和使用性能（机械性能和化学性能等）。铸钢件仅化学成分合格还不能满足用户的使用要求或工艺要求，还需要通过热处理来使铸件满足用户需要的机械性能、耐腐蚀性能、工艺性能、消除应力、稳定尺寸等。常见的热处理方法有退火、正火、淬火及回火。

4. 铸钢件加工质量要求

铸钢件进场时，应按《钢结构工程施工质量验收标准》（GB 50205—2020）要求进行抽样复验，包括化学成分分析、拉伸试验及冲击韧性试验等。其屈服强度、抗拉强度、伸长率及端口尺寸偏差检验等均应符合国家现行标准的规定。

铸钢件与其他构件连接部位四周 150mm 的区域，应按现行国家标准的规定进行100%超声波探伤检测。

铸钢件表面应清理干净，修正飞边、毛刺，去除补贴、粘砂、氧化铁皮、热处理锈斑，清除内腔残余物等，不应有裂纹、未熔合和超过允许标准的气孔、冷隔、缩松、缩孔、夹砂及明显凹坑等缺陷。

铸钢件表面粗糙度、铸钢节点与其他构件焊接的端口表面粗糙度应符合现行产品标准的规定并满足设计要求。对有超声波探伤要求表面的粗糙度应达到探伤工艺的要求。铸钢件连接面的表面粗糙度 Ra 不应大于 25μm。连接孔、轴的表面粗糙度不应大于12.5μm。

5.2.7 制孔

1. 制孔方法

钢结构构件螺栓孔的制作方法有钻孔、冲孔、气割开孔、锪孔、铣孔、铰孔等，常用的制孔方法为钻孔和冲孔。

高强度螺栓孔
钻孔（工程现场）

钻孔加工精度高、对孔壁损伤小，适用于任何规格的钢板、型钢螺栓孔的加工。钻孔有人工钻孔和机床钻孔两种方式。人工钻孔既可用手枪式电钻或手提式电钻由人工直接钻孔，多用于钻直径较小、板料较薄的孔；也可采用手抬压杠电钻钻孔，由二人操作，可用于一般性钢结构的孔，不受工作位置和大小限制。机床钻孔施钻方便，使用台式或立式摇臂式钻床钻孔，主要用于批量大、精度要求高的零部件加工。钻孔时，注意防止铁屑飞溅烫伤、灼伤及高速旋转绞缠。操作时进刀量、切削量应按机床操作说明设定。加工工件必须采用工装夹具固定牢靠。多层钻模叠钻时，上下两平面应平行，钻孔套中心与钻模板平面应保持垂直。

冲孔一般只用于较薄钢板和非圆孔的加工，且孔径不小于钢材厚度。冲孔在冲床上进行，冲孔效率高，但由于孔的周围产生冷作硬化、孔壁质量差等原因，通常只用于檩条、墙梁端部长圆孔的制备。

冲孔（工程现场）

2. 制孔质量要求

A、B 级螺栓孔孔壁的表面粗糙度 Ra 不应大于 12.5μm，其孔径的允许偏差如表 5.16 所示。

表 5.16 A、B 级螺全孔径的允许偏差 （单位：mm）

序号	螺栓公称直径、螺栓孔直径	螺径公称直径允许偏差	螺栓孔直径允许偏差
1	10～18	0.00 −0.18	+0.18 0.00
2	18～30	0.00 −0.21	+0.21 0.00
3	30～50	0.00 −0.25	+0.25 0.00

C 级螺栓孔孔壁的表面粗糙度 Ra 不应大于 25μm，其允许偏差如表 5.17 所示。

表 5.17 C 级螺栓孔的允许偏差 （单位：mm）

项目	允许偏差
直径	+1.0 0.0
圆度	2.0
垂直度	$0.03t$，且不应大于 2.0

注：t 为钢板厚度。

螺栓孔的孔距允许偏差应符合表 5.18 的要求。

表 5.18 螺栓孔的孔距允许偏差 （单位：mm）

螺栓孔的孔距范围	≤500	501～1200	1201～3000	>3000
同一组内任意两孔间距离允许偏差	±1.0	±1.5		
相邻两组的端孔间距离允许偏差	±1.5	±2.0	±2.5	±3.0

注：1. 在节点中连接板与一根杆件相连的所有螺栓孔为一组；
2. 对接接头在拼接板一侧的螺栓孔为一组；
3. 在两相邻节点或接头间的螺栓孔为一组，但不包括上述两款所规定的螺栓孔；
4. 受弯构件翼缘上的连接螺栓孔，每米长度范围内的螺栓孔为一组。

螺栓孔孔距的允许偏差超过表 5.18 规定的允许偏差时，应采用与母材材质相匹配的焊条补焊后重新制孔。

✖ 任务完成与自评

项目	要求	记录	分值	扣分	备注
钢零件及部件加工工序	不了解		20		
	一般				
	熟悉				
钢零件及部件加工方法	不了解		30		
	一般				
	熟悉				
钢零件及部件加工质量控制	不了解		30		
	一般				
	熟悉				

任务 5.3　钢构件组装

钢构件组装

■ **任务目标**

根据《钢结构工程施工规范》（GB 50755—2012）、《钢结构工程施工质量验收标准》（GB 50205—2020）要求和通过本任务内容的学习，编制指定钢构件的组装工艺文件。

5.3.1　钢结构组装准备工作

钢结构组装是将已经加工好的板块零件组装成部件或单体构件，具体视构件的复杂程度而定。如焊接 H 型钢、箱型构件、热轧型钢等钢构件的组装，以及钢桁架、钢梯、钢栏杆等钢构件的组装。

钢构件组装前，应根据设计要求、构件形式、连接方式、焊接方法和焊接顺序等确定合理的组装顺序。板材、型材的拼接应在构件组装前进行。构件的组装应在部件组装、焊接、校正并经检验合格后进行。构件的隐蔽部位应在焊接、栓接和涂装检查合格后封闭。

钢构件组装一般在组装平台或胎模上进行。平台及胎模要求平整，强度和刚度必须满足要求。组装前，平台上的焊疤等杂质清理干净。

对发生弯曲或扭曲变形的零件，在组装前应进行矫正。零部件的规格、尺寸及数量等检查合格后方可进行组装。

5.3.2 部件拼接与对接

钢材、钢部件采用焊接拼接或对接时，所采用的焊缝质量等级应满足设计要求。当设计无要求时，按与母材等强度考虑，根据部件的受力情况确定焊缝的质量等级。焊缝的质量等级不低于二级熔透焊缝。对直接承受拉力的焊缝，应采用一级熔透焊缝。拼接时，应注意避免拼接焊缝处热输入过多，导致母材出现"过烧"，引起拼接处板材的翘曲变形和较大的焊接收缩应力。同时，焊缝拼接强度不能过弱，否则无法将两块拼接板件有效连接为一体，从而降低拼接板的承载力。

因钢板的长度和宽度有限，在焊接 H 型钢制作时大多需要进行拼接。由于 H 型钢翼缘板与腹板相连有两条角焊缝，因此翼缘板不应再设纵向拼接缝，只允许长度拼接。翼缘板拼接长度不应小于 2 倍翼缘板宽，且不小于 600mm。焊接 H 型钢腹板长度、宽度均可拼接，拼接缝可为十字形或 T 字形，腹板拼接宽度不应小于 300mm，长度不应小于 600mm。焊接 H 型钢的翼缘板拼接缝和腹板拼接缝错开的间距不宜小于 200mm，以避免焊缝交叉和焊缝缺陷的集中。

箱型构件的侧板拼接长度不应小于 600mm，相邻两侧板拼接缝的间距不宜小于 200mm；侧板在宽度方向不宜拼接，当截面宽度超过 2400mm 确需拼接时，最小拼接宽度不宜小于板宽的 1/4。所有拼接焊缝均为全熔透对接焊缝，应按设计要求的焊缝质量等级进行超声波探伤检查。板件均应先拼接后下料。

热轧型钢可采用直口全熔透焊接拼接，其拼接长度不应小于 2 倍截面高度，且不应小于 600mm。动载或设计有疲劳验算要求的应满足其设计要求。

除采用卷制方式加工成型的钢管外，钢管接长时，每个节间宜为一个接头。当钢管采用卷制成型时，由于受加工设备限制，卷板机能加工钢管长度最大为 4m，允许一个节间有多个接头。无论采用何种形式接长，当钢管直径 $d \leq 800mm$ 时，最短接长长度不小于 600mm；当钢管直径 $d > 800mm$ 时，最短接长长度不小于 1000mm。钢管接长时，相邻管节或管段的纵向焊缝应错开，错开的最小距离（沿弧长方向）不应小于 5 倍的钢管壁厚。主管拼接焊缝与相贯的支管焊缝间的距离不应小于 80mm。

5.3.3 构件组装方法

构件组装宜在组装平台、组装支承架或专用设备上进行。组装平台及组装支承架应有足够的强度和刚度，并应便于构件的装卸、定位。在组装平台或组装支承架上宜画出构件的中心线、端面位置线、轮廓线和标高线等基准线。

构件组装可采用地样法、胎模装配法、仿形复制法等，组装时可采用立装、卧装等方式。

1. 组装方法

（1）地样法

地样法是钢构件组装中最简便的装配方法，它是根据图纸画出各组装零件具体装配定位基准线，根据零件在实样上的位置，分别组装起来成为构件。这种组装方法只适用于小批量零部件的组装。

（2）胎模装配法

胎模装配法是用胎模把各零部件固定在其装配的位置上，然后焊接定位，使其一次性成型的装配方法。它是目前制作大批量构件组装中普遍采用的组装方法之一，装配质量高、工效快，常用于焊接 H 型钢构件等的组装。

（3）仿形复制法

仿形复制法是先用地样法组装成单面结构，并点焊定位，然后翻身作为复制胎模，在其上装配另一单面的结构，往返 2 次组装的装配方法。该法多用于双角钢等横断面互为对称的桁架结构。具体操作是：先用 1∶1 的比例在装配平台上放出构件实样，并按位置放上节点板和填板，然后在其上放置弦杆和腹杆的一个角钢，用点焊定位后翻身，即可作为临时胎模。以后其他屋架均可先在其上组装半片屋架，然后翻身组装另外半片成为整个屋架。

2. 组装方式

（1）立装

立装是根据构件的特点及其零件的稳定位置，自上而下或自下而上地装配。该法用于放置平稳、高度不大的结构或大直径圆筒。

（2）卧装

卧装是将构件平卧进行装配。该法用于断面不大，但长度较大的细长构件。

5.3.4 焊接 H 型钢构件组装

焊接 H 型钢由两块翼缘板和一块腹板焊接而成，目前焊接 H 型钢的生产主要在焊接 H 型钢生产线上进行加工。该生产线由直条火焰切割机、H 型钢组立机、龙门式自动焊接机及 H 型钢翼缘矫正机等部分组成。

1. H 型钢组装工艺

（1）钢板的预处理、矫平、下料切割

钢板下料切割前需要进行钢板预处理，除去钢板表面的氧化层，提高钢板表面的致密性，保证焊接质量。钢板下料切割采用精密数控火焰钢板切割机（图 5.16）。

（2）H 型钢组立

H 型钢组立在自动组立机上完成，将翼板、腹板组装成"工"字形，如图 5.17 所示。H 型钢组立时，四个液压定位系统顶紧 H 型钢构件的上下翼缘板和腹板上进行定位；调节翼缘板的平行度和翼板、腹板的垂直度然后固定；固定采用 CO_2 气体保护焊点焊定位，并且在 H 型钢两端四条焊缝位置处加焊引弧板及引出板。

图 5.16　精密数控火焰钢板切割机

图 5.17　H 型钢组立

（3）H 型钢焊接

H 型钢焊接在 H 型钢自动生产线上进行，将合格的 H 型钢构件吊至船形胎架，调节其焊接位置后利用门式埋弧焊机完成焊接（图 5.18）。焊接时对称施焊，焊接顺序如图 5.19所示，四条主焊缝的焊接应连续进行，且必须保持同一方向施焊，以防止扭曲变形。

图 5.18　H 型钢焊接

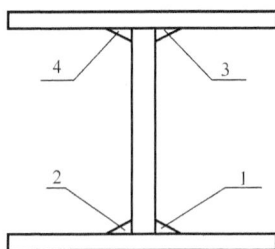

图 5.19 焊接顺序

（4）H 型钢矫正

H 型钢四条主焊缝焊接完成后，由于焊接产生的热量一时难以释放，焊缝冷却收缩变形不一致产生焊接应力变形。构件焊接完成后，为确保翼缘板的平行度要求，需要进行 H 型钢的矫正。矫正在 H 型钢由自动生产线上的矫正机进行。H 型钢焊接后翼缘板的角变形利用 H 型钢翼缘矫正机进行矫正，H 型钢的纵向旁弯变形采用液压卧式矫正机进行矫正。

（5）H 型钢测量

H 型钢在成型后需要进行测量，测量的主要是翼缘板平面度、翼缘板与腹板的垂直度是否符合设计要求。

（6）H 型钢钻孔、端面加工

H 型钢成型后进行钻孔加工，钻孔在全自动三维数控钻床上进行，要确保孔间距符合设计要求。

为保证钢构件端部对接顶紧，还需进行端面加工，它是保证钢结构对接质量的重要因素。端面加工主要是在端面铣床上进行铣削，确保两端面的平面度及垂直度。

（7）二次组装

二次组装在水平平台上进行。将 H 型钢梁放置于水平平台上，按图纸要求划出加劲板、节点板的组装线，再依次组装各件。根据钢梁端头情况，分别选择合适的加工方法对端头进行加工。端头坡口及圆弧过渡缺口可采用锁口机进行加工。

2. H 型钢组装质量要求

焊接 H 型钢组装尺寸的允许偏差应符合表 5.19 的规定。

表 5.19 焊接 H 型钢组装尺寸的允许偏差 （单位：mm）

项目		允许偏差	图例
截面高度 h	$h<500$	±2.0	
	$500\leqslant h\leqslant1000$	±3.0	
	$h>1000$	±4.0	
截面宽度 b		±3.0	

项目		允许偏差	图例
腹板中心偏移 e		2.0	
翼缘板垂直度 Δ		$b/100$，且不大于 3.0	
弯曲矢高		$l/1000$，且不大于 10.0	
扭曲		$h/250$，且不大于 5.0	
腹板局部平面度 f	$t \leq 6$	4.0	
	$6 < t < 14$	3.0	
	$t \geq 14$	2.0	

注：l 为 H 型钢长度。

5.3.5 端部铣平及顶紧接触面

构件端部铣平加工应在构件组装、焊接完成并经检验合格后进行，可用端铣床加工。构件的端部铣平加工应符合下列规定：

1）应根据工艺要求预先确定端部铣削量，铣削量不宜小于 5mm；

2）应按设计文件及现行国家标准《钢结构工程施工质量验收标准》（GB 50205—2020）的有关规定，控制铣平面的平面度和垂直度。

构件端部铣平的允许偏差应符合表 5.20 的要求。

表 5.20　端部铣平的允许偏差　　　　　　　　（单位：mm）

项目	允许偏差
两端铣平时构件长度	±2.0
两端铣平时零件长度	±0.5
铣平面的平面度	0.3
铣平面对轴线的垂直度	$l/1500$

设计要求顶紧的接触面应有 75% 以上的面积密贴，在焊接前用 0.3mm 的塞尺检查，其塞入面积应小于 25%，边缘局部最大间隙不应大于 0.8mm。外露铣平面和顶紧接触面应有防锈保护。

任务完成与自评

项目	要求	记录	分值	扣分	备注
钢构件组装机具的准备	不了解		20		
	一般				
	熟悉				
钢构件组装工艺	不了解		40		
	一般				
	熟悉				
钢构件组装质量要求	不了解		40		
	一般				
	熟悉				

任务 5.4　钢构件预拼装

钢构件预拼装

任务目标

根据《钢结构工程施工规范》（GB 50755—2012）、《钢结构工程施工质量验收标准》（GB 50205—2020）要求，以及通过本任务内容的学习，完成指定钢结构预拼装方案的编制。

5.4.1　钢构件预拼装定义

为了检验钢构件工厂加工制作精度，确保施工现场安装工序的顺利进行、安装质量达到规范及设计要求、减少现场拼装和安装误差，构件出厂前必须进行工厂预拼装。预拼装是控制钢结构安装质量、保证构件在现场顺利安装的有效措施。

预拼装是将各个构件按图纸要求的空间位置模拟拼装在一起，并检查各尺寸是否满足图纸要求，各装配孔位置是否满足安装要求。如分段制造的大跨度柱、梁、桁架、支撑等钢构件和多层钢框架结构，以及用高强度螺栓连接的大型钢结构、分块制造和供货的钢壳体结构等，在出厂前都应进行整体或分段分层预拼装。预拼装后的构件还要拆除，运送到工地后再进行安装。

钢构件预拼装技术分为实体预拼装和计算机仿真模拟预拼装两种。目前，大部分钢结构构件制造厂仍采用实体预拼装技术。近年来，伴随着建筑形式的多样化，钢结构形式和节点越来越复杂。复杂空间桁架、弯扭构件、多分支节点、多腔体巨柱等采用实体预拼装技术,不仅占用场地大,而且人工和设备投入多、措施投入量大、测量精度不高。随着计算机和信息技术的发展和应用,复杂空间结构和节点可以实现计算机仿真模拟预拼装,提高了预拼装效率和精度,并节省大量人工、材料及工期成本。

5.4.2　钢构件实体预拼装

1. 实体预拼装方法

实体预拼装技术,即根据绘制好的地样线,结合构件实际结构情况,进行预拼装胎架搭设。胎架搭设完毕后,按一定顺序在胎架上相应放置实体构件。构件放置完毕后,对照地样线进行整体调整,通过检测各控制点的尺寸偏差及各对应端口间的错边与间隙情况,掌握构件制作精度。通过连接板及安装螺栓的预拼装,检查螺栓孔精度,保证现场构件顺利安装。

实体预拼装方法通常有整体预拼装法和累积连续预拼装法等。

（1）整体预拼装法

整体预拼装法是将需进行预拼装范围的全部构件,按深化图纸所示的平面空间位置,在工厂借助拼装胎架进行整体拼装,所有连接部位的焊缝均采用临时工装连接板给予固定。

（2）累积连续预拼装法

如果预拼装范围较大,拼装场地有限,对单体构件（如多节柱等）、筒体结构、板结构等预拼装,可采用累积连续预拼装法,即将预拼装范围划分为若干个拼装单元,各单元内的构件可分别进行预拼装。每个单元不宜少于 3 个构件或三节筒体;当第一个单元预拼装完成,经检查合格后,将与第二单元相连的一个构件或一节筒体按已预拼装的状态保留,其余构件或筒体则拆除,然后再进行第二单元的预拼装。其余单元的预拼装以此类推。位于相邻两单元间的构件应分别参与两个单元的预拼装。

2. 实体预拼装要求

实体预拼装的场地应平整、坚实。场地无积水,现场道路应畅通,便于运输车辆及吊车的顺利通行。预拼装所需枕木、型钢、支凳或钢平台等支垫形式根据预拼装工程的类型选定。支凳或平台应测量找平,在支垫上应设置基准线（点）,并设定测量基准点、标高等。

单体构件检查验收合格后方可进行预拼装。预拼装时,可采用夹具、卡具、过冲、拉索、倒链等进行临时固定。在预拼装过程中,应根据偏差调整两侧的中心线、孔位及间隙等,并作出中心线、控制基准线、间隙等标记及预拼装记录。平面总体预拼装,宜选择连接件多、连接复杂或用户要求的区段进行总体预拼装。预拼装检查时,除筒体结构、板结构可继续保留夹具、卡具固定外,其他构件的预拼装均应拆除所有临时固定装置,使其处于自由状态下进行检查。拼装检查合格后,应标注中心线、控制基准线等标

钢结构 制造与安装（第二版）

记，必要时应设置定位器。

采用高强度螺栓和普通螺栓连接的钢构件，预拼装时应采用试孔器进行螺栓孔通过率检查，并应符合下列规定：当采用比孔公称直径小 1.0mm 的试孔器检查时，每组孔的通过率不应小于 85%；当采用比螺栓公称直径大 0.3mm 的试孔器检查时，通过率应为 100%。

高强度螺栓连接的构件，实体预拼装时可采用普通螺栓临时固定，螺栓直径与高强度螺栓直径相同。拼装时，宜先使用不少于螺栓孔总数 10% 的冲钉定位，再采用临时螺栓紧固。临时螺栓在一组孔内不得少于螺栓孔数量的 20%，且不应少于 2 个。

3. 实体预拼装的尺寸允许偏差

实体预拼装的允许偏差应符合表 5.21 的规定。

表 5.21　实体预拼装的允许偏差 （单位：mm）

构件类型	项目		允许偏差	检查方法
多节柱	预拼装单元总长		±5.0	用钢尺检查
	预拼装单元弯曲矢高		$l/1500$，且不大于 10.0	用拉线和钢尺检查
	接口错边		2.0	用焊缝量规检查
	预拼装单元柱身扭曲		$h/200$，且不大于 5.0	用拉线、吊线和钢尺检查
	顶紧面至任一牛腿距离		±2.0	
梁、桁架	跨度最外两端安装孔或两端支承面最外侧距离		+5.0 -10.0	用钢尺检查
	接口截面错位		2.0	用焊缝量规检查
	拱度	设计要求起拱	±$l/5000$	用拉线和钢尺检查
		设计未要求起拱	$l/2000$ 0	
	节点处杆件轴线错位		4.0	画线后用钢尺检查
管构件	预拼装单元总长		±5.0	用钢尺检查
	预拼装单元弯曲矢高		$l/1500$，且不大于 10.0	用拉线和钢尺检查
	对口错边		$t/10$，且不大于 3.0	用焊缝量规检查
	坡口间隙		+2.0 -1.0	
构件平面总体预拼装	各楼层柱距		±4.0	用钢尺检查
	相邻楼层梁与梁之间距离		±3.0	
	各层间框架两对角线之差		$H_i/2000$，且不大于 5.0	
	任意两对角线之差		$\sum H_i/2000$，且不大于 8.0	

注：H_i 为各结构楼层高度。

172

5.4.3 钢构件计算机仿真模拟预拼装

复杂钢构件预拼装由于受场地、吊装设备、时间周期等方面的限制，不具备实体预拼装的条件，这时可采用计算机仿真模拟预拼装。

计算机仿真模拟预拼装一般采用三维设计软件，将钢结构分段构建控制点的实测三维坐标，在计算机中模拟拼装形成分段构件的轮廓模型，再与深化设计的理论模型拟合比对，检查分析加工拼装精度，得到所需修改的调整信息。经过必要的反复加工修改与模拟拼装，直至满足精度要求。

计算机仿真模拟预拼装的检查项目、检查数量、允许偏差与实体预拼装完全一致。

✖ 任务完成与自评

项目	要求	记录	分值	扣分	备注
预拼装方法	不了解		30		
	一般				
	熟悉				
预拼装要求	不了解		30		
	一般				
	熟悉				
预拼装质量验收	不了解		40		
	一般				
	熟悉				

单 元 习 题

一、单选题

1. 热轧型钢可采用直口全熔透焊接拼接，其拼接长度不应小于（   ）倍截面高度。

　　A. 2　　　　　　B. 3　　　　　　C. 4　　　　　　D. 5

2. 下列最适宜用于不锈钢等高熔点材料的切割方法是（   ）。

　　A. 气割　　　B. 剪切　　　　C. 锯切　　　　D. 等离子切割

3. 大直径焊接管道通常采用（   ）工艺完成。

　　A. 弯曲　　　B. 卷板（滚圆）　　C. 折边　　　D. 模具压制

4.（　　）既可以用于焊缝清根，又可以用于开坡口，还可以切割金属如铸铁、不锈钢、铜、铝等。

  A．铲边   B．刨边   C．铣边   D．碳弧气刨

5．檩条螺栓孔的加工采用（　　）。

  A．钻孔   B．冲孔   C．铰孔   D．气割

6．预拼装时，当采用比孔公称直径小 1.0mm 的试孔器检查，每组孔的通过率不应小于（　　）。

  A．80%   B．85%   C．90%   D．95%

二、多选题

1．火焰矫正常用的加热方法有（　　）几种。

  A．点状加热 B．线状加热 C．三角形加热 D．矩形加热

2．钢材的切割方法有（　　）。

  A．气割   B．等离子切割 C．锯切   D．剪切

3．在钢结构构件加工制造中，成型加工方法主要包括（　　）。

  A．弯曲   B．卷板（滚圆） C．折边   D．模具压制

4．对钢构件进行边缘加工，其加工质量控制项目有（　　）。

  A．零件长度、宽度   B．加工边直线度

  C．加工面垂直度   D．加工面表面粗糙度

5．构件边缘加工方法有（　　）。

  A．铲边   B．刨边   C．铣边   D．碳弧气刨

三、复习思考题

1．试述钢结构构件加工前的图纸会审主要内容。

2．简述钢材为何要进行边缘加工。

3．钢结构零部件的加工主要有哪些工序？

4．试述焊接 H 型钢的加工工艺流程。

单元 6

轻钢厂房安装

单元概述　本单元以《钢结构工程施工规范》（GB 50755—2012）、《钢结构工程施工质量验收标准》（GB 50205—2020）为主要依据，同时结合其他有关专业规范、规程和行业标准的规定以及钢结构工程中应用的新材料、新技术、新工艺的实践经验，对轻钢厂房安装进行了全面叙述。内容的编写包括施工准备阶段工作，钢柱的安装、钢梁的安装、次结构及围护系统的安装，各工作过程分别介绍了其施工工艺和验收要点。通过本单元的学习，要求学生掌握轻钢厂房安装工艺；安装过程中能够对梁、柱的平面位置，标高和垂直度及时进行校正，并能采取必要的安全防护措施。

知识目标
1. 掌握施工机具的选用。
2. 掌握轻钢厂房安装准备工作内容。
3. 掌握钢柱安装方法。
4. 掌握吊车梁安装方法。
5. 掌握钢梁安装方法。
6. 掌握次结构及围护系统安装方法。

能力目标
1. 能进行施工机具的正确选用。
2. 能进行预埋件的正确埋设。
3. 能与土建单位做好基础的交接验收。
4. 能指导钢柱的安装及其校正。
5. 能指导吊车梁、钢梁的安装及其校正。
6. 能指导次结构及围护系统的安装。
7. 会编制轻钢厂房安装施工方案。

思政引导　引入武汉火神山医院、武汉雷神山医院的建设过程。武汉火神山医院、武汉雷神山医院均 10 天左右建成，创造了举世瞩目的"中国速度"。两座医院的建设均采用了行业最前沿的装配式建筑技术，在时间紧、任务重的情况下，建造者们大胆创新，最大限度地采用拼装式工业化成品，在外部拼接后进行整体吊装，将现场施工和整体吊装穿插进行，大幅减少了现场作业的用时和工作量。武汉火神山医院、武汉雷神山医院的建成向世界展现出中国建造的实力，激发了我们强烈的民族自豪感。"火雷速度"凝结着广大建设者的心血与汗水，彰显了生命至上的价值理念。通过观看医院建设过程的视频（通过网络搜索查找），将爱国主义精神、团结精神深入心中。

任务 6.1　轻钢厂房安装准备工作

■ 任务目标

　　根据教师指定的某轻钢厂房钢结构工程项目，并结合本任务内容的学习，明确该厂房的安装技术准备、资源准备、现场准备工作内容。

轻钢厂房安装准备工作

6.1.1　技术准备

　　施工技术准备工作是整个施工生产的前提，根据本工程内容和实际情况，项目部制定详尽的施工计划，为工程顺利进展打下良好基础。

　　施工技术准备工作主要包括：施工组织计划、组织机构、施工现场平面布置、施工机械设备、施工材料进场、劳动力组织安排、图纸会审、焊接工艺评定方案编制与评审等工作。

　　工程开工前，集中技术人员审阅图纸，了解设计意图，掌握工程特点及难点；进行施工现场的实地踏勘，熟悉施工现场交通条件等。公司会同项目部组织施工方案及工艺专题研讨会，提出需要解决的技术难题并拟定解决方案。同时复核施工图纸，将图纸存在问题汇总，并及时上报监理、业主及设计单位。编制专项施工方案及应急预案，做好相关施工技术交底和培训教育，完成施工设备的标定和检验工作。

　　1. 图纸熟悉和图纸会审

　　1）组织施工管理人员熟悉图纸，开展图纸自审。

　　2）对设计不合理或施工困难的细节提出修改意见，以便正确无误地施工，确保施工质量达到验收标准。

　　3）熟悉图纸内容，明确设计要求及施工应达到的技术标准。

　　4）参加图纸会审，由设计方进行交底，理解设计意图及施工质量标准，准确掌握设计图纸中的细节。在原设计的基础上做钢结构图纸深化，尽可能地优化施工方案。

　　2. 规范、规程和有关资料准备

　　根据本工程的实际情况，收集、准备相关的规范、规程和其他有关资料，并安排专人进行保管、整理。

　　3. 编制钢结构施工总体方案

　　成立钢结构施工总体方案编制小组，由项目总工牵头负责，集中各专业技术人员在投标方案的基础上编制钢结构施工总体方案。

轻型钢结构是国内外近年来应用和发展速度最快的一种结构形式，广泛应用于工业、居住和公共建筑，具有施工速度快、建筑类型美观、钢材用量少、造价低等优势。门式刚架结构体系作为轻型钢结构的一种结构形式，更是在我国大量涌现。近几年来，随着我国彩色钢板产量的增加和焊接 H 型钢的出现，门式刚架发展迅猛，我国建成此类结构工程已达数千万平方米，而且每年以约几百万平方米的速度增加。

门式刚架的特点一般是跨度大，侧向刚度小。安装程序必须保证结构形成稳定的空间体系，并不导致结构永久变形。合理的安装程序应从有柱间支撑的节间开始，先安装四根钢柱及其间的柱间支撑，使之形成稳定体。然后安装两柱间的屋面钢梁及次结构，这样就形成了一个稳定的安装单元。在此基础上进行扩展安装，依次安装钢柱、吊车梁、屋面梁等构件，安装顺序为：钢柱安装→柱间支撑、系杆安装→吊车梁安装→屋架梁安装→檩条、支撑、系杆、拉条安装。吊车梁的调整要在所有结构安装完成后进行。

4. 编制专项施工方案

根据施工总体方案，组织专业技术人员编制合理的、先进的、切实可行的各类专项施工方案，以指导现场施工。计划编制的专项方案如预埋件施工方案，临时支撑体系施工方案，钢结构施工测量专项方案，钢柱、钢梁安装方案等。

5. 焊接工艺评定

针对工程的焊缝接头形式，根据《钢结构焊接规范》（GB 50661—2011）中"焊接工艺评定"的具体规定，编制专项焊接工艺评定方案，组织进行焊接工艺评定，确定出最佳焊接工艺参数，以便制定完整合理详细的工艺措施和工艺流程，指导现场焊接施工作业。

6. 工程试验检测

工程试验检测分为两类：一类为常规试验项目，主要委托检测项目有钢板复试（化学分析、物理性能、低温冲击性能）、焊材复试（熔敷金属性能）、涂料复试、高强度螺栓复试、焊缝检测（超声波、磁粉）、防腐防火涂料进场复试等；另一类为金属屋面板的抗风压性、抗冲击性、抗疲劳性能以及声学性能的相关试验和玻璃丝棉的相关检测。

常规试验选择具有相应资质的试验单位进行试验检验，试验单位资质等报监理单位和业主审核确认。试验项目严格按照《钢结构工程施工规范》（GB 50755—2012）进行取样，并在监理人员见证下进行试样的取制及送检。

6.1.2 资源准备

1. 人力资源准备

组建工程项目管理班子，选派具有丰富施工经验的人员参加工程的施工管理。工程严格按照项目法组织施工，执行全面责任承包制，协调好与各单位的工作。在项目部配置人员上配齐所有的职能部门及相关人员，确保整个工程在施工全过程的连续性，从而实现全面管理、全面控制和全面协调，为创造工程的高质量、高速度提供条件。

工地的领导机构确定之后，按照开工日期和计划劳动力需要量，组织劳动力进场。

现场焊接作业人员（焊工）应持证上岗。开工前对焊工进行现场考核，现场考核合格的焊工方可进行工程施工。在施工前，应对特殊工种（电工、焊工、起重工、架子工、测量工等）上岗资格进行审查和考核，并围绕现场施工中所需的新技术、新工艺、新材料进行有针对性的培训。只有取得合格证的焊工、起重工、电工等才能进入现场施工，所有技工的上岗证报监理备案。

2. 物资准备

（1）构件准备

1）构件运输。构件运输任务由专业运输队承担，施工员应根据生产总体计划及车间实际生产进度，制订构件运输计划。在一批构件制作完成运输前，须下达运输计划至各职能部门，做好该批构件运输的车辆调度工作。运输计划应考虑构件至少提前两天到达现场，以防止雨天路阻等情况。

由于运输任务是中间环节，运输队与工厂及工程现场项目部之间保持联系，相互之间紧密配合，以完成施工任务作为共同目标。采取最适宜的运输的方式完成施工任务，钢构件均在工厂内制作完成，然后直接运输到施工现场。

钢构件在运输时要注意以下事宜：包装、运输、装卸、堆放。

① 包装。

a. 钢构件按规定制作完毕检验合格后，应及时分类贴上标识；按编号顺序分开堆放，并垫上木条。吊装前，对钢构件做好中心线、标高线的标注，对不对称的构件还应标注安装方向，对大型构件应标注重心和吊点，标注可采用不同于构件涂装涂料颜色的油漆做标记，做到清楚、准确、醒目。

b. 运输前分别包装，减少变形、磨损。钢结构运输时绑扎必须牢固，防止松动。钢构件在运输车上的支点、两端伸出的长度及绑扎方法均能保证构件不产生变形、不损伤涂层且能保证运输安全。

c. 主要螺栓孔以及顶紧面用胶布贴盖，防止运输、吊装过程中螺栓孔、顶紧面堵塞受损及 H 型钢扭曲变形。包装物与 H 型钢间必须加垫包装板防止油漆受损。

d. 对一些次要构件，如檩条、支撑、隅撑等由于刚度较小、数量较多，在运输过程中应进行打包，严禁散装，以免造成发运的混乱。

e. 运输的构件必须按照吊装要求程序进行发运，配套供应，确保现场顺利吊装。

f. 构件对称放置在运输车辆上，装卸车时应对称操作，确保车身和车上构件的稳定。

g. 次要构件和主要构件一起装车运输时，不应在次要构件上堆放重型构件，导致构件的受压变形。

h. 钢构配件应分类标识打包，各包装体上做好明显标志，零配件应标明名称、数量、生产日期，并备有合格证等相应资料。

② 运输。根据构件的长度确定运输车辆，确保构件质量和运输安全。梁、柱尽量采用长货车。根据钢结构安装计划编制详细发货计划，在正式起吊前 3 天开始合理组织运输车辆发运构件，应减少现场堆放及材料的二次搬运。

③ 装卸。原则上所有构件都用吊车或行车装运，车上堆放合理、绑扎牢固，装车时有专人检查。卸料时，均应采用吊车卸货，严禁自由卸货，装卸时应轻拿轻放。

④ 堆放。应在现场堆放处预先准备枕木，以防油漆划伤。材料运至现场，应按施工顺序分类堆放，堆放场地平整不积水；高强度螺栓连接副必须在现场干燥的地方堆放，场内外堆放都必须整齐合理、标识明确，雨雪天要做好防护措施，可用防雨布覆盖。高强度螺栓连接摩擦面应进行保护。构件堆放时注意以下几个问题。

a. 构件堆放场地应平整，场基坚实、无杂草、无积水。

b. 构件堆放应使用垫木，垫木必须上下对齐，支垫间隔位置设置应避免构件产生变形。每堆构件堆放高度应视构件的情况分别掌握，一般构件和次要构件（支撑、檩条、墙梁等）不宜超过 1.2m，重型构件和大型主要构件采用单层堆放。每堆构件与构件之间应留出一定的距离（一般为 1.5m）。

c. 构件应按吊装顺序及安装位置布置，在保证起重机械及运输车辆行走通畅的情况下，按各种型号分别堆放于吊装位置附近。

d. 构件编号宜放置在两端醒目处，以便于吊装时构件的查找。同类构件放在同一范围内，每堆垛留通道，易于散落的单件构件的堆放应上小下大，并配备护栏。

2）构件进场验收。现场构件验收主要是对焊缝质量、构件外观和外形尺寸检查以及加工质检资料的验收和交接。构件到场后，按随车货运清单核对所到构件的数量及编号是否相符。按设计图纸、规范及制作厂质检报告单，对构件的质量进行验收检查，做好检查记录。钢构件进场验收项目见表 6.1。

表 6.1　钢构件进场验收项目

序号	验收项目	验收工具与验收方法	拟采用修补方法
1	焊缝探伤抽检	无损探伤检测	碳弧气刨后重焊
2	焊角高度尺寸	焊缝量规	补焊
3	焊缝错边、气孔、夹渣	目测检查	焊接修补
4	构件表面外观	目测检查	焊接修补
5	多余外露的焊接衬垫板	目测检查	去除
6	节点焊缝封闭	目测检查	补焊
7	交叉节点夹角	专用仪器量测	制作厂重点控制
8	现场焊接剖口方向与角度	对照设计图纸	现场修正
9	构件截面尺寸	卷尺	制作厂重点控制

序号	验收项目	验收工具验收方法	拟采用修补方法
10	构件长度	卷尺	制作厂重点控制
11	构件表面平直度	水准仪	制作厂重点控制
12	加工面垂直度	靠尺	制作厂重点控制
13	节点、钢梁牛腿角度和三维坐标	全站仪	制作厂重点控制
14	构件运输过程变形	经纬仪	变形修正
15	预留孔大小、数量	卷尺、目测	补开孔
16	螺栓孔数量、间距	卷尺、目测	铰孔修正
17	连接摩擦面	目测检查	小型机械补除锈
18	构件吊装耳板	目测检查	补漏或变形修正
19	表面防腐油漆	目测、测厚仪检查	补刷油漆
20	表面污染	目测检查	清洁处理
21	质量保证资料与供货清单	按规定检查	补齐

（2）施工机具准备

1）吊装机具。单层门式刚架轻钢厂房安装工程的特点是面积大、跨度大，在选择施工机具时，一般情况下应选择可移动式起重设备，如汽车式起重机、履带式起重机等，也可采用简易吊装机构。

① 汽车式起重机。汽车式起重机（图6.1）是将起重机构安装在普通汽车或专用汽车底盘上的一种自行式全回转起重机。其行驶驾驶室与起重操纵室分开设置，起重机设有可伸缩的支腿，起重时支腿落地。这种起重机因为采用通用或专用汽车底盘，可按汽车原有速度行驶，符合公路车辆的技术要求，因而可在各类公路上通行，灵活机动，能快速转移。汽车式起重机采用液压传动，传动平稳，操纵省力，吊装速度快、效率高。其起重臂为折叠式，工作性能灵活，转移快。汽车式起重机的缺点是工作时必须使用支腿，在进行构件安装作业时稳定性较差，不能负荷行驶，也不适合在松软或泥泞的场地上工作；由于机身长，行驶时转弯半径较大，适用于流动性较大的施工单位或临时分散的工地以及露天装卸作业。

图6.1　汽车式起重机

② 履带式起重机。履带式起重机（图6.2）是一种利用履带行走的动臂旋转自行式起重机，由行走机构、回转机构、机身及起重臂等部分组成。行走机构为两条链式履带，

回转机构为装在底盘上的转盘，使机身可回转 360°。起重臂下端铰接于机身上，随机身回转，顶端设有两套滑轮组（起重及变幅滑轮组），钢丝绳通过起重臂顶端滑轮组连接到机身内的卷扬机上，起重臂可分节制作并接长。

图 6.2　履带式起重机

履带式起重机操作灵活、使用方便，有较大的起重能力，在平坦坚实的道路上还可负载行走，可在泥泞、沼泽等松软地施工，吊重行驶比较平稳。此类型起重机更换工作装置后可成为挖土机或打桩机，可进行挖土、夯土、打桩等多种作业，是一种多功能机械。但因行走速度缓慢，对路面破坏性大，长距离转移需用平板拖车或铁路平板车运输，所以履带式起重机适用于比较固定的、地面条件较差的工作地点，是吊装施工中使用较广的起重机。

钢结构构件吊装在现场条件允许的情况下一般采用汽车吊、履带吊等起重机械吊装，但如果受到场地条件及起重量等因素的制约，可根据现场实际情况通过计算选择桅杆起重装置、千斤顶、卷扬机、手拉葫芦等简易吊装工具进行吊装。

2）其他施工机具。其他常用的施工机具有电焊机、卷扬机、倒链、滑车、千斤顶、电动扳手等，如表 6.2 所示。

表 6.2　主要机具

序号	名称	用途
1	千斤顶	构件变形校正
2	交流弧焊机	钢构件焊接
3	直流弧焊机	碳弧气刨修补焊缝
4	小气泵	配合碳弧气刨用
5	砂轮	打磨焊缝
6	全站仪	测量

序号	名称	用途
7	经纬仪	测量
8	水平仪	测量
9	钢尺	测量
10	气割工具	切割
11	倒链	吊装
12	滑车	吊装
13	卷扬机	吊装
14	高强度螺栓扳手	高强度螺栓终拧

6.1.3 现场准备

1. 钢构件堆放场地准备

钢构件堆放场地应平整、坚实，有足够的承载力及设置排水沟，不得有积水。钢构件按照施工吊装顺序组织配套供应。钢构件在吊装现场堆放时，一般沿吊车开行路线两侧，按轴线就近堆放。其中钢柱和钢梁等大件放置，应依据吊装工艺做平面布置设计，避免现场二次倒运困难。如制造厂的钢构件供货是分批进行，与结构安装流水顺序不一致，或者现场条件有限时，需要设置钢构件中转堆场用以调节。中转堆场在设置时应尽量接近施工现场，同市区道路相连接，符合运输车辆的运输要求，要有电源、排水管道。

2. 基础准备

（1）地脚螺栓预埋

轻钢厂房钢柱多采用地脚螺栓固定。当基础垫层混凝土凝固后开始绑扎基础钢筋时，钢结构施工单位应派专业技术人员进行钢结构地脚螺栓预埋指导工作。为确保上部结构安装质量，钢结构施工单位必须与土建施工人员密切配合，共同把关。预埋时，必须严格控制地脚螺栓的位置和伸出长度、基础支承面水平度和标高等。

1）地脚螺栓的类型。地脚螺栓一般选用 Q235 光圆钢制成。螺纹钢因其强度大，做螺母的丝扣相对光圆钢较难。地脚螺栓埋入混凝土的部分需满足规范规定的锚固长度。当竖直部分长度已经满足锚固长度时，可不设弯钩。对于光圆地脚螺栓，为了增加与基础混凝土之间的摩擦力，可以在螺杆底部设置 90° L 形地脚螺栓（图 6.3）或者 180° 弯钩 J 形地脚螺栓（图 6.4）。如果螺栓直径很大，埋深很深时，可以在螺栓端部焊方板，即锚板型地脚螺栓（图 6.5）。埋深和弯钩都是为了保证螺栓与基础的摩擦力，不至于使螺栓发生拔出破坏。还可以做成 9 字形地脚螺栓（图 6.6），这种锚栓多用于机械设备的基础，在建筑领域比较少见。

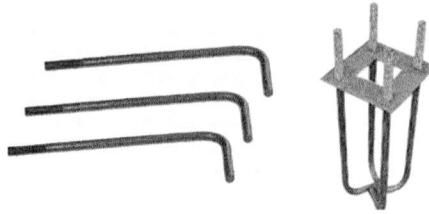

图 6.3　L 形地脚螺栓

图 6.4　J 形地脚螺栓

图 6.5　锚板型地脚螺栓

图 6.6　9 字形地脚螺栓

2）地脚螺栓的安装。钢结构基础地脚螺栓的安装质量影响到上部主体钢结构的安装质量，施工时必须保证地脚螺栓预埋位置的准确性。

为保证施工质量和最大缩短工期，拿到图纸后要认真审核，确定每个部位所需要的锚栓型号。检查锚栓的位置与基础柱中的钢筋是否交叉及有无其他施工矛盾。加工锚栓和定位钢板，做完前期准备工作；确定锚栓相对位置、标高。浇注混凝土等工序安排专人操作，对出现移位的锚栓要及时校正，并在每道工序完工后进行认真检查。定位钢板进场后要逐一检查定位钢板的孔位、孔径，不满足要求的，一律不得使用。安排夜间施工时，应有足够的照明设施，并要合理安排安装顺序。对已进入场地的锚栓做好保护工作。

地脚螺栓的施工工艺流程如下：

定位钢板制作→测量定位→地脚螺栓安装→支模浇筑混凝土→位置复核校正→成品保护。

① 定位钢板制作。在施工中，常采用定位钢板进行地脚螺栓组装，利用定位钢板及固定支架来控制地脚螺栓相互之间的距离，如图 6.7 所示。

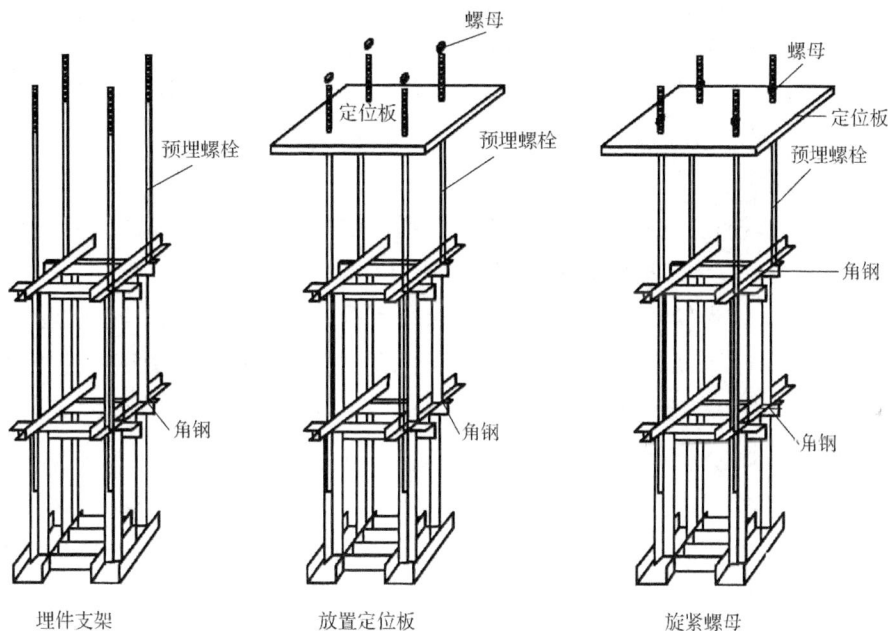

图 6.7 地脚螺栓组装

定位钢板制作时，应根据螺栓的相对位置在钢板上放线，螺栓孔的相对位置即每个钢柱螺栓的相对位置。钢板放在台钻上进行钻孔，孔的直径比螺栓直径大 1mm。

当地脚螺栓埋设较深，栓杆长度较长时，可设置多层角钢支架或者钢板支架来控制地脚螺栓群的相对位置，制作支架时注意上下孔位的对中，保证上下孔的垂直度。

② 测量定位。基础施工确定地脚螺栓位置时，应先放出基准线，在插筋上做好标高标记。按照施工图纸要求，在承台及扩展基础预埋地脚螺栓处，进行轴线放线定位，以确定其水平位置和标高。在已经浇筑完毕的垫层上平面画出螺栓十字中心线的标志，作为螺栓安装的初步安装位置。

③ 地脚螺栓安装。将定位钢板放置于柱主筋上，使定位钢板（上画垂直十字丝的模板）的十字丝与承台上十字线对齐，并初步固定。检查其位置是否合适，否则再做局部调整，调整过程中架设经纬仪从两侧监控。将地脚螺栓插入定位模板预留孔内，再将螺杆上部用螺帽上下固定，并边拧边校核单组螺栓的相互尺寸。最后，将标高调节一致，套入定位模板，在每根螺栓顶部再拧入一个螺母来固定模具。

为防止地脚螺栓下沉，在螺栓的下口焊接四根钢筋或角钢抵到垫层上。为防止地脚螺栓偏位，在螺栓的侧面焊接钢筋或角钢斜撑直接抵在垫层或柱筋上。地脚螺栓位置调试完成后，将定位钢板点焊于柱主筋之上，点焊过程中须用经纬仪检测。安装固定地脚螺栓时，精确控制地脚螺栓丝顶标高。用校准后的经纬仪调整、复核各个螺栓组的整体平面位置尺寸，经检查尺寸精度符合要求后，方可进入下道工序。

支设模板，同时在地脚螺栓螺纹丝扣部分涂油脂并用塑料纸包裹，保证螺纹丝扣不被破坏和污染。浇筑混凝土特别是采取泵送混凝土施工时，须避免混凝土的挤压，导致地脚螺栓移位。施工人员须在浇筑过程中加强对地脚螺栓的监测，用水准仪、经纬仪随时对各组地脚螺栓水平位置、标高进行复核，一旦发现偏差，应立即进行校正。

④ 位置复核校正。在混凝土浇筑完成之后，混凝土初凝之前应派专人进行螺栓的再次校核、调整，直到螺栓位置满足规范要求。

⑤ 成品保护。为保证地脚螺栓的螺纹部分不沾染混凝土，所有柱基础浇筑混凝土之前，用塑料套管或者在螺栓上涂油脂并用塑料纸包裹将地脚螺栓的螺纹部分罩住。模板拆除之后，用彩条布将螺栓的螺纹部分保护密封，防止锈蚀，然后插上旗杆，以保护地脚螺栓在回填土过程中不被损坏。

3）地脚螺栓验收。地脚螺栓埋设的精度关系到上部钢结构的定位，其埋设位置必须符合规范允许偏差要求，见表6.3。地脚螺栓（锚栓）尺寸的允许偏差见表6.4。

表6.3 地脚螺栓（锚栓）位置的允许偏差 （单位：mm）

项目	允许偏差
地脚螺栓（锚栓）中心偏移	5.0
预留孔中心偏移	10.0

表6.4 地脚螺栓（锚栓）尺寸的允许偏差 （单位：mm）

螺栓（锚栓）直径	允许偏差	
	螺栓（锚栓）外露长度	螺栓（锚栓）螺纹长度
$d \leq 30$	0 +1.2d	0 +1.2d
$d > 30$	0 +1.0d	0 +1.0d

（2）基础复测

1）基础复测。钢结构安装前应对建筑物的定位轴线、基础轴线和标高、地脚螺栓位置等进行检查，并应办理交接验收。建筑物定位轴线，基础上柱的定位轴线和标高应满足设计要求。当设计无要求时应符合表 6.5 的规定。

表 6.5　建筑物定位轴线，基础上柱的定位轴线和标高的允许偏差　　（单位：mm）

项目	允许偏差	图例
建筑物定位轴线	$l/20000$，且不应大于 3.0	
基础上柱的定位轴线	1.0	
基础上柱底标高	±3.0	基准点

当基础工程分批进行交接时，每次交接验收不应少于一个安装单元的柱基基础，并应符合下列规定：

① 基础混凝土强度应达到设计要求；

② 基础周围回填夯实应完毕；

③ 基础的轴线标志和标高基准点应准确、齐全。

基础顶面直接作为柱的支承面和基础顶面预埋钢板或支座作为柱的支承面时，其支承面位置允许偏差应符合表 6.6 的规定。

表 6.6　支承面位置允许偏差　　（单位：mm）

项目	允许偏差
标高	±3.0
水平度	$l/1000$
预留孔中心偏移	10.0

注：l 为跨长。

2）基础标高调整。基础施工时，应按设计施工图规定的标高尺寸进行施工，以保证基础标高的准确性。首先，将柱子就位轴线弹测在柱基表面，然后对柱基标高进行找平。

基准标高点一般设置在柱基底板的适当位置，四周加以保护，作为整个钢结构工程施工阶段标高的依据。以基准标高点为依据，对钢柱基础进行标高实测（图6.8），将测得的标高偏差用平面图表示，作为调整的依据。

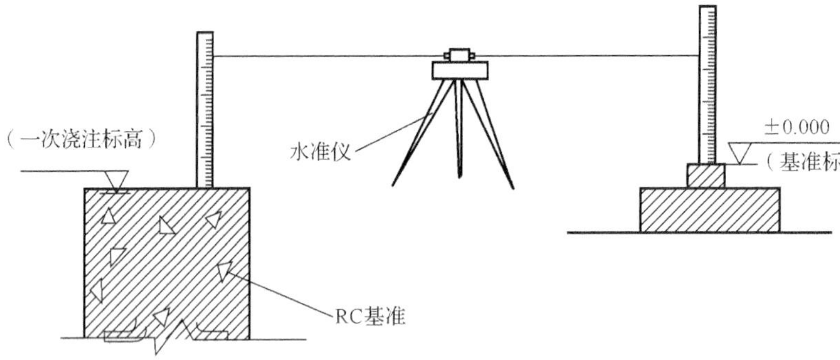

（一次浇注标高）　水准仪　±0.000（基准标高）　RC基准

图6.8　钢柱基础标高实测

安装单位对基础上表面标高尺寸，应结合各成品钢柱的实际长度或牛腿支承面的标高尺寸进行处理，使安装后各钢柱的标高尺寸达到一致。这样可避免只顾基础上表面的标高，而忽略了钢柱本身的偏差，导致各钢柱安装后的总标高或相对标高不统一。

当基础标高的尺寸与钢柱实际总长度或牛腿支承点的尺寸不符时，应采用降低或增高基础上平面的标高尺寸的办法来调整确定安装标高的准确尺寸。

6.1.4　轻钢厂房安装安全要求

1. 防止起重机倾翻

① 起重机的行驶道路必须平整坚实，松软土层要进行处理。必要时，需铺设道木或路基箱，避免起重机直接碾压墙基或地梁。

② 禁止斜吊。斜吊是指起重机起吊的重物不在起重机起重臂的正下方，因而当将捆绑重物的吊索挂上吊钩后，吊钩滑车组不与地面垂直，而与水平线成一个夹角。斜吊会造成超负荷及钢线绳出槽，甚至造成拉断绳索。斜吊还会使重物在离开地面后发生快速摆动，可能碰伤人或碰损其他物体。

③ 绑扎构件的吊索需经过计算，绑扎方法应正确牢靠。所有起重工具应定期检查。

④ 禁止在六级以上大风等恶劣天气下进行吊装作业。

⑤ 指挥人员应使用统一的指挥信号，信号要明确。起重机驾驶人员应听从指挥。

2. 防止高空坠落

① 操作人员在进行高空作业时，必须正确使用安全带。一般应高挂低用，即将安全带绳端部的钩环挂于高处，而人在低处操作。

188

② 在高空使用撬杠时，人要站稳，如附近有脚手架或已安装好构件，应一手扶稳，一手操作。撬杠插进深度要适宜，如果撬动距离较大，则应逐步撬动，不宜急于求成。

③ 高强度螺栓等连接工序在高空作业电焊时，必须设临边防护及可靠的安全措施。作业时必须系挂好安全带，穿防滑鞋。若需在构件上行走，则在构件上必须预先挂设钢丝绳，且钢丝绳用花篮螺丝拉紧以确保安全。操作行走时将安全带扣挂于安全缆绳上。作业人员应在规定的安全通道和走道通行，不得在非规定的通道攀爬。

④ 登高用的梯子必须牢固，使用时必须用绳子与已固定的构件绑牢。梯子与地面的夹角一般为 65°～70° 为宜。

⑤ 操作人员在脚手板上通行时，集中注意力，防止踏上挑头板。

⑥ 操作人员不得穿硬底皮鞋高空作业。

3. 防止高空落物伤人

① 操作人员必须戴好安全帽。

② 禁止在高空抛掷任何物件，传递物件用绳拴牢。高空作业中的螺栓、手动工具、焊条、切割块等必须放在完好的工具袋内，并将工具袋系好固定，不得随意放置，以免物件发生坠落打击伤害。

③ 现场焊接时，要制作专用挡风斗，对火花采取接火器等严密的处理措施，以防火灾、烫伤等，下雨天不得露天进行焊接作业。

④ 地面操作人员应尽量避免交叉作业，如不得不进行交叉作业时，应避开同一垂直方向作业，否则应设置安全防护层。

⑤ 构件安装后，必须检查连接质量，只有连接确实安全可靠，才能拆除临时固定设施。

⑥ 设置吊装禁区，禁止与吊装作业无关的人员入内。

4. 防止触电、气瓶爆炸

① 电焊机的电源线长度不宜超过 5m，并必须架高；电焊机手把线的正常电压，在用交流电工作时为 60～80V，要求手把线质量良好，如有破皮情况必须及时用胶布严密包扎，电焊机的外壳应接地。

② 搬运氧气瓶时，必须采取防振措施，绝不可猛摔。

③ 氧气瓶不应该放在阳光下暴晒，更不可接近火源。冬期，如果氧气瓶的阀门发生冻结，应用干净的抹布将阀门烫热，不可用明火加热。同时，还要防止机械油落到氧气瓶上。

④ 乙炔发生器放置地点距火源应在 10cm 以上，如高空有电焊作业时，乙炔发生器不应放在下风。

⑤ 已有机械设备应做好接地零线或安装触保器，施工用电缆穿越脚手架时，必须采用绝缘措施，防止触电事故（建立现场预检制度）。

⑥ 施工现场应整齐、清洁；设备材料、配件按指定地点堆放，并按指定道路行走，严禁从起吊物下面通行，并与运转中的机器保持安全距离。工作结束后要切断电源，检查操作地点，确认安全后方可离开。

⑦ 现场使用的油料、油漆必须设置专人进行保管，防腐涂料、施工所用的材料大多为易燃品，为此防火、防爆至关重要。在防腐涂料施工中，将使用擦过溶剂和涂料的纱布、棉布等物品存放在带盖的铁桶内，并定期处理。

※ 任务完成与自评

项目	要求	记录	分值	扣分	备注
轻钢厂房安装的技术准备	完成图纸会审纪要		20		
	所需规范规程列表		10		
	施工方案资料收集		10		
轻钢厂房安装的资源准备	项目领导机构设置		15		
	厂房安装所需的机具列表		15		
轻钢厂房安装的现场准备	地脚螺栓埋设安装技术交底		30		

任务 6.2 钢 柱 安 装

钢柱安装

▮任务目标

根据教师指定的某轻钢厂房钢结构工程项目，并结合本任务内容的学习，确定钢柱的安装方法，编制钢柱安装方案。

6.2.1 明确钢柱安装工艺流程

钢柱安装工艺流程如图 6.9 所示。

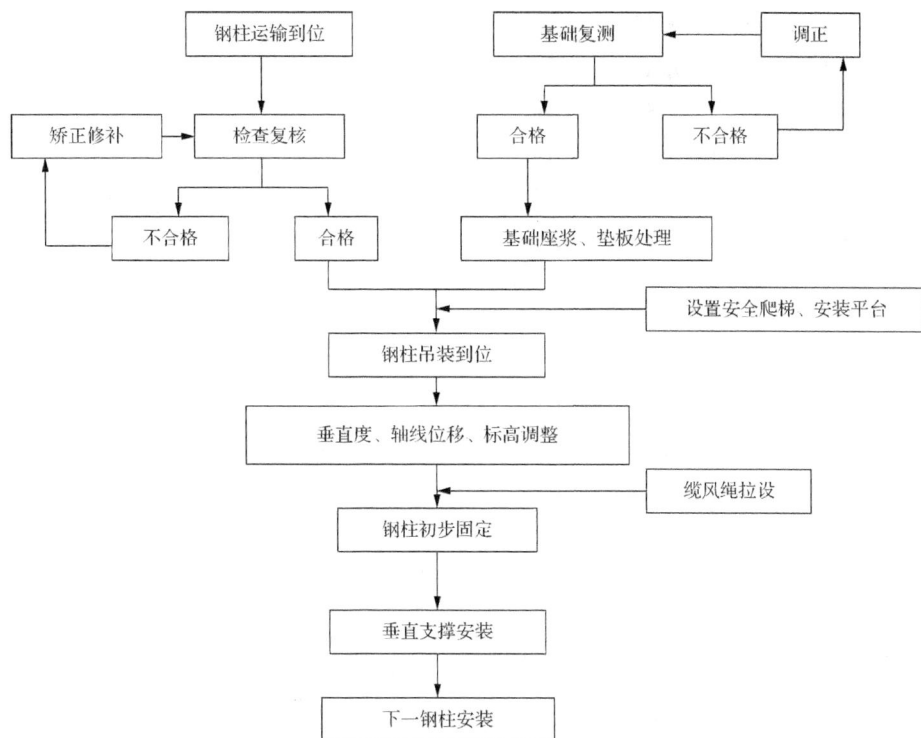

图 6.9 钢柱安装工艺流程

6.2.2 放线

钢柱安装前应设置标高观测点和中心线标志，同一工程的观测点和标志设置位置应一致。标高观测点的设置以牛腿支承面为基准，设在柱的便于观测处。无牛腿柱应以柱顶端与屋面梁连接的最上一个安装孔中心为基准。

如图 6.10 所示，钢柱中心线标志在柱底板上表面，上行线方向设 1 个中心标志，列线方向两侧各设 1 个中心标志。在柱身表面上行线和列线方向各设 1 个中心线，每条中心线在柱底部、中部（牛腿或肩梁部）和顶部各设 1 个中心标志。双牛腿柱在上行线方向两个柱身表面分别设中心标志。

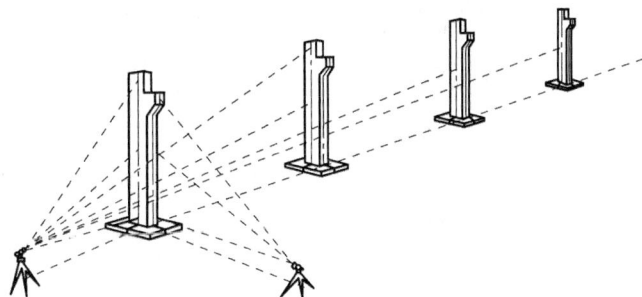

图 6.10 钢柱放线

191

标高基准控制线（一米线或五零线）的设置，以柱顶设计标高向下或者以柱牛腿上表面标高为基准向下量至理论标高+1.000m（0.5m）处画线打上标记（图6.11），安装时所有柱标高均以此标记作为标高基准控制线。

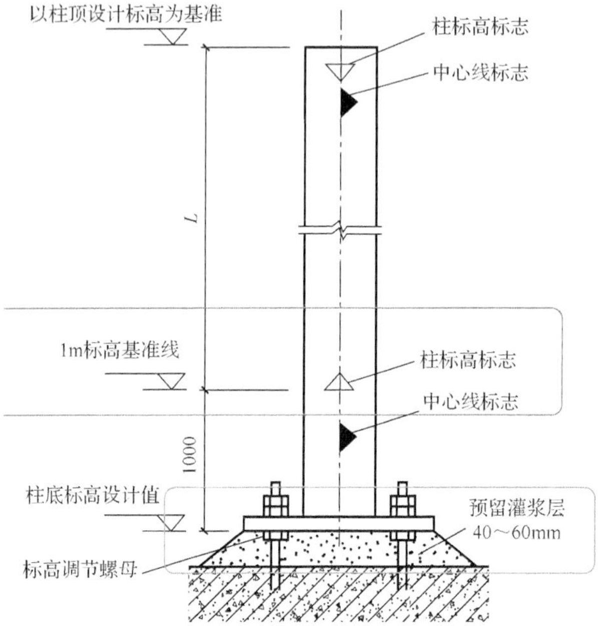

图6.11　设置标高基准控制线

6.2.3　钢柱的吊装

1. 吊点的设置

（1）吊装耳板

《钢结构工程施工规范》（GB 50755—2012）规定，钢结构吊装宜在构件上设置专门的吊装耳板（图6.12）或吊装孔。在构件上设置吊装耳板或吊装孔可降低钢丝绳绑扎难度、提高施工效率、保证施工安全。

图6.12　吊装耳板

设计文件无特殊要求时，吊装耳板和吊装孔可保留在构件上。在不影响主体结构的强度和建筑外观及使用功能的前提下，保留吊装耳板和吊装孔可避免在除去此类措施时对结构母材造成损伤。

需去除吊装耳板时，可采用气割或碳弧气刨的方式在离母材 3～5mm 位置切除，严禁采用锤击的方式去除。对于需要覆盖厚型防火涂料、混凝土或装饰材料的部位，在采取防锈措施后不宜对吊装耳板的切割余量进行打磨处理。

（2）绑扎吊装

如果不采用焊接吊装耳板，直接在钢柱体上用钢丝绳绑扎时，要注意需根据钢柱的种类和高度确定绑扎点。对于自重 13t 以下的中小型柱常绑扎一点；对于重型柱则需绑扎两点甚至三点；对于有牛腿的柱，一点绑扎的位置常选在牛腿以下，上柱较长时也可选在牛腿以上；对于无牛腿的钢柱按其高度比例，绑扎点设在钢柱全长 2/3 的上方位置处。

（3）吊点设置

钢柱吊点的设置需考虑吊装简便，稳定可靠，还要避免钢构件的变形。为防止钢柱起吊时在地面拖拉造成地面和钢柱表面损伤，钢柱下方应垫好木枋。轻钢厂房钢柱一般多采用实腹式 H 型钢截面，吊装通常采用一点正吊。吊点设置在柱顶处，吊钩通过钢柱重心线，钢柱易于起吊、对线、校正。当受起重机臂杆长度、场地等条件限制时，吊点可放在柱长 1/3 处。倾斜时，钢柱起吊、对线、校正不易控制。

对于细长钢柱，为防止钢柱变形，可采用二点或三点起吊。

2. 钢柱的安装

常用的钢柱吊装法有旋转法、递送法和滑行法。对于重型工业厂房，大型钢柱可采用双机台吊。单机吊装柱的常用方法有旋转法和滑行法。双机抬吊的常用方法有递送法和滑行法。

旋转法吊装钢柱（图 6.13）时，起重机边起钩、边旋转，使柱身绕柱脚旋转而逐渐吊起。这种方法吊装时保持柱脚位置不动，并使柱的吊点、柱脚中心和柱基中心三点共弧。旋转法振动小、效率高，一般中小型柱多采用旋转法吊升，但此法对起重机的回转半径和机动性要求较高，适用于自行杆式（履带式）起重机吊装。

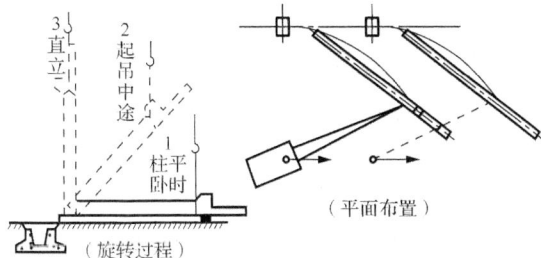

图 6.13 旋转法吊装钢柱

滑行法吊装钢柱时，柱的吊点、柱基中心两点共弧，如图6.14所示，采用单机或双机抬吊。钢柱起重机只起钩不转臂，使钢柱柱脚滑行而将钢柱吊起直立，钢柱吊离地面后起重臂稍微旋转，将钢柱对准柱基中心就位安装。滑行法吊装需要在钢柱与地面之间铺设滑行道。滑行法一般用于柱较重、较长而起重机在安全荷载下回转半径不够时，或现场狭窄无法按旋转法排放布置时，以及采用桅杆式起重机吊装钢柱等情况。

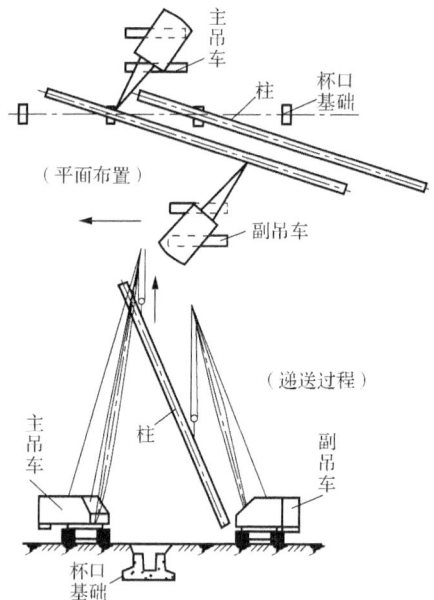

图6.15所示为双机抬吊递送法吊装钢柱，为减少钢柱脚与地面的摩阻力，其中一台为副机，吊点选择在钢柱下面。起吊钢柱时副机配合主机起钩，随着主机的起吊，副机要行走和回转，在递送过程中，副机承担了一部分荷重，将钢柱脚递送到钢柱基础上，副机摘钩，卸掉荷载，此刻主机满载，将钢柱就位。

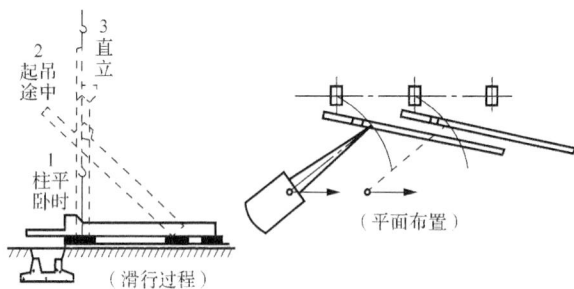

图6.14 滑行法吊装钢柱　　　　图6.15 双机抬吊递送法吊装钢柱

3. 钢柱的校正

（1）平面位置校正

钢柱的校正包括平面位置、标高和垂直度的校正。平面位置校正在临时固定时已完成。在钢柱安装前，用经纬仪在基础上将纵横十字线画出，同时在钢柱柱身的四个面标出钢柱的中心线。钢柱吊装时，在起重机不脱钩的情况下，慢慢下落钢柱，使钢柱三个面的中心线与基础上画出的纵横十字线对准，尽量做到线线相交。由于钢柱底板螺栓孔与预埋螺栓有一定的偏差，一般设计时考虑柱底板螺栓孔稍大1mm左右，如果设计考虑的范围内仍然调整不到位，可对钢柱底板进行铰刀扩孔，同时上面压盖板并用电焊固定。

（2）标高校正

预埋地脚螺栓连接的钢柱需要进行标高校正，基础或者钢柱的标高调整多采用调节螺母的方法（图 6.16）。具体调整方法为：钢柱安装时，在钢柱底板下的地脚螺栓上加一个调整螺母，用水准仪将螺母上表面的标高调整到与钢柱底板标高齐平，安装上钢柱后，根据钢柱牛腿面上的标高或钢柱顶部与设计标高的差值，利用钢柱底板下的螺母来调整钢柱的标高，精度可达±1mm 以内。柱底板下面预留的空隙，在钢柱整体校正无误后，采用二次灌浆填实。

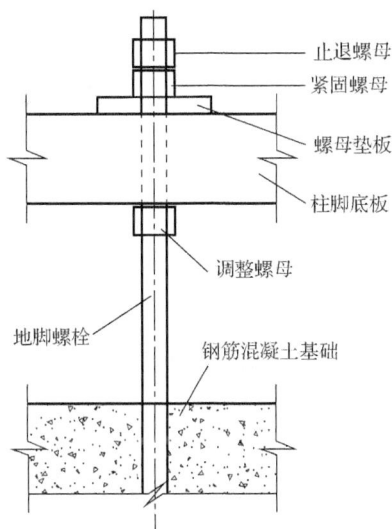

图 6.16　钢柱标高调整示意图

钢柱标高的调整也可采用在柱脚下设置钢垫板的方法。钢柱脚采用钢垫板作支承时，应符合下列规定：

1）钢垫板面积应根据混凝土抗压强度、钢柱脚底板承受的荷载和地脚螺栓（锚栓）的紧固拉力计算确定。

2）垫板应设置在靠近地脚螺栓（锚栓）的钢柱脚底板加劲板或钢柱肢下，每根地脚螺栓（锚栓）侧应设 1～2 组垫板，每组垫板不得多于 5 块。

3）垫板与基础面和钢柱底面的接触应平整、紧密。当采用成对斜垫板时，其叠合长度不应小于垫板长度的 2/3。

4）钢柱底二次浇灌混凝土前，垫板间应焊接固定。

为了便于调整钢柱的安装标高，一般在基础施工时，先将混凝土浇灌到比设计标高略低 40～60mm，然后根据钢柱脚类型和施工条件，在钢柱安装、调整后，采用二次灌浆填实缝隙。

（3）垂直度校正

钢柱垂直度检查采用两台经纬仪。将经纬仪安置在纵横轴线上，先对准钢柱底垂直翼缘板或中线，再渐渐仰视到钢柱顶，从钢柱的相邻两面观察钢柱是否垂直（图 6.17）。如中线偏离视线，表示钢柱不垂直。钢柱垂直度的校正方法：当垂直度偏差值较小时，可用敲打楔块的方法进行纠正；当垂直度偏差值较大时，可用千斤顶校正、钢管撑杆斜顶法及缆风绳校正等。用缆风绳校正钢柱的垂直度时，松紧铁楔应与松紧缆风绳同步进行，两侧铁楔也应同时松紧才能校正，校正后再收紧缆风绳。在吊装屋面梁或安装竖向构件时，还须对钢柱进行复核校正。

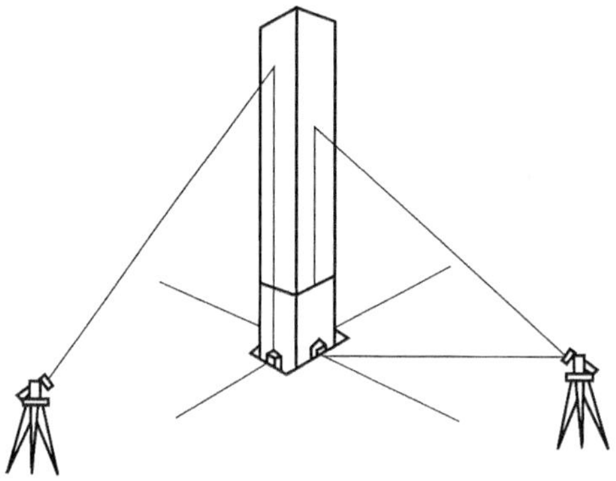

图 6.17　钢柱垂直度检测

4. 钢柱的固定

钢柱在校正完毕后，需要及时进行二次灌浆最终固定。二次灌浆即用细碎石混凝土或水泥浆将钢柱或设备底座与基础表面空间的空隙填满并将垫铁埋在混凝土里，以固定垫铁和承受钢柱负荷的一种技术。灌浆主要有无收缩水泥砂浆灌注法和细石混凝土浇筑法。

1）无收缩水泥砂浆灌注法。柱底有垫板钢柱（含杯口式基础）的固定采用无收缩水泥砂浆灌注法。施工时，在柱与杯口的间隙内浇灌比柱混凝土强度等级高一级的无收缩混凝土砂浆。浇筑前，清理并湿润浇筑面。砂浆灌注方法采用赶浆法或压浆法。

赶浆法是在基础一侧灌强度等级高一级的无收缩砂浆或细石混凝土，用细振动棒振捣，使砂浆从柱底另一侧挤出，待填满柱底周围约 10cm 高时，在基础四周均匀地灌细石混凝土至与杯口平齐；压浆法是于杯口空隙内插入压浆管与排气管，先灌 20cm 高混凝土，并插捣密实，然后开始压浆，待混凝土被挤压上拱，停止顶压，再灌 20cm 高混凝土顶压一次即可拔出压浆管和排气管，继续灌筑混凝土至与杯口平齐。

2）细石混凝土浇筑法。无垫板安装柱的固定方法是在柱与杯口的间隙内浇灌比柱混凝土强度等级高一级的细碎石混凝土。浇筑前，清理并湿润杯口，浇灌分两次进行，第一次灌至楔子底面，待混凝土强度等级达到 25% 后，将楔子拔出，再二次灌筑到与杯口平齐。采用缆风绳校正的柱，待二次浇筑的混凝土强度达到 70% 后，方可拆除缆风绳。

5. 钢柱安装验收

钢柱安装的允许偏差见表 6.7。

表 6.7　钢柱安装的允许偏差　　　　　　　　（单位：mm）

项目		允许偏差	图例	检验方法
柱脚底座中心线对定位轴线的偏移 Δ		5.0		用吊线和钢尺等实测
柱子定位轴线偏移 Δ		1.0		
柱基准点标高	有吊车梁的柱	+3.0 −5.0		用水准仪等实测
	无吊车梁的柱	+5.0 −8.0		
弯曲矢高		H/1200，且不大于 15.0	—	用经纬仪或拉线和钢尺等实测
柱轴线垂直度	单层柱	H/1000，且不大于 25.0		用经纬仪或吊线和钢尺等实测
	多层柱　单节柱	H/1000，且不大于 10.0		
	多层柱　柱全高	35.0		
钢柱安装偏差		3.0		用钢尺等实测
同一层柱的各柱顶高度差 Δ		5.0		用全站仪、水准仪等实测

✖ **任务完成与自评**

项目	要求	记录	分值	扣分	备注
钢柱吊点设置	吊点的位置		10		
	吊点的数量		10		
钢柱的安装	明确钢柱安装方法		20		
	进行钢柱的校正		20		
	完成钢柱的固定		20		
钢柱的验收	细化钢柱验收内容		20		

任务 6.3 钢吊车梁安装

任务目标

　　根据教师指定的某轻钢厂房钢结构工程项目，并结合本任务内容的学习，编制该厂房钢吊车梁安装方案。

钢吊车梁安装

6.3.1 钢吊车梁安装准备工作

1. 构件进场验收

构件进场验收包括以下内容。
1）实物和资料是否相符，报验资料是否齐全。
2）复核钢吊车梁两端安装孔的位置、尺寸是否符合图纸要求。
3）复测钢吊车梁实际高度、长度及起拱度。

2. 安装作业条件准备

安装作业条件准备包括以下内容。
1）钢柱吊装完成，柱平面位置、标高及垂直度经校正并固定。柱间支撑安装完毕。
2）完成安装前的测量工作。在钢柱牛腿上及柱侧面弹好钢吊车梁、制动桁架中心轴线、安装位置线及标高线；在钢吊车梁及制动桁架两端弹好中轴线。

3. 安装机具准备

安装机具准备包括以下内容。
1）准备钢吊车梁安装的起重设备、运输设备、焊接设备、气割设备、喷涂设备。
2）准备钢吊车梁安装所需的钢丝绳、吊索具、钢板夹、卡环、棕绳、倒链、千斤顶、榔头、扳手、撬杆、钢卷尺、经纬仪、水平仪、冲子等。

3）对起重设备进行保养、维修、试运转、试吊，使其保持完好状态。

4）搭设好供施工人员高空作业上下的梯子、扶手、操作平台、栏杆等。

6.3.2 钢吊车梁的安装流程

1. 吊点的设置

（1）吊车梁绑扎

钢吊车梁吊装时，一般采用吊装耳板或者带卸扣的轻便吊索进行绑扎吊装。绑扎的方法有两种：两点直索绑扎和两点斜索绑扎，绑扎点在钢吊车梁重心对称的两端部。两点直索绑扎用两台起重机抬吊，适用于重型钢吊车梁；两点斜索绑扎，用一台起重机进行吊装，适用于一般的钢吊车梁，吊索倾斜角应大于 45°。

（2）绑扎位置

为了使钢吊车梁的就位和安装方便，要求在起吊时是水平上升的。因此，在绑扎钢吊车梁时，绑扎点在对称于钢吊车梁重心的两端位置上。

2. 钢吊车梁安装

（1）安装顺序

钢吊车梁安装应从有柱间支撑跨开始，依次安装。吊装时，两端用溜绳控制，以牵引就位并防止碰撞柱子。为方便施工，在钢吊车梁安装前，应将钢吊车梁端头的支座垫板和水平支撑连接板直接带在钢吊车梁上一同安装。

（2）钢吊车梁对中控制

钢吊车梁安装前，将两端的钢垫板安装在钢柱牛腿上，并标出钢吊车梁安装的中心位置。钢吊车梁吊起后，应按柱牛腿处的中心线进行严格对中。旋转起重机臂杆使钢吊车梁中心对准就位中心，在距支承面 100mm 左右时缓慢落钩，用人工扶正使钢吊车梁的中心线与牛腿的定位轴线对准，在与柱子安装螺栓连接临时固定后，方准脱钩。当有偏差时，可通过更换梁与梁之间的调整板进行调节。

（3）制动板安装

制动板安装应严格按图纸编号进行，不得随便串号使用。安装前，应清理高强度螺栓摩擦面的杂物，安装后用临时螺栓进行固定。

（4）临时固定

钢吊车梁及其制动系统安装后，均应进行临时固定，以确保安全。特别是，大跨度钢吊车梁，在没有形成稳定体系前，应加缆风绳进行临时固定。

3. 吊车轨道安装

1）吊车轨道在钢吊车梁安装阶段可按排板图进行安装。正式安装应在屋面系统安装完并形成稳定的刚架体系，钢吊车梁调整完毕后进行。

2）轨道正式安装前应从控制点分别引测一个基准点到柱上，采用通线法测放轨道安装基准线，可每 3m 打上一个标志，以保证轨道的直线度。

3）每列轨道基准线测放完毕后应复测轨距进行闭合，统筹调整误差。

4）安装轨道压轨器。

6.3.3 钢吊车梁的位置校正

钢吊车梁的校正一般应在厂房结构校正和固定后进行，以免屋架安装时引起柱子变位，而使钢吊车梁产生新的误差。对较重的钢吊车梁，由于脱钩后校正困难，可边吊边校，但屋架固定后要复查一次。钢吊车梁的校正内容包括标高、垂直度和平面位置。标高的校正已在钢柱调整时基本完成，平面位置的校正主要检查钢吊车梁纵轴线和跨距是否符合要求（纵向位置校正已在对位时完成）。垂直度用锤球检查，可在支座处加楔形钢板校正。

1. 钢吊车梁平面位置校正

柱子安装完成后，及时将柱间支撑安装好形成排架。首先，用经纬仪将柱子轴线引测到钢吊车梁牛腿顶部水平位置，根据施工图纸定出此轴线距钢吊车梁中心线的距离，然后在钢吊车梁顶面中心线拉一通长钢丝，用千斤顶和手拉葫芦进行轴线位移，逐根将梁端部调整到位。当钢吊车梁纵横轴线误差符合要求后，复查钢吊车梁跨度。

2. 钢吊车梁标高校正

钢吊车梁标高主要通过控制钢吊车梁安装位置的柱牛腿顶面标高进行控制。在钢柱安装时以柱牛腿的顶面标高作为主控标高，柱安装时进行了预控，柱子安装到位后即能保证钢吊车梁顶面标高。当一跨，即两排钢吊车梁全部吊装完毕后，用一台水准仪架在梁上或专门搭设的平台上，进行每根梁两端的高程测量，将测量的数据加权平均，算出一个标准值，根据这一标准值计算各点所需添加的垫板厚度。或在柱上测出一定高度的水准点，再用钢尺或样杆量出水准点至梁面铺轨需要的高度，根据测定标高进行校正。校正时，用撬杠撬起或在屋架梁上挂倒链，将钢吊车梁需垫垫板的一端吊起；重型柱可在梁一端下部挂吊架，下部放液压千斤顶，用千斤顶顶起钢吊车梁，填塞垫板。

3. 垂直度调整

钢吊车梁垂直度的调整一般在进行钢吊车梁标高和轴线调整时同时进行，主要用标尺和线锤结合进行。从钢吊车梁上翼缘挂锤球，测量线绳至梁腹板上下两处的距离，如

图 6.18 所示，若 $a = a'$，则说明垂直；若 $a \neq a'$，则可用楔形钢板在一侧填塞校正。

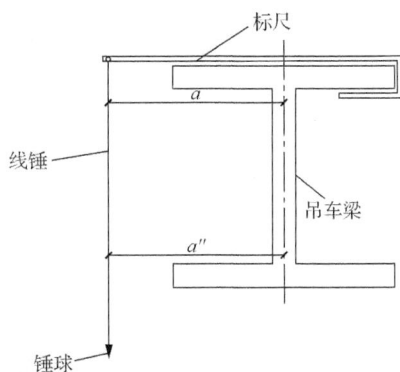

图 6.18　钢吊车梁垂直度的调整

6.3.4　钢吊车梁的最后固定

钢吊车梁校正完成后，立即将钢吊车梁与牛腿上的预埋件焊接进行最后固定。

6.3.5　钢吊车梁安装质量验收

钢吊车梁安装的允许偏差如表 6.8 所示。

表 6.8　钢吊车梁安装的允许偏差　　　　　　　　　　（单位：mm）

项目		允许偏差	图例	检验方法
梁的跨中垂直度 Δ		$h/500$		用吊线和钢尺检查
侧向弯曲矢高		$l/1500$，且不大于 10.0		用拉线和钢尺检查
垂直上拱矢高		10		
两端支座中心位移 Δ	安装在钢柱上时，对牛腿中心的偏移	5.0		用拉线和钢尺检查
	安装在混凝土柱上时，对定位轴线的偏移	5.0		

续表

项目		允许偏差	图例	检验方法
吊车梁支座加劲板中心与柱子承压加劲板中心的偏移 Δ		$t/2$		用吊线和钢尺检查
同跨间内同一横截面吊车梁顶面高差 Δ	支座处	$l/1000$，且不大于 10.0		用经纬仪、水准仪和钢尺检查
	其他处	15.0		
同跨间内同一横截面下挂式吊车梁底面高差 Δ		10.0		
同列相邻两柱间吊车梁顶面高差 Δ		$l/1500$，且不大于 10.0		用水准仪和钢尺检查
相邻两吊车梁接头部位 Δ	中心错位	3.0		用钢尺检查
	上承式顶面高差	1.0		
	下承式底面高差	1.0		
同跨间任意一截面的吊车梁中心跨距 Δ		±10.0		用经纬仪和光电测距仪检查；跨度小时，可用钢尺检查
轨道中心对吊车梁腹板轴线的偏移 Δ		$t/2$		用吊线和钢尺检查

✖ 任务完成与自评

项目	要求	记录	分值	扣分	备注
钢吊车梁吊点设置	吊点的位置		10		
	吊点的数量		10		
钢吊车梁的安装	明确钢吊车梁安装方法		20		
	进行钢吊车梁的校正		20		
	完成钢吊车梁的固定		20		
钢吊车梁的验收	细化钢吊车梁验收内容		20		

任务 6.4　钢　梁　安　装

钢梁安装

■ **任务目标**

　　根据教师指定的某轻钢厂房钢结构工程项目，结合本任务内容的学习，完成该厂房钢梁安装方案编制。

6.4.1　钢梁安装流程

1. 吊点的选择

钢梁吊装时采用两点对称绑扎起吊就位安装。钢梁吊点位置的选取既要保证方便就位又要考虑到钢梁的稳定性。吊点位置应保证吊钩与构件的中心线在同一铅垂线上，防止因钢梁稳定性差、吊点位置集中而产生弯曲变形。当钢梁跨度较大时，宜采取四点吊装，以防止吊装过程平面内挠曲。

钢梁起吊前先进行试吊，并检查吊点是否水平、钢丝绳保护措施是否可靠，在钢梁两端设置溜绳保证钢梁在起吊和就位时的平衡稳定。

2. 吊装时对构件的保护

吊装时如不采用焊接吊装耳板，对构件采用钢丝绳绑扎时，需对构件及钢丝绳进行保护。

1）在构件四角做包角，可采用在半圆钢管内夹角钢（图 6.19），以防止钢丝绳刻断。

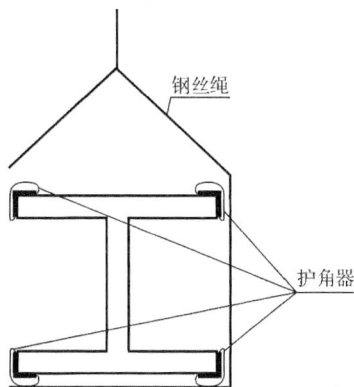

图 6.19　构件四角做包角

2）在绑扎点处，为防止工字钢或 H 型钢局部挤压破坏，可焊接加劲板。

3. 钢梁现场拼装

1）现场拼接：因运输条件的限制，屋架钢梁是分节制作再运到现场的，为了减少安装过程中的高空作业，应先将钢梁进行地面拼装，再进行整体吊装。屋面梁的拼装在柱子安装完毕后进行。屋面梁地面拼装时，应在地面搭设拼装平台，拼装平台要求平整坚实，拼装平台的平整度误差应小于 5mm。在拼装平台上依次摆放各段屋面梁，并调整至符合设计要求，然后进行高强度螺栓连接。

2）屋面梁摆放好后立即用高强度螺栓进行连接，并将螺栓初步拧紧。用拉线和水准仪的方法分别对屋面梁的直线度和坡度进行检验，如不符合要求应立即进行校正，直至达到规范要求，然后立即拧紧所有高强度螺栓并达到规范要求的终拧值。

3）钢梁扶正需要翻身起板时采用两点翻身起板法，人工用短钢管及方木临时辅助起板。钢梁翻身就位后需要进行多次试吊并及时重新绑扎吊索，试吊时吊车起吊一定要缓慢上升，做到各吊点位置受力均匀并以钢梁不变形为最佳状态，达到要求后即进行吊装。

4. 钢梁吊装

屋面梁安装前应先检查柱顶标高、屋面梁的安装准线及檩条、支撑等构件的制作尺寸是否准确，检查无误后方可吊装。

为保证屋面钢梁在吊装过程中不引起变形，屋面梁采用钢丝绳带铁扁担 4 点起吊。开始起吊时应反复试车，调整屋面梁的水平度，待钢丝绳与屋面梁节点安全可靠后即可提升。屋面梁上升过程中应用溜绳控制屋面梁转动，当屋面梁升至柱顶 30cm 时，对准屋面梁及柱顶的连接板安装孔位后，采用临时螺栓或者冲钉进行节点临时固定。当屋面梁与钢柱连接板用高强度螺栓紧固后便可松钩。第一榀钢梁需用缆风绳拉紧固定，再依此方法安装下一榀屋面梁。用吊线的方法对屋面梁进行垂直度的检查，如有偏差，用缆风绳朝相反的方向拽引，直至屋面梁完全垂直后，立即用高强度螺栓对屋面梁进行固定。

两榀屋面梁安装好以后，随即安装屋面水平支撑、连梁、檩条等构件。

6.4.2 钢梁安装质量验收

钢梁安装的允许偏差如表 6.9 所示。

表 6.9　钢梁安装的允许偏差　　　　　　　　（单位：mm）

项目	允许偏差	图例	检验方法
同一根梁两端顶面的高差 Δ	$l/1000$，且不大于 10.0		用水准仪检查

续表

项目	允许偏差	图例	检验方法
主梁与次梁上表面的高差⊿	±2.0		用直尺和钢尺检查

✖ 任务完成与自评

项目	要求	记录	分值	扣分	备注
钢梁吊点设置	吊点的位置		10		
	吊点的数量		10		
钢梁安装技术交底	钢梁拼装、安装注意事项		50		
钢梁的验收	细化钢梁验收内容		30		

任务 6.5　檩条及围护系统安装

任务目标

根据教师指定的某轻钢厂房钢结构工程项目，并结合本任务内容的学习，完成该厂房檩条及围护系统安装方案编制。

檩条及围护系统安装

6.5.1　檩条的安装

轻钢厂房屋面檩条及墙面檩条多采用 C 型及 Z 型冷弯薄壁型钢。檩条安装应在屋面水平支撑、刚性系杆、柱间支撑安装完成，且钢结构主体调整校正完毕后进行。

檩条与钢梁、钢柱之间采用檩托板进行连接，檩托板的布置按设计图纸上檩条间距来布置。如图 6.20 所示，檩托板焊接在钢梁上翼缘位置处，檩条与檩托板间采用普通螺栓连接。同列檩托板的焊接位置应在一条直线上，且与钢梁（柱）保持垂直。檩条与檩条间设置拉条，拉条对檩条起到侧向支撑的作用，安装时，拉条每端在檩条两面的螺母均要旋紧，以便将檩条调直。

檩条安装选择吊车或人工就位，檩条吊装至屋面应及时散开，以免带来集中荷载，造成门架变形，其间距按施工图纸要求布置。檩条、墙梁间距允许偏差不大于±5.0mm，用钢尺检查。檩条的弯曲矢高允许偏差为 $l/750$ 且不大于 12.0mm；墙梁的弯曲矢高允许

偏差为 $l/750$ 且不大于 10.0mm（l 为檩条或墙梁的长度，用钢尺和拉线检查）。檩条两端相对高差或与设计标高偏差不应大于 5mm。檩条直线度偏差不应大于 $l/250$ 且不大于 10.0mm，用拉线、钢尺、水准仪现场实测或观察。墙面檩条外侧平面任一点对墙轴线距离与设计偏差不应大于 5mm，用拉线、钢尺、经纬仪现场实测或观察。

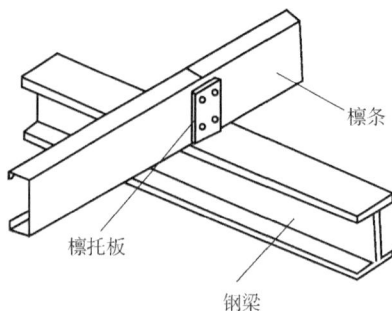

图 6.20　檩条与钢梁连接

6.5.2　围护系统的安装

围护系统安装包括墙面与屋面以及相应的包边件等，围护结构墙面与屋面同步开展安装。围护系统的安装应在其支承构件的全部工序完成后进行。

施工前要提前做好屋面彩钢板排板布置图。排板设计方案原则：保证彩钢板顺坡度方向与天沟垂直，铺设起始线与泛水收边方向平行、尺寸吻合；有包角时，起始线位置必须满足与建筑物外立面吻合。

1. 施工机具准备

屋面板、墙面板安装采用的施工机具有电钻、切割机、彩板剪、锁缝机、胶枪、拉铆钉枪等。图 6.21 所示电钻用于自攻螺钉安装，与套筒配合使用。图 6.22 所示锁缝机用于金属板与支架锁缝。

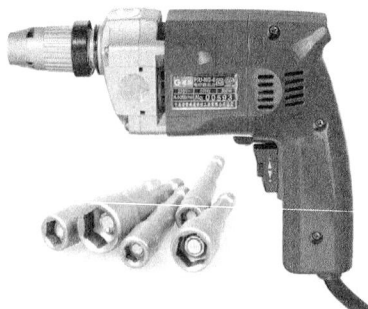

图 6.21　电钻

图 6.22　锁缝机

2. 彩钢板的生产与吊运

（1）彩钢板生产

轻钢厂房屋面彩钢板长度较大，为避免运输困难，常采用现场加工的方式，在安装点就近堆放，加工完成后采用吊机吊运至屋面。墙面板可在工厂加工后运至现场，按规格、数量堆放在待安装墙面附近。

（2）彩钢板的堆放

屋面彩钢板堆放的地面应平整、不积水，屋面彩钢板堆叠不宜过高，以每堆不超过20张屋面彩钢板为宜。不得碰伤和污染屋面彩钢板。屋面彩钢板下方设置木枋，以防止板材污染与受潮。

（3）彩钢板的垂直吊运

在吊装前先核对屋面彩钢板的编号及吊装位置是否准确，包装是否牢固；起吊前先试吊，检查重心是否稳定，钢索是否滑动。钢索绳捆扎处应用木板衬垫，以免损坏屋面彩钢板的涂层。

吊装屋面彩钢板时，为防止屋面彩钢板过长而发生弯折，采用工字钢做吊架多点起吊，吊装时多点受力。屋面彩钢板绑扎采用棕绳可以避免损伤涂层。

3. 屋面围护系统安装

（1）复合屋面板下板的安装

复合屋面板下板的安装必须沿屋面横向一端开始，向另一端进行，由屋檐向屋脊依次连接成带。复合屋面板下板与檩条间用自攻螺钉紧固。在采用自攻螺钉固定复合屋面板下板后，应用密封胶将自攻螺钉头部密封好。

（2）玻璃棉的安装

1）玻璃棉横向铺设。玻璃棉吊放至合适高度后，直接铺盖在檩条或屋面板下板之上，注意棉与棉之间不能有间隙。保温棉的安装与屋面下板一起进行。首先将钢构件用玻璃棉毡沿垂直于檩条方向展开，对于有贴面的玻璃棉毡，将有贴面的一面露于室内，在屋檐处留出约20cm的卷毡，用专用夹具或双面胶带将其固定在最外侧檩条上。

2）玻璃棉连接。两卷棉之间通过在贴面飞边上用订书机装订的方法连接在一起，玻璃棉横向不需要重叠搭接，但应保证玻璃棉紧密靠近，防止空隙影响保温效果。如果一卷玻璃棉不够长，不足以覆盖屋面一个单坡长时，则需要搭接。搭接时，应保证搭接接头在檩条上，重叠长度保证在20cm以上。接头处用双面胶带将两层棉粘合紧密后固定在檩条上。

3）玻璃棉收头处理。玻璃棉在檐口与山墙位置应留出10cm左右的收头，将收头部位玻璃棉向上翻折，使贴面朝上与玻璃棉重叠，接头部位用专用夹具与檩条固定。

4）玻璃棉安装注意事项。

① 玻璃棉必须铺平、无翘边、折叠，接缝严密，上下层错缝铺设。

② 由于玻璃棉为受潮易损坏材料，保温棉的铺设最好与屋面下板的安装同步进行，同时应在裸露和交接缝处用彩条布等物覆盖，做好防风防雨保护措施。为保证工程施工质量，雨、雪或大风天气严禁施工。

③ 为防止玻璃棉长时间暴露，施工时必须严密组织、集中施工，尽量减少玻璃棉暴露时间，同时准备防雨雨布，每天施工完后及时将未覆盖的玻璃棉临时覆盖，以防夜间被雨淋湿。

④ 玻璃棉端部必须固定，可用订书机搭接固定。

⑤ 在屋檐、天窗窗口等处须作收边处理。

（3）复合屋面板上板的安装

1）屋面板上板安装。根据屋面板上板材安装图进行固定支架位置控制点的测设，屋面板上板固定支架的主要控制线为屋面板上板的平行线。

安装时，应先打入一颗自攻螺钉，然后对支座进行一次校正，调整偏差，并注意支座端头安装方向应与屋面板上板铺板方向一致。校正完毕后，再打入其他螺钉将其固定。固定座安装完成后，施工人员将压型钢板抬到安装位置，就位时先对准板端控制线，然后将压型钢板用力卡入固定支架。

2）板缝锁边。屋面板上板位置调整好后，用专用电动锁边机进行锁边咬合。咬边应连续、平整，不能出现扭曲和裂口。当天就位的屋面板上板必须当天完成咬边，以免起风时板块移位被吹走。

3）屋面节点处理。屋面板上板安装完成后，屋脊处需要采用屋脊盖板封边处理。天沟部位边沿处的板边需要修剪，以保证屋面板上板边缘整齐、美观。檐口和天沟处的板边需要修剪，保证屋面板上板伸入天沟的长度与设计的尺寸一致，以防止雨水在风荷载作用下吹入屋面夹层中。屋面板上板在水槽上口伸入水槽内的长度不得小于50mm，通常为70～120mm。

4）屋面板安装注意事项。

① 屋面金属板的铺设要注意常年风向，板肋搭接需与常年风向相背。

② 金属板间搭接只搭接一个肋，必须母肋扣在公肋上。

③ 在天沟及下端处下弯10°左右，形成滴水线。

④ 固定螺钉要与支架和檩条垂直，并对准檩条中心，打钉前应挂线，使钉线平直。

⑤ 安装5～6块压型钢板，即需检查板两端的平整度，如有误差，及时调整。若压型钢板有少许偏斜，可微调板的对正位置，如在锁定固定支架时，将压型钢板向左或向右推移2mm。

4. 墙面维护系统安装

（1）墙面板安装准备

墙面板安装时应先搭设好脚手架，便于操作。也可采用角钢焊接或者钢管搭设井字梯作为操作平台。井字梯通过麻绳或钢丝绳在主体钢结构上沿高度方向每隔3m进行固定，固定后才能上人进行操作。

（2）墙面保温棉安装

墙面保温棉垂直于墙面檩条竖向安装，用自攻螺钉直接固定在墙面檩条上，保温棉横向不需搭接，但需要紧密贴实，纵向在檩条上搭接。

（3）墙板安装

墙板安装从整面墙一端到另一端，为了整体墙面美观，墙面金属板的铺设要注意主视方向视觉效果，安装方向与主视方向相背。安装第一块墙板时，控制墙板的垂直度与板底标高作为下一块墙板的参照基准。

安装后续墙板时以第一块板为基准，保证板缝垂直度与接缝美观，每安装 5~6 块板后需复测板的垂直度与板底标高，并作为新的基准板。

（4）墙面节点处理

安装墙面包角，墙面细部修整并打密封胶处理。

6.5.3 维护系统安装质量验收

压型金属板、泛水板、包角板和屋脊盖板等应固定可靠、牢固，防腐涂料涂刷和密封材料敷设应完好，连接件数量、规格、间距应满足设计要求并符合现行国家标准的规定。

连接压型金属板、泛水板、包角板和屋脊盖板采用的自攻螺钉、拉铆钉、射钉的规格尺寸及间距、边距等应满足设计要求并符合现行国家标准的规定。

屋面及墙面压型金属板的长度方向连接采用搭接连接时，搭接端应设置在支承构件（如檩条、墙梁等）上，并应与支承构件有可靠连接。当采用自攻螺钉或拉铆钉固定搭接时，搭接部位应设置防水密封胶带。压型金属板长度方向的搭接长度应满足设计要求，且当采用焊接搭接时，压型金属板搭接长度不宜小于 50mm；当采用直接搭接时，压型金属板搭接长度不宜小于表 6.10 规定的数值。

表 6.10 压型金属板在支承构件上的搭接长度　　　　　　　　（单位：mm）

项目		搭接长度
屋面、墙面内层板		80
屋面外层板	屋面坡度≤10%	250
	屋面坡度>10%	200
墙面外层板		120

压型金属板安装应平整、顺直，板面不应有施工残留物和污物。檐口和墙面下端应呈直线，不应有未经处理的孔洞。

连接压型金属板、泛水板、包角板和屋脊盖板采用的自攻螺钉、拉铆钉、射钉等与被连接板应紧固密贴，外观排列整齐。

压型金属板、泛水板、包角板和屋脊盖板安装的允许偏差应符合表 6.11 的规定。

表 6.11 压型金属板、泛水板、包角板和屋脊盖板安装的允许偏差　　（单位：mm）

项目		允许偏差
屋面	檐口、屋脊与山墙收边的直线度，檐口与屋脊的平行度（如有），泛水板、屋脊盖板与屋脊的平行度（如有）	12.0
	压型金属板板肋或波峰直线度、压型金属板板肋对屋脊的垂直度（如有）	$L/800$，且不大于 25.0
	檐口相邻两块压型金属板端部错位	6.0
	压型金属板卷边板件最大波浪高	4.0
墙面	竖排板的墙板波纹线相对地面的垂直度	$H/800$，且不大于 25.0
	横排板的墙板波纹线与檐口的平行度	12.0
	墙板包角板相对地面的垂直度	$H/800$，且不大于 25.0
	相邻两块压型金属板的下端错位	6.0

注：L 为屋面半坡或单坡长度；H 为墙面高度。

❋ 任务完成与自评

项目	要求	记录	分值	扣分	备注
檩条施工方案	不了解		20		
	一般				
	熟悉				
围护系统施工方案	不了解		60		
	一般				
	熟悉				
围护系统安装质量验收	细化围护系统安装质量验收内容		20		

单 元 习 题

一、单选题

1. 单层工业厂房结构安装，柱采用旋转法吊装时，柱斜向布置中三点共弧是指（　　）三者共弧。

    A．停机点，杯形基础中心点，柱脚

    B．柱吊点，停机点，杯形基础中心点

    C．柱吊点，柱脚，停机点

    D．柱吊点，杯形基础中心点，柱脚

2．轻钢厂房钢柱与基础之间的连接可以（　　）。

　　A．通过锚栓连接　　　　　　　　B．通过普通螺栓连接

　　C．通过高强度螺栓连接　　　　　D．与预埋板直接焊接

3．相邻两吊车梁接头部位中心错位的允许偏差为（　　）mm。

　　A．2　　　　　　B．3　　　　　　C．4　　　　　　D．5

4．基础顶面直接作为柱的支承面或以基础顶面预埋钢板或支座作为柱的支承面时，支承面的标高允许偏差为（　　）mm。

　　A．±1　　　　　B．±2　　　　　C．±3　　　　　D．±4

5．钢柱安装时，柱脚底座中心线对定位轴线的偏移允许偏差为（　　）mm。

　　A．2　　　　　　B．3　　　　　　C．4　　　　　　D．5

二、多选题

1．单层工业厂房结构安装方法有（　　）。

　　A．旋转法　　　　　　　　　　　B．滑行法

　　C．分件安装法　　　　　　　　　D．综合安装法

2．单层工业厂房吊装前的准备工作包括（　　）。

　　A．场地清理　　　B．铺设道路　　　C．敷设管线

　　D．构件准备　　　E．基础准备

三、复习思考题

1．试述轻钢厂房安装工艺流程。

2．试述地脚螺栓的安装方法。

3．钢柱安装后，如何对其平面位置、标高、垂直度进行校正。

高层钢结构安装

单元概述 本单元以《钢结构工程施工规范》（GB 50755—2012）、《钢结构工程施工质量验收标准》（GB 50205—2020）为主要依据，结合有关专业规范、规程和行业标准的规定，对高层钢结构安装进行了全面叙述。内容的编写包括从施工准备，到制定钢框架安装施工方案，再到钢柱的安装、钢梁的安装、钢结构组合楼板的安装。各工作过程分别介绍了其施工工艺和验收要点。通过本单元的学习，要求学生掌握高层钢结构安装工艺，能够在安装过程中对梁、柱的平面位置、标高和垂直度进行校正，并能采取必要的安全防护措施。

知识目标 1. 掌握高层钢结构吊装机具的选用规则。
2. 掌握高层钢结构安装工艺流程。
3. 掌握高层钢结构安装流水段的划分。
4. 掌握高层钢结构钢柱的安装方法。
5. 掌握高层钢结构钢梁的安装方法。
6. 掌握高层钢结构组合楼板的安装方法。

能力目标 1. 能进行高层钢结构吊装机具的正确选用。
2. 能编写高层钢结构安装工艺流程。
3. 能进行高层钢结构平面及立面安装流水段的划分。
4. 能指导高层钢结构钢柱的安装及其校正。
5. 能指导高层钢结构钢梁的安装及其校正。
6. 能指导高层钢结构组合楼板的安装。
7. 会编制高层钢结构安装施工方案。

思政引导 随着我国城市化建设进程的不断加快，高层钢结构日益增多。高层钢结构在施工安装过程中，强调把安全放在首位。如何做好钢结构施工安装阶段的安全防护工作，是建设单位和施工单位重点关注的问题。高层钢结构一旦发生安全问题，轻则造成经济损失，重则会引发极其严重的人员伤亡事故。在安装施工中，必须遵循安全操作规程，做好每一道安全防控措施，遵守安全法律法规，杜绝安全事故的发生。通过引入高层钢结构安全事故案例（案例由教师给出），从事故造成的人员伤亡和财产损失来说明安全的重要性。让学生深刻理解土木建筑类工程人员所承担的责任。让学生树立安全与法律意识，具备底线思维与红线意识，从"要我安全"转变到"我要安全"，加强每一位学生的安全与法律意识。

任务 7.1　高层钢结构施工准备工作

高层钢结构施工
准备工作

■ 任务目标

　　根据教师指定的高层钢结构工程项目，并结合本任务内容的学习，明确该高层钢结构工程的安装技术准备、材料准备、机具准备工作内容。

7.1.1　明确高层钢结构工程施工准备内容

　　施工准备是一项技术、计划、经济、质量、安全、现场管理等综合性强的工作，是同设计单位、钢结构构件加工厂、混凝土基础施工单位、混凝土结构施工单位以及钢结构安装单位进行内部资源组合的重要工作。施工准备包括技术准备、材料准备、机具准备等内容。

　　高层钢结构主体结构体系主要包括框架体系、框架剪力墙体系、框筒体系、组合筒体系等。高层钢结构主体结构施工包括钢柱、钢梁的吊装、校正；构件焊接和高强度螺栓固定；压型钢板安装等工序。由于建筑体量较大，一般先组装成各类构件，然后再采用多类吊装机械相结合的综合吊装方法进行吊装，吊装前应做好充分的准备工作。

7.1.2　技术准备

　　技术准备主要包括设计交底和图纸会审、钢结构安装施工组织设计、钢结构及构件验收标准及技术要求、计量管理和测量管理、特殊工艺管理等。具体工作内容如下。

　　1）参加图纸会审，与业主、设计、监理充分沟通，确定钢结构各节点、构件分节细节及工厂制作图。分节加工的构件应满足运输和吊装要求。

　　2）编制施工组织设计、分项作业指导书。施工组织设计包括工程概况、工程量清单、现场平面布置、主要施工机械和吊装方法、施工技术措施、专项施工方案、工程质量标准、安全及环境保护、主要资源表等。其中，吊装主要机械选型及平面布置是吊装重点。分项作业指导书可以细化为作业卡，主要用于作业人员明确相应工序的操作步骤、质量标准、施工工具和检测内容、检测标准。

　　3）依承接工程的具体情况，确定钢构件进场检验内容及适用标准，以及钢结构安装检验批划分、检验内容、检验标准、检测方法、检验工具，在遵循国家标准的基础上，参照部标或其他权威认可的标准，确定后在工程中使用。

　　4）各专项工种施工工艺确定，包括编制具体的吊装方案、测量监控方案、焊接及无损检测方案、高强度螺栓施工方案、塔吊装拆方案、临时用电用水方案、质量安全环保方案等。

5）组织必要的工艺试验，如焊接工艺试验、压型钢板施工及栓钉焊接检测工艺试验。尤其要做好新工艺、新材料的工艺试验，作为指导生产的依据。对于栓钉焊接工艺试验，根据栓钉的直径、长度及焊接类型，做相应的电流大小、通电时间长短的调试。对于高强度螺栓，要做好高强度螺栓连接副扭矩系数、预拉力和摩擦面抗滑移系数的检测。

6）根据结构深化图纸，验算钢结构框架安装时构件受力情况，科学地预计其可能的变形情况，并采取相应合理的技术措施来保证钢结构安装的顺利进行。

7）钢结构施工中，计量管理包括按标准进行的计量检测，按施工组织设计要求的精度配置的器具，检测中按标准进行的方法。测量管理包括控制网的建立和复核，检测方法、检测工具、检测精度符合国家标准要求。

8）与工程所在地的相关部门进行协调，如治安、交通、绿化、环保、文保、电力等，并到当地的气象部门了解以往年份的气象资料，做好防台风、防雨、防冻、防寒、防高温等措施。

7.1.3 材料准备

1）根据施工图，测算各主耗材料（如焊条、焊丝等）的数量，做好定货安排，确定进场时间。

2）各施工工序所需临时支撑、钢结构拼装平台、脚手架支撑、安全防护、环境保护器材数量确认后，安排进场搭设、制作。

3）根据现场施工安排，编制钢构件进场计划，安排制作、运输计划。对于特殊放射性、腐蚀性构件的运输，要做好相应的措施，并到当地的公安、消防部门登记。对超重、超长、超宽的构件，还应规定好吊装耳板的设置，并标出重心位置。

7.1.4 机具准备

在高层钢结构安装施工中，由于建筑较高、大，吊装机械多以塔式起重机、履带式起重机、汽车式起重机为主。

1. 塔式起重机

塔式起重机，又称塔吊，其起重臂安装在塔身顶部，可作360°回转，具有较高的起重高度、工作幅度和起重能力，是高层钢结构安装工程所必需的重要工程设备，其种类较多，按照结构、安装和性能特点等可将其分成多种类型。

（1）按有无行走机构分类

塔式起重机按有无行走机构可分为移动式塔式起重机和固定式塔式起重机。

移动式塔式起重机根据行走装置的不同又可分为轨道式塔式起重机、轮胎式塔式起重机、汽车式塔式起重机、履带式塔式起重机四种。轨道式塔式起重机塔身固定于行走底架上，可在专设的轨道上运行，稳定性好，能带负荷行走，工作效率高，因而广泛应用于建筑安装工程。轮胎式塔式起重机、汽车式塔式起重机和履带式塔式起重机无轨道装置，移动方便，但不能带负荷行走、稳定性较差，目前已很少使用。

固定式塔式起重机根据装设位置的不同，又分为附着自升塔式起重机和内爬式起重机两种。附着自升塔式起重机能随建筑物升高而升高，适用于高层建筑，建筑结构仅承受由起重机传来的水平载荷，附着方便，但占用结构用钢多；内爬式起重机在建筑物内部（电梯井、楼梯间），借助一套托架和提升系统进行爬升，顶升较烦琐，但占用结构用钢少，不需要装设基础，全部自重及载荷均由建筑物承受。

（2）按起重臂的构造特点分类

塔式起重机按起重臂的构造特点可分为俯仰变幅起重臂（动臂）塔式起重机和小车变幅起重臂（平臂）塔式起重机。

俯仰变幅起重臂塔式起重机靠起重臂升降来实现变幅，其优点是能充分发挥起重臂的有效高度，机构简单；缺点是最小幅度被限制在最大幅度的 30% 左右，不能完全靠近塔身，变幅时负荷随起重臂一起升降，不能带负荷变幅。

小车变幅起重臂塔式起重机靠水平起重臂轨道上安装的小车行走来实现变幅，其优点是变幅范围大，载重小车可驶近塔身，能带负荷变幅；缺点是起重臂受力情况复杂，对结构要求高，且起重臂和小车必须处于建筑物上部，塔尖安装高度比建筑物屋面要高出 15～20m。

（3）按塔身结构回转方式分类

塔式起重机按塔身结构回转方式可分为下回转（塔身回转）塔式起重机和上回转（塔身不回转）塔式起重机。

下回转塔式起重机将回转支座、平衡重主要机构等均设置在下端，其优点是塔身所受弯矩较少、重心低、稳定性好、安装维修方便；缺点是对回转支承要求较高，安装高度受到限制。

上回转塔式起重机将回转支座、平衡重、主要机构等均设置在上端，其优点是由于塔身不回转，可简化塔身下部结构，顶升加节方便；缺点是当建筑物超过塔身高度时，由于平衡臂的影响，限制起重机的回转，同时重心较高，风压增大，压重增加，使整机总重量增加。

（4）按起重机安装方式不同分类

塔式起重机按起重机安装方式不同，可分为能进行折叠运输、自行整体架设的快速安装塔式起重机和需借助辅机拆装的塔式起重机。

快速安装塔式起重机属于中小型下回转塔机，主要用于工期短，要求频繁移动的低层建筑上，其优点是能提高工作效率，节省安装成本，省时省工省料；缺点是结构复杂，维修量大。

需借助辅机拆装的塔式起重机，主要用于中高层建筑及工作幅度大、起重量大的场所，是目前建筑工地上的主要机种。

（5）按有无塔尖的结构分类

塔式起重机按有无塔尖的结构可分为平头塔式起重机和尖头塔式起重机。

平头塔式起重机是最近几年发展起来的一种新型塔式起重机，其特点是在原自升式塔机的结构上取消了塔尖及其前后拉杆部分，增强了大臂和平衡臂的结构强度，大臂和平衡臂直接相连。其优点是：

1）整机体积小，安装便捷安全，降低运输和仓储成本；

2）起重臂耐受性能好，受力均匀一致，对结构及连接部分损坏小；

3）部件设计可标准化、模块化，互换性强，减少设备闲置，提高投资效益。

其缺点是在同类型塔机中价格稍高。

尖头塔式起重机在起重臂与塔尖间设置拉杆，可通过改变起重臂的仰角，或通过水平起重臂轨道上安装的小车行走来实现变幅。

2. 其他施工机具

在高层钢结构施工中，除了塔式起重机、汽车式起重机、履带式起重机外，还会用到以下一些机具，如千斤顶、葫芦、卷扬机、滑车及滑车组、电焊机、熔焊栓钉机、电动扳手、全站仪、经纬仪等。

高层钢结构工程施工中，钢构件在加工厂制作，现场安装，工期较短，机械化程度高，采用的机具设备较多。因此，在施工准备阶段，根据现场施工要求，编制施工机具设备需用计划，同时根据现场施工现状、场地情况，确定各机具设备进场日期、安装日期及临时堆放场地，确保在不影响其他单位的施工活动的同时，保证机具设备按现场安装施工要求准备到位。

7.1.5 劳动力准备

在工程施工前，必须保证项目经理、项目技术负责人、施工员、质量员、安全员等管理人员及时到位。所有生产工人都要进行上岗前培训，并取得相应资质的上岗证书，做到持证上岗，尤其是焊工、起重工、塔吊操作工、塔吊指挥工等特殊工种。

7.1.6 高层钢结构安装安全要求

1. 施工安全要求

（1）垂直登高安全措施

高空安装作业时，应系好安全带，并应对使用的脚手架或吊架等进行检查，确认安全后方可施工。操作人员在水平钢梁上行走时，安全带要挂在钢梁上设置的安全绳上，安全绳的立杆钢管必须与钢梁连接牢固。

临时性人货两用电梯、永久（临时）性扶梯满足施工人员正常登高需求；钢柱安装时，为方便柱顶拆除吊索，常采取安装前在地面捆扎固定方法将工具式爬梯临时固定在钢柱侧面，使用完毕再行拆除的方法。

（2）水平通道安全设施

水平通道常采用工具式脚手通道、钢管脚手通道、装配式通道板、扶手绳等形式。扶手绳是在无安全通道的情况下，采用在距钢梁一定高度的钢柱表面焊接连接件，使用钢丝绳或尼龙绳穿过，形成扶手绳，施工人员在钢梁上行走时可用于安全带固定与扶绳缓行，确保安全。

（3）接柱操作平台

钢柱之间连接基本采用焊接紧固的方法，因此，必须设置操作平台供焊工使用。通常，采用工具式平台或用钢管脚手架搭设平台，在吊装前固定在钢柱上，随钢柱一起吊装。

（4）梁柱与梁梁节点操作平台

梁与柱以及梁与梁之间的节点通常采用高强度螺栓或焊接的节点形式，这些节点的操作设施一般选用钢制挂篮脚手，它可悬挂在钢梁上，使用灵活，移动方便。

（5）安全网设置

高层钢结构安装施工中常设置楼层水平安全网、竖向防护网和挑网三种。楼层水平网可放置于钢梁面上，也可放在钢梁下翼缘的挂钩上或者放在脚手通道的下面，竖网和挑网起侧向防护作用。

第一层水平安全网离地面5～10m，挑出网宽6m；第二层水平安全网设在钢结构安装工作面下，挑出3m。第一、二层水平安全网应随钢结构安装进度往上转移，两者相差一节柱距离。网下已安装好的钢结构外侧，应安设竖向防护网，并沿建筑物外侧封闭严密。建筑物内部的楼梯、电梯井口、各种预留孔洞等处，均要设置水平防护网、防护挡板或防护栏杆。

（6）起重机吊装安全

构件吊装时，要采取必要措施防止起重机倾翻。起重机行驶道路，必须坚实可靠；尽量避免满负荷行驶；严禁超载吊装；双机抬吊时，要根据起重机的起重能力进行合理的负荷分配，并统一指挥操作；绑扎构件的吊索须经过计算，所有起重机具应定期检查。使用塔式起重机或长吊杆的其他类型起重机时，应有避雷防触电设施。

2. 施工现场消防安全措施

1）钢结构安装前，必须根据工程规模、结构特点、技术复杂程度和现场具体条件等，拟定具体的安全消防措施，建立安全消防管理制度，并强化进行管理。

2）应对参加安装施工的全体人员进行安全消防技术交底，加强教育和培训工作。

各专业工程应严格执行相关工种安全操作规程和工程指定的各项安全消防措施。

3）施工现场应设置消防车道，配备消防器材，安排足够的消防水源。

4）施工材料的堆放、保管应符合防火安全要求，易燃材料必须专库堆放。

5）进行电弧焊、栓钉焊、气割等明火作业时，要有专职人员值班防火。氧、乙炔瓶不应放在太阳光下暴晒，更不可接近火源（要求与火源距离不小于 10m）；冬季氧、乙炔瓶阀门发生冻结时，应用干净的热布将阀门烫热，不可用火烤。

6）安装使用的电气设备，应按使用性质的不同，设置专用电缆供电，其中塔式起重机、电焊机、栓钉焊机三类用电量大的设备，应分成三路电源供电。

7）多层与高层钢结构安装施工时，各类消防设施（灭火器、水桶、砂袋等）应随安装高度的增加及时上移，一般不得超过两个楼层。

※ 任务完成与自评

项目	要求	记录	分值	扣分	备注
高层钢结构工程项目的安装技术准备	完成图纸会审纪要		20		
	所需规范规程列表		10		
	施工方案资料收集		10		
高层钢结构工程项目的安装材料准备	完成该高层钢结构工程项目的材料准备计划		30		
高层钢结构工程项目的安装机具准备	列表完成该高层钢结构工程项目所需的安装机具		30		

任务 7.2 高层钢结构施工测量

■任务目标

根据教师指定的高层钢结构工程项目，并结合本任务内容的学习，完成高层钢结构工程施工测量方案的编制。

高层钢结构施工测量

7.2.1 明确高层钢结构工程施工测量工作内容

随着我国建筑行业的集约化发展，高层钢结构建筑越来越普遍，在工程施工过程中，施工测量贯穿在钢结构施工的整个过程中，测量精度的高低直接影响着高层钢结构安装施工质量。施工测量工作是高层钢结构工程施工的关键技术工作。

高层钢结构工程一般为混凝土核心筒钢结构外框筒结构，核心筒在前，外框筒钢结构随后。针对工程的结构特点，高层钢结构测量分平面、高程控制两部分。其总体思路：平面控制点使用激光铅直仪向上传递，高程控制点使用钢卷尺分段向上量距。每次传递的点位经自检闭合后再进行钢柱垂直度测量、柱顶轴线偏差测量、柱顶标高测量、梁轴线与高差检查、地脚螺栓定位检测，以及柱底对中、变形观测等工作。

针对不同钢结构工程的结构特点，高层钢结构测量主要工作内容可分为：

1）高层钢结构工程的平面控制网建立；

2）高层钢结构工程的平面控制网垂直引测；

3）高层钢结构工程的高程控制网建立；

4）高层钢结构工程的高程控制网引测；

5）钢构件的安装与测量，包括首节柱地脚螺栓测量、钢柱的安装与测量、钢梁及其核心筒埋件的定位测量。

7.2.2 测量准备

高层钢结构工程结构复杂，构件安装精度要求高，为确保基础性的施工测量过程及结果的准确性，必须高度重视测量准备环节。

安装施工测量工作需由经验丰富的测绘工程师担任，对测量施工技术方案的制订实施、平面控制网测设、测量施工进度质量控制负主要责任。另外配备专职测量人员，具体执行测量施工方案、平面控制网测设操作，以及标高、沉降观测、整理并上报内业资料。

与此同时，高层钢结构构件安装施工测量所需仪器设备必须齐备，应结合工程施工要求，准备高层钢结构构件安装施工测量所需测量仪器。为达到正确的符合精度要求的测量成果，全站仪、经纬仪、水平仪、铅直仪、钢尺等施工测量前必须经计量部门检定。除按规定周期进行检定外，在周期内的全站仪、经纬仪、铅直仪等主要有关轴线测设的仪器，还应每2～3个月进行定期检校。

全站仪，即全站型电子测速仪。它是随着计算机和电子测速技术的发展，在近代电子科技与光学经纬仪结合的基础上增加了电子测距的功能，较完善地实现了测量和处理过程的电子化和一体化。简单地说，全站仪就是水准仪、经纬仪、测距仪及测量软件功能的结合。它不仅能测角，也能测距，并且测量的距离长、时间短、精度高。全站仪是由电子测角、电子测距等组成的三维坐标测量系统，测量结果能自动显示。全站仪主要用来测设高层钢结构构件安装平面控制网，检测构件拼装、安装结果，监测结构变形。

经纬仪是一种根据测角原理设计的测量水平角和竖直角的测量仪器，分为光学经纬仪和电子经纬仪两种，目前最常用的是电子经纬仪。经纬仪主要用于高层钢结构轴线测设、现场拼装胎架放线测设等。

水准仪是利用水准仪提供"水平视线"测量两点间的高差，从而由已知点高程推算出未知点的高程。用于高层钢结构高程控制网的测设及梁柱标高复测等。

激光铅垂仪是指借助仪器中安置的高灵敏度水准管或水银盘反射系统，将激光束导至铅垂方向用于进行竖向准直的一种工程测量仪器。它利用一条与视准轴重合的可见激光产生一条向上的铅垂线，用于测量相对铅垂线的微小偏差以及进行铅垂线的定位传递。

7.2.3 平面控制网的建立

平面控制网可以根据土建提供的轴线控制点、控制网直接利用，或依据城市规划勘测院提供的坐标点引测到施工区域内。根据场区地形条件和建筑物的设计形式和特点，布设十字轴线或矩形控制网，平面布置异型的建筑可根据建筑物形状布设多边形控制网。

根据每个工程的高度和工程的特点，可采用内控法或外控法，或两种方法相结合的方法建立基准控制点。

将测量基准点设在建筑物外部的方法俗称外控法，该方法适用于场地开阔的工地。根据建筑物平面形状，在轴线延长线上设立控制点，控制点一般距建筑物 $0.8 \sim 1.5H$（H 为建筑物高度）处。每点引出两条交会的线，组成控制网，并设立半永久性控制桩。建筑物垂直度的传递都从该控制桩引向高空。

将测量控制基准点设在建筑物内部的测设方法称内控法。该方法适用于场地狭窄，无法在场外建立基准点的工地。控制点的多少根据建筑物平面形状决定。当从地面或底层把基准线引至高空楼面时，遇到楼板要留孔洞，最后修补该孔洞。

一般高层钢结构工程中，均有地下部分 $1 \sim 6$ 层左右，对地下部分控制网的建立可采用外控法。通过建立井字形控制点，组成一个平面控制格网，并测设出纵横轴线。

对于地上部分控制网的建立，控制点的竖向传递采用内控法，投递仪器采用激光铅直仪。在地下部分钢结构工程施工完成后，利用全站仪将地下部分的外控点引测到 ± 0.000m 层楼面，在 ± 0.000m 层楼面形成井字形内控点。在设置内控点时，为保证控制点间相互通视和向上传递，应避开柱梁位置。在把外控点向内控点的引测过程中，其引测必须符合《工程测量标准》（GB 50026—2020）的相关规定。

7.2.4　平面控制网的垂直引测

高层钢结构须加强主楼垂直度测量控制，即通过主楼轴线垂直引测进行竖向偏差的量化与控制。

经纬仪架设于建筑物底层红色油漆所标示的轴线控制点处，进行主轴线点向上一楼层的逐层垂直引测，最终完成钢结构构件轴线测放。在控制点架设激光铅直仪，精密对中整平，在控制点的正上方，传递控制点的楼层预留孔洞上放置一块由机玻璃做成的激光接收靶，通过移动激光接收靶将控制点传递到施工作业楼层上。然后在传递好的控制点上架设仪器，从0°、90°、180°、270°四个方向向光靶投点，用0.2mm笔定出这四个点，若四点重合则传递无误差，若四点不重合，则找出四点对角线的交点作为传递上来的控制点。复测传递好的控制点须符合《工程测量标准》（GB 50026—2020）的相关规定。测设完毕，各层楼面的预留孔洞用盖板盖上以保安全。

控制点投测到施工层楼板上之后，将全站仪分别置于各投测点上，校测各个角及相邻两投测点间距是否同首层±0.000m底板上对应的各个角度及控制距离相符。待角度、距离校测后，将投影点用墨线连起来，然后以控制线为基准，用检定过的50m钢卷尺将各条轴线投测于楼板上。

7.2.5　高程控制网的建立及引测

高层钢结构高程控制网应布设成闭合环线、附合路线或结点网形。用校核无误后的水准点向现场较永久的建筑物上外测本工程的±0.000m标高点（可设置在平面控制网的标桩或外围的固定地物上，也可单独埋设），用红色油漆作"▼"标记，作为本工程的高程依据。为提高精度，在引测过程中必须使用前后视等长的原则。

地上上部楼层标高的传递宜采用悬挂钢尺（一般为50m标准钢尺）测量方法进行，并应对钢尺读数进行温度、尺长和拉力修正。

首先校测±0.000m标高点，然后将±0.000m抄测到建筑物外墙四周并引测到电梯井，用墨斗弹线，闭合差符合测量规范要求。用50m钢卷尺直接从±0.000m点沿电梯井和核心筒结构底板预留洞铅直拉出各层距结构板面1000mm的统一高程点，当两点高程传递到同一施工面时，用水准仪对传递高程点进行闭合校测，取其三个高程点传递的平均值作为各层结构高程的控制依据，在工作面上大面积进行抄平。

在每一节钢柱安装结束后，采用50m钢尺进行各角柱±0.500m标高基准点的铅直引测（钢卷尺保证垂直引测），待引测到达目标高度再做闭合处理，确保闭合差符合测量规范要求，且闭合差只能出现在楼层结构面1.000m位置，以闭合处作为本楼层和上节钢柱安装校正的高程控制点。

任务完成与自评

项目	要求	记录	分值	扣分	备注
高层钢结构测量专项施工方案的编制	平面控制网建立		20		
	平面控制网垂直引测		20		
	高程控制网建立		20		
	高程控制网引测		20		
施工测量方案技术交底	完成该高层钢结构施工测量方案技术交底		20		

任务 7.3　高层钢结构安装方法

■ 任务目标

　　根据教师指定的高层钢结构工程项目，结合本任务内容的学习，划分该高层钢结构安装流水段，编制该高层钢结构安装工艺流程，确定该高层钢结构安装方法。

高层钢结构安装方法

7.3.1　明确高层钢结构工程安装流水段的划分

　　1. 流水段的划分原则

　　高层钢结构的安装需要按照建筑物平面形状、结构形式、安装机械数量和位置划分流水段。流水段的划分除满足施工顺序、施工方法和流水施工条件的要求外，还需满足以下具体要求：

　　1）专业工作队在各个施工段上的劳动量要大致相等，以便组织等节奏流水施工；

　　2）对多层或高层建筑物，施工段的数目要满足合理流水施工组织的要求；

　　3）流水段的划分必须充分满足工人、主导施工机械的合理劳动组织的要求；

　　4）流水段的划分必须保证工程的结构整体性，施工段的分界线应尽可能与结构的自然界线相一致；

　　5）对于多层的拟建工程项目，既要划分施工段，又要划分施工层，以保证相应的专业工作队在施工段与施工层之间，组织有节奏、连续、均衡地流水施工。

　　2. 高层钢结构流水段的划分

　　根据高层钢结构工程的平面形状、结构形式、安装机械数量和工期、现场条件等，将高层钢结构工程的流水段划分为平面流水段和立面流水段。

（1）平面流水段的划分

为了加快吊装进度，每节流水段（每节框架）内需在平面上划分流水区。高层钢结构多为框筒结构，流水段划分时，可以把混凝土筒体和塔式起重机爬升区划分为一个主要流水区；余下部分的区域，划分为次要流水区；当采用两台或两台以上的塔式起重机施工时，按其不同的起重半径划分各自的施工区域。流水段划分时，将主要部位（混凝土筒体、塔式起重机爬升区）安排在先行施工的区域，使其早日达到强度，为塔吊爬升创造条件。

考虑高层钢结构在安装过程中的对称性和整体稳定性，安装顺序应由中央向四周扩展，以减少焊接误差。

（2）立面流水段的划分

立面流水段的划分以一节钢柱（各节所含层数不一）高度内所有构件作为一个流水段。每个流水段先满足以主梁或钢支撑、带状桁架安装成框架的原则，再进行次梁、楼板及非结构构件的安装。塔式起重机的提升、顶升与锚固均应满足组成框架的需要。

立面流水段的划分，在吊装时，除须保证单节框架本身的刚度外，还须保证自升式塔式起重机（特别是内爬式塔式起重机）在爬升过程中的框架稳定。划分时需注意：

1）塔式起重机的起重性能（起重量、起重半径、起吊高度）应满足流水段内的最重物件的吊装要求。

2）塔式起重机爬升高度能满足下一节流水段的构件起吊高度。

3）每一节流水段内柱的长度应能满足构件制造厂的制作条件和运输堆放条件。柱的长度宜取2~3个楼层高度，分节位置宜在梁顶标高以上1.0~1.3m处。在底层柱较重的情况下，也可适当减少钢柱的长度。

3. 流水段内构件吊装注意事项

1）吊装可采用整个流水段内先柱后梁或局部先柱后梁的顺序；单柱不得长时间处于悬臂状态。

2）压型金属板组合楼板的安装应与构件吊装进度同步。

3）特殊流水作业段内的吊装顺序应按安装工艺确定，并应符合设计文件的要求。

7.3.2 高层钢结构工程安装工艺流程

1. 高层钢结构安装工艺流程

高层钢结构安装工艺流程如图7.1所示。

```
钢构件运至中转仓库
        ↓
构件分类、检查配套 ────────→ 准备工作 ←──── 检查吊装设备、工具数量及完好情况
        ↓                     │        ←──── 高强度螺栓及摩擦面复试
     检修构件                   │        ←──── 特殊工种复试：焊工、超探工、起重
        ↓                     │              工、塔吊工、测量工等
按吊装顺序运至现场分类堆放 ──→ 放线及验线（轴线、标高） ←── 检查吊装设备、工具数量及完好情况
                              ↓
                     预埋螺栓验收及钢筋
                     混凝土基础面处理
                              ↓
                     构件中心线及标高线
                              ↓          ←──── 安装操作吊篮及通道
调整标高、轴线、坐      安装柱、梁核心框架
标、垂直度、全站仪、           ↓          ←──── 安装操作吊篮及通道
经纬仪、水准仪跟踪 ──→ 高强度螺栓初拧、终拧
观测                          ↓          ←──── 提出校正复测记录
                     柱与柱节点焊接 ←──── 对超差进行校正
框架整体校正 ─────→           ↓          ←──── 碳弧气刨
                     梁与柱、梁与梁节点焊接 ←── 焊接顺序：上层→下层→中层
                              ↓
                     超声波探伤 ──→ 提出焊缝超声波探伤报告
                              ↓              ↓          ↓
提出校正复测记录 ──→  零星构件（隔撑）安装    合格       不合格
对超差进行校正                ↓
                     安装压型钢板
                              ↓
                     焊接、栓钉、螺栓
                              ↓
                     塔式起重机爬升
                              ↓
                     下一节流水段准备工作
```

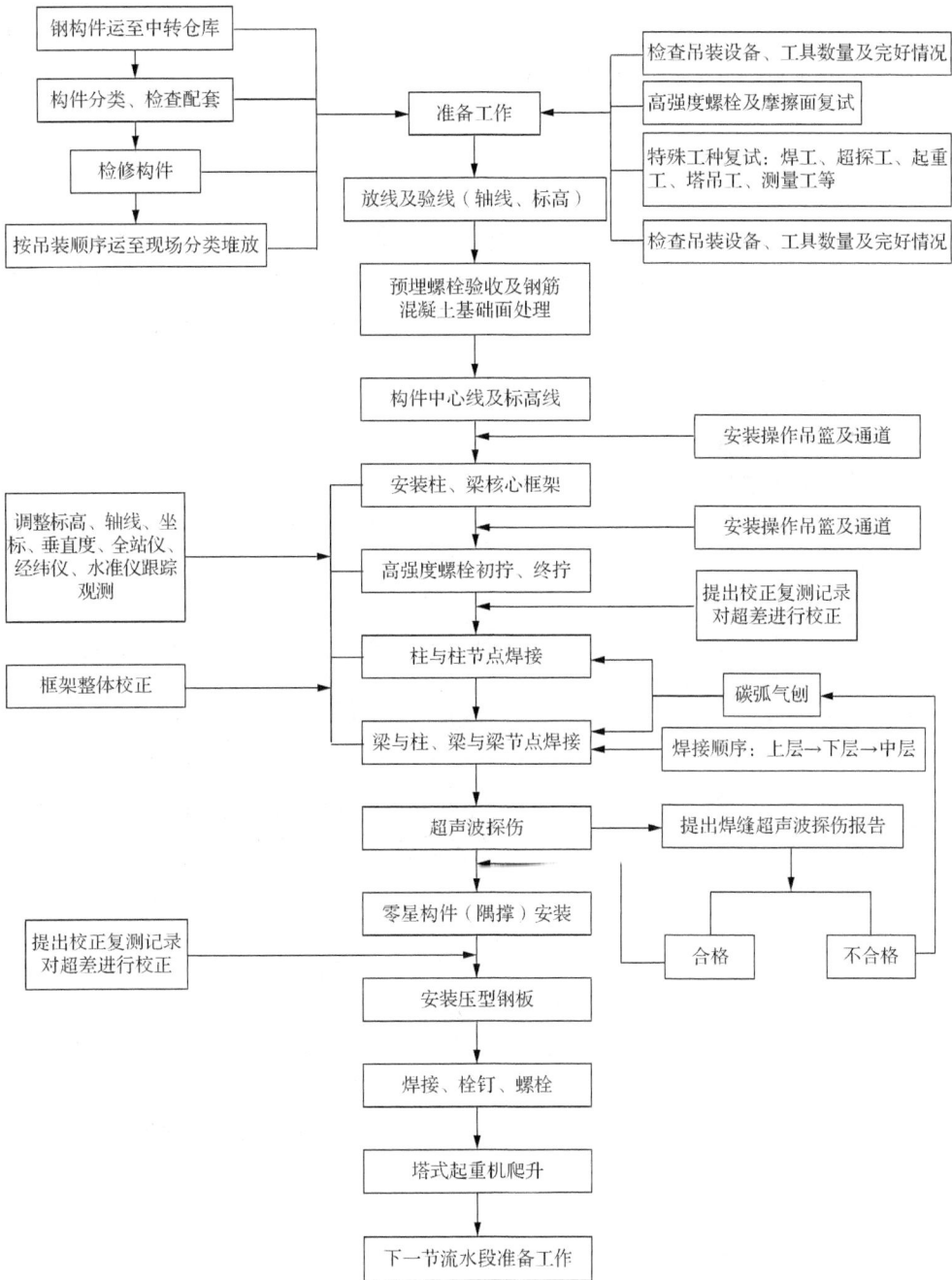

图 7.1 高层钢结构安装工艺流程

2. 一个立面流水段的安装顺序

第 *N* 节钢框架安装准备→安装登高爬梯→安装操作平台、通道→安装柱梁支撑等形

225

成钢框架→节点螺栓临时固定→检查垂直度、标高、位移→拉好校正用缆风绳→整体校正→中间验收签证→高强度螺栓终拧紧固→接柱焊接→梁焊接→超声波探伤→拆除校正用缆风绳→塔式起重机爬升→第 $N+1$ 节钢框架安装准备。

7.3.3 高层钢结构工程安装方法

高层钢结构建筑在总体上可划分为节框架（一般以 3～4 层为一节），在这些节框架中，多数节框架具有结构类型大致相同的情况，把这类节框架归纳为标准节框架。只要掌握标准节框架的施工，也就基本上掌握了高层钢结构框架施工的方法。

1. 标准节框架的安装方法

（1）节间综合安装法

节间综合安装法是指在标准节框架中，先选择一个节间作为标准间。安装 4 根钢柱后立即安装框架梁、次梁和支撑等，由下而上逐间构成空间标准间，并进行校正和固定。然后，以此标准间为基准，按规定方向进行安装，逐步扩大框架，每立 2 根钢柱，便安装 1 个节间，直至该施工层完成。

节间综合安装法安装时，起重机每移动一次就安装完一个节间内的全部构件。其优点是起重机开行路线短、停机点少，停机一次就可以完成一个节间的全部构件安装工作，可以为后期工程建造提供工作面；其缺点是需要起重量大的起重机同时起吊各类构件，不能充分发挥起重机的效率，无法组织单一构件的连续作业，吊具锁具更换频繁。

国外一般采用节间综合安装法，随吊随运，现场原则上不设堆场，每天提出供货清单，当天安装完毕。这种安装方法对现场管理要求严格，供货交通必须确保畅通，在构件运输保证的条件下能获得最佳的效果。

（2）分件安装法

分件安装法是指按构件分类进行大流水安装。该方法是在标准节框架中先安装钢柱，再安装框架梁，然后安装其他构件，按层进行，从下到上，最终形成框架。

分件安装法安装时，起重机在结构内每开行一次仅安装一种或两种构件。其优点是每次开行中仅吊装一类构件，吊装内容单一，准备工作简单，校正方便，吊装效率高，有充分的时间来进行校正；其缺点是起重机开行频繁，机械台班费用增加，起重机的开行路线长，起重臂长度改变需要一定的时间等。

国内目前多数采用此法，主要原因是：

1）影响钢构件供应的因素多，不能按照综合安装法供应钢构件；

2）在构件不能按计划供应的情况下尚可继续进行安装，有机动的余地；

3）管理和生产工人容易适应。

（3）标准节框架安装注意事项

1）每节框架吊装时，必须先组成整体框架，即次要构件可后安装。尽量避免单柱长时间处于悬臂状态，使框架尽早形成，这样可增加吊装阶段的稳定性。

2）每节框架施工时，一般是先栓后焊，并按先顶层梁，其次底层梁，最后为中间层梁的操作顺序，使框架的安装质量能较好地控制。

3）每节框架梁焊接前，应先分析框架柱的垂直度偏差情况，有目的地选择与柱偏差较大部位的梁先进行焊接，以减小焊接后产生的收缩变形，有助于减少柱子的垂直度偏差。

4）每节框架内的钢楼梯及金属压型板应及时随框架吊装进展而进行安装，这样既可解决局部垂直登高和水平通道问题，又可起到安全隔离层的作用，给施工现场操作带来便利。

2. 特殊节框架的施工

特殊节框架是指不同于标准节的框架，如底层大厅（裙房网架）、结构的水平加强桁架层、屋顶花园层等。由于建筑和结构上的要求特殊，特殊节框架施工有其不同的要求，为此应制定特殊构件吊装的施工技术方案，方能全面完成高层钢结构框架的安装。

底层大厅（裙房网架）结构跨度较大，同时位于高层建筑的内部或边缘，施工条件较差，一般采用"地面拼装，整体提升""搭设平台，高空散装"等施工方法。

结构的水平加强桁架层的桁架结构重量大，一般情况下塔吊无法整体吊装，常采取"分段吊""整体提升""散装法"等方法施工。还有如屋顶花园层等较轻的结构类型，一般直接采用塔吊进行散装法。

7.3.4 高层钢结构工程施工协调

高层钢结构建筑施工时随着楼层的增加，施工过程中各专业、各工种之间基本同时作业，相互影响、相互制约的现象也就随之增加。层数越多，矛盾越突出。

1. 施工协调内容

（1）垂直运输机械的使用

高层建筑施工时，主要的垂直运输机械有塔式起重机与人货两用电梯。在现场各施工单位只能共同使用统一布置的塔式起重机与人货两用电梯。高峰期间，现场施工企业多达几十家，作业人员多达几千人，几十层高的建筑，每层都有不同专业的人员在工作，现场仅有的几台垂直运输设备必须由总包统一协调、计划，各单位分时使用。

（2）施工平面协调

高层建筑施工现场都是非常狭小的，工地中几乎没有堆场，而大量材料的进出，给施工平面布局带来一定的困难。要求施工平面图根据施工的不同阶段进行变化，而且每天要对仅有的堆场进行协调，对每个楼层也要进行协调，对施工材料、设备的堆放场地同样要进行协调，且需组织一定的力量进行协调与监督管理，以确保施工工地场容文明、施工有序。

（3）塔吊的爬升与混凝土的浇捣

对于框筒混合结构工程，核心筒必须先施工，一般 3～4 层作为一个施工流水段，需要达到足够的强度，而核心筒施工又必须依赖于塔吊，特别是核心筒混凝土内有劲性钢结构的建筑，钢结构完成才能进行核心筒的浇捣，待筒体达到强度后需立即进行钢结构的吊装。所以必须提前计划好工期协调，在总包的统一协调下进行施工，否则将贻误工期。

（4）钢结构构件加工与构件安装

制订满足安装工期的构件进场计划要求，并及时提供给钢结构构件制作单位，施工中出现的相关问题及时与制作厂技术部门沟通，特别是柱类构件安装，现场安装部门必须提前将钢结构安装误差测量数据传到加工厂，进行构件误差修正。

（5）钢结构构件安装与压型钢板混凝土组合楼板的浇捣

目前，高层钢结构楼板都是压型钢板混凝土组合楼板，框架吊装后要经过高强度螺栓施工、电焊、铺压型钢板等多道工序，才能交付土建单元，而土建单元又需经过几道工序才能浇捣混凝土。因此，钢构件安装和楼盖钢筋混凝土楼板的施工应相继进行，两项作业相距不宜超过 5 层，需提前制订作业计划，并由总包统一协调施工。

2. 安全生产协调

立体交叉作业是高层钢结构建筑施工的一大特点，通常在同一个立面里有几十个工作点，每层都有工人在施工，而且又来自不同的单位或不同的专业，施工过程中不仅上下左右的安全设施搭拆需要协调，用电、消防等安全工作也必须有专人负责，比如某个单位要在某楼层、某区域进行焊接施工，必须先提出用电计划与动火申请，交总包协调、确认后，方能进行作业。

3. 施工协调方法

1）组织一个专门的机构（一般称计划协调部）操办协调工作。

2）总包除建立每周一次各承包商的工程例会外，还应组织每月一次的月计划会议和每季度一次的季计划会议。

3）钢结构施工高峰期，与钢结构施工密切相关的有关承包商还应进行每日碰头会制度，以协调当天或第二天的垂直运输、场地占用等矛盾。

4）钢结构制作与安装的承包商，至少每周协调一次。

❈ 任务完成与自评

项目	要求	记录	分值	扣分	备注
高层钢结构安装流水段的划分	平面流水段的划分		20		
	立面流水段的划分		20		
编制该高层钢结构安装工艺流程	编制该高层钢结构安装工艺流程		30		
确定该高层钢结构安装方法	确定该高层钢结构安装方法		30		

任务 7.4 高层钢结构钢柱安装

■任务目标

　　根据教师指定的高层钢结构工程项目，同时结合本任务的学习内容，完成该工程钢柱安装方案的编制。

高层钢结构钢柱安装

7.4.1 钢柱安装准备工作

1. 基础复测

　　第一节钢柱直接安装在钢筋混凝土柱基底板上。钢结构的安装质量和工效同柱基的定位轴线、基准标高直接相关。安装单位对柱基的预检重点是定位轴线间距、柱基面标高和地脚螺栓预埋位置，其偏差要满足规范要求。

　　（1）检查定位轴线

　　定位轴线从基础施工起就应高度重视，先要做好控制桩，待基础浇筑混凝土后再根据控制桩将定位轴线引测到桩基钢筋混凝土底板面上；然后预检定位线是否同原定位线重合、封闭，每根定位轴线的总尺寸误差值是否超过控制偏差，纵横定位轴线是否垂直、平行。定位轴线预检是在弹过线的基础上进行的，预检由业主、土建、安装三方联合进行，对检查数据要统一认可鉴定证明。

　　（2）检查柱间距

　　柱间距检查是在定位轴线认可的前提下进行的，采用标准尺实测柱距。柱距偏差值应严格控制在验收标准范围内。因为定位轴线的交叉点是柱基中心点，是钢柱安装的基准点，钢柱竖向间距以此为准，框架钢梁的连接螺孔的孔洞直径一般比高强度螺栓直径大 1.5~2.0mm，如柱距过大或过小，直接影响整个竖向框架梁的安装连接和钢柱的垂直，安装中还会有安装误差。

　　（3）检查单独柱基中心线

　　检查单独柱基的中心线同定位轴线之间的误差，调整柱基中心线使其同定位轴线重合，然后以柱基中心线为依据，检查地脚螺栓的预埋位置。

　　（4）实测基准标高

　　在柱基中心表面和钢柱底面之间，考虑到施工因素，规定有一定的间隙作为钢柱安装前的标高调整。基准标高点一般设置在柱基底板的适当位置，四周加以保护，该标准点作为整个高层钢结构工程施工阶段的标高的依据。以基准标高点为依据，对钢柱柱基表面进行标高实测，将测得的标高偏差用平面图表示，作为临时支承标高块调整的依据。

为了精确控制高层钢结构上部结构的标高，在钢柱吊装之前，要根据钢柱预检（实际长度、牛腿间距离、钢柱底板平整度等）结果在柱子基础表面浇筑标高块。标高块采用无收缩砂浆，立模浇筑，其强度不宜小于 $30N/mm^2$，标高块面须埋设厚度为 $16\sim20mm$ 的钢面板。浇筑标高块之前应对基础表面进行凿毛处理，以增加黏结强度。

2. 地脚螺栓检查

地脚螺栓埋设很关键，其埋设位置的准确性将影响到主体钢柱的安装。地脚螺栓的位置偏移及尺寸偏差等均会造成钢柱安装困难，因此在主体钢结构安装前需对地脚螺栓进行复测。具体检查地脚螺栓规格、埋设中心偏移、螺栓外露长度、螺栓螺纹长度等均应满足规范要求。

（1）检查螺栓的螺纹长度

螺栓的螺纹长度应保证钢柱安装后螺母拧紧的需要。

（2）检查螺栓垂直度

如误差超过规定必须矫直，矫直方法可用冷校法或火焰热校法。检查螺纹是否损坏，检查合格后在螺纹部分涂上油，盖好帽套加以保护。

（3）检查螺栓间距

实测独立柱地脚螺栓组间的偏差值，绘制平面图表明偏差数值和偏差方向。与地脚螺栓相对应的钢柱安装孔，应根据螺栓的检查结果进行调整，如有问题，应事先扩孔，以保证钢柱的顺利安装。

3. 钢柱检查

（1）构件检查

对高层钢结构安装工程质量不仅要控制原材料和构件的制作质量，而且要控制构件的运输、堆放和吊装质量。在钢柱安装前，应按构件明细表核对进场构件，查验产品合格证。检查其外形几何尺寸、螺孔大小和间距、预埋件位置、焊缝剖口、节点摩擦面、构件数量规格等。对于在运输、堆放等过程中造成的钢柱变形及涂层脱落，应进行矫正和修补。

（2）构件清理

在高层钢结构构件安装工程中，由于构件堆放和施工现场都是露天的，风吹雨淋，构件表面极易黏结泥沙、油污等脏污，不仅影响建筑物美观，而且时间长了还会侵蚀涂层，造成构件锈蚀。因此，在构件吊装前应清除构件表面的焊疤、油污、冰雪、泥沙和灰尘等杂物，保持钢柱表面干净。

（3）构件弹线与编号

钢构件的定位标记（中心线和标高等标记）不仅能提高安装精度，而且能加快安装进度，对工程竣工后正确地进行定期观测，积累工程档案资料和工程的改、扩建等至关重要。因此，在吊装前还应做好轴线和标高标记。吊装时，为方便辨认钢柱，应对每根钢柱进行编号，将编号编写在构件明显的部位。

7.4.2 首节钢柱安装

1. 吊点设置

吊点的设置位置与吊点数量需根据具体情况确定。一般钢柱弹性和刚性都较好，吊点采用一点正吊。吊点设置在柱顶处，柱身竖直，吊点通过柱重心位置，易于起吊、对线、校正。

2. 钢柱起吊

1）在高层钢结构工程中，钢柱一般采用单机起吊。第一节钢柱是安装在柱基上的，钢柱安装前应将登高爬梯和挂篮等挂设在钢柱预定位置并绑扎牢固。

当构件重量超过单台起重设备的额定起重量范围时，构件可采用双机抬吊的方式吊装。双机抬吊应注意的事项包括以下几点。

① 尽量选用同类型起重机。

② 起重设备应进行合理的负荷分配，构件重量不得超过两台起重设备额定起重量总和的 75%，单台起重设备的负荷量不得超过额定起重量的 80%。

③ 吊装作业应进行安全验算并采取相应的安全措施，应有经批准的抬吊作业专项方案。

④ 吊装操作时，应保持两台起重设备升降和移动同步，两台起重设备的吊钩、滑车组均应基本保持垂直状态。

⑤ 在操作过程中，要互相配合，动作协调，如采用铁扁担起吊，尽量使铁扁担保持平衡，倾斜角度小，以防一台起重机失重而使另一台起重机超载，造成安全事故。

⑥ 信号指挥时，分指挥必须听从总指挥。

2）起吊时，钢柱必须垂直，尽量做到回转扶直，不得使柱的底端在地面上有拖拉现象，以防止柱身损伤。起吊回转过程中应注意避免同其他已吊好的构件相碰撞，吊索应有一定的有效高度。

3. 钢柱就位

钢柱起吊后，当柱脚距地脚螺栓约 30~40cm 时应人工扶正，停机稳定，使柱脚的安装孔对准螺栓，当准螺栓孔和十字线重合后，钢柱缓慢下落。下落中应避免磕碰地脚锚栓，再检查钢柱四边中心线与基础十字轴线的对准情况（四边均要兼顾），如有不符及时进行调整。经调整，柱脚底座中心线对定位轴线的偏移在 5mm 以内时，下落钢柱就位。

4. 钢柱临时固定

钢柱就位后，收紧四个方向缆风绳，拧紧地脚螺栓的紧固螺母，临时固定即可脱钩。如受周围环境条件限制，不能拉设缆风绳时，可采用在相应方向上架设支承方式进行临时固定。

5. 钢柱校正

首节钢柱安装后应及时进行垂直度、标高和轴线位置校正。先进行柱基标高调整，再进行柱基轴线调整，最后进行柱身垂直度校正。

进行钢柱基础标高实测时，应以基准标高点为依据，对钢柱基础进行标高实测，将测得的标高偏差用平面图表示，作为调整依据。

（1）柱基标高调整

1）通过调整螺母调节标高。钢柱就位后，可以利用柱脚底板下的调整螺母控制钢柱的标高。根据实测标高偏差值，调节柱脚底板下的调整螺母，使调整螺母上表面的标高与柱脚底板标高齐平，精度可达±1mm 以内。柱底板下预留的空隙，可以用高强度砂浆、微膨胀砂浆、无收缩砂浆以捻浆法填实。

2）通过钢垫板调节标高。如果首节钢柱重量过大，螺栓和螺母无法承受其重量，可在柱底板下、基础钢筋混凝土顶面放置标高调整块（即钢垫板）来调整标高。当采用钢垫板作支承时，钢垫板面积的大小应根据基础混凝土的抗压强度、柱底板的荷载（二次灌筑前）和地脚螺栓的紧固拉力计算确定，取其中较大者。

（2）柱基轴线调整

钢柱制作时，在柱底板的四个侧面冲标出钢柱的中心线。在钢柱起吊后，在起重机不松钩的情况下，将柱底板上的中心线与柱基础的控制轴线对齐，缓慢降落至设计标高位置。钢柱就位后，调整柱脚的位移以使柱基础顶面中心线与柱身中线对齐。若发现柱基础顶面中心线与柱身中线有偏差，可用千斤顶向偏差反方向调整。钢柱基础中预埋的地脚螺栓螺杆与柱底板螺孔若存在偏差，应适当将钢柱底板螺孔放大，或在加工厂将底板预留孔位置调整，保证钢柱顺利安装。

（3）柱身垂直度校正

柱身垂直度校正一般采用缆风绳或千斤顶进行，同时用两台呈 90°的经纬仪找垂直。在校正过程中，不断微调柱底板下螺母，直至校正完毕。将柱脚底板上面的两个螺母拧紧，缆风绳松开不受力，柱身呈自由状态。校正后需用经纬仪复核，如有微小偏差，再重复上述过程，直至无误，将上螺母拧紧。地脚螺栓上螺母一般用双螺母，一个为紧固螺母，一个为止退螺母，可在螺母拧紧后，将螺母与螺杆焊实。

6. 钢柱固定

钢柱标高、轴线位置、垂直度校正完毕后，钢柱底板与混凝土基础面间的间隙应进行二次灌浆，否则独立悬臂柱易产生偏差。

二次灌浆前应清除柱底板与基础面间杂物，然后在钢柱底板四周立模板，用水清洗基础表面，排除多余积水。灌浆料可以用高强度、微膨胀、无收缩砂浆，砂浆基本上保持自由流动，灌浆从一边进行，连续灌注，灌浆后用湿草包或麻袋等遮盖养护。

7.4.3　上部钢柱安装

上部钢柱安装与首段钢柱安装的不同点在于柱脚的连接固定方式。钢柱吊点设置在钢柱的上部，利用四个临时连接耳板（吊装耳板）作为吊点。吊装前，下节钢柱顶面和本节钢柱底面的渣土和浮锈要清除干净，并保证上下节钢柱对接面接触顶紧。

1. 钢柱接长方式

高层钢结构钢柱的长度宜取 2～3 个楼层高度，分节位置宜在梁顶标高以上 1.0～1.3m 处。抗震设计时，钢柱的接长应采用坡口全熔透焊缝。非抗震设计时，柱接长也可采用部分熔透焊缝。

上节钢柱安装时，在柱的接头处设置安装耳板。耳板厚度根据风荷载和其他施工荷载确定，并不得小于 10mm。耳板宜仅设于柱的一个方向的两侧。四组临时连接板用双夹板和临时螺栓连接固定，钢柱焊接完成 2/3 后割除。

（1）H 形柱对接方法

H 形柱对接采用翼缘接头时，宜采用坡口全熔透焊缝，腹板可采用高强度螺栓连接。H 形柱对接采用全焊接接头时，柱翼缘应开 V 形坡口，腹板应开 K 形坡口。

（2）箱形柱对接方法

箱形柱对接应全部采用焊接，非抗震时，可采用部分熔透焊缝。

2. 上部钢柱吊装

（1）吊装前准备

吊装前，首先对钢柱进行清理，清理掉钢柱表面的杂物。在钢柱柱身绑扎好钢爬梯，单机起吊。起吊前，钢柱应横放在枕木上，施工作业人员将两根钢丝绳钩挂在吊机大钩上，钢丝绳两端分别用卡环卡在钢柱柱端部连接耳板上。

安装前，预先对上下节柱对接端口弹出定位线，作为安装基准线，并使用安装螺栓将连接板临时固定在上节柱上。

（2）钢柱起吊

钢柱起吊时必须边起钩、边转臂使钢柱垂直离地。待钢柱吊装到安装点位上方1200mm 位置处时，钢柱稳定后，安装人员用手扶钢柱，吊车缓慢下钩，待下钩到距离柱端部 200mm 时，停机稳定，安装人员进行初步对位。

（3）钢柱就位

钢柱吊装到位后，钢柱的中心线应与下面一段钢柱的中心线吻合，并四面兼顾，活动双夹板平稳插入下节柱对应的安装耳板上，穿好连接螺栓，连接好临时连接夹板，并及时拉设缆风绳对钢柱进一步进行稳固。

（4）临时固定

连接螺栓安装完成后，在钢柱四周拉设 4 道缆风绳，然后吊车松钩解出钢柱顶钢丝绳，完成钢柱安装。

3. 上部钢柱校正

（1）柱顶标高校正

钢柱吊装就位后，用安装螺栓固定连接上下钢柱的连接耳板。通过起重机起吊、撬棍可微调柱间间隙。量取上下柱顶预先标定的标高值，根据标高偏差值打入钢楔、点焊限制钢柱下落。

（2）轴线调整

上节钢柱的校正均以下节钢柱顶部的实际中心线为准，安装钢柱的底部对准下节钢柱的中心线即可。上下柱中心线如有偏差，在柱与柱的连接耳板的不同侧面加入垫板，垫板厚度一般为 0.5～1.0mm，再拧紧大六角螺栓。钢柱中心线偏差每次调整 3mm 以内，如偏差过大，需分 2～3 次进行调整。

在多高层钢结构安装时，每一节钢柱的定位轴线决不允许使用下一节钢柱的定位轴线，应从地面控制线引至高空，以保证每节钢柱安装正确无误，避免产生过大的积累误差。

校正位移时，要注意钢柱的扭转，钢柱扭转对框架梁的安装影响较大。上下两节柱产生位移扭转时，可在下节柱的耳板连接处加减垫片并利用千斤顶来调整。

（3）垂直度校正

钢柱垂直度检测采用经纬仪，校正时还要注意风力和温度的影响。

校正可采用无缆绳校正法，该方法施工简单，易于吊装就位和确保安装精度，可使焊前垂直度与要求标高、错边达到误差为零。具体校正过程如下：

1）上下节钢柱安装时，安装螺栓暂不拧紧，在上、下两根型钢柱的连接板的间隙中打入楔铁，通过击打楔铁的深度来校正型钢柱的垂直度；

2）用两台经纬仪分别在型钢柱相互垂直的两个方向，对型钢柱进行初步校正，在校正到误差 10mm 左右时松下吊钩；

3）在柱接口上下各焊一块临时支承铁块作为受力支点，用两台千斤顶在两个方向继续进行微调校正，最后校正到垂直度与标高、错边达到误差为零；

4）校正完成后，将安装螺栓紧固好，并用电焊将连接铁块焊实，即可进行钢柱接长焊接施工。

任务完成与自评

项目	要求	记录	分值	扣分	备注
钢柱安装准备工作	基础复测		10		
	地脚螺栓复测		10		
	构件检查		10		
首节钢柱安装	首节钢柱安装及校正		30		
上部钢柱安装	上部钢柱安装及校正		40		

任务 7.5　高层钢结构钢梁安装

高层钢结构钢梁安装

任务目标

　　根据教师指定的高层钢结构工程项目，并结合本任务内容的学习，完成该工程钢梁安装方案的编制。

7.5.1　钢梁安装顺序

　　为确保高层钢结构整体安装质量精度，在安装时先选择一个标准框架结构体（或剪力筒），依次向外扩展安装。安装标准化框架的原则：在建筑物核心部分由几根标准柱组成不可变的框架结构，在此基础上完成其他柱的安装及流水段的划分；每个区域钢柱安装时，应及时安装柱上相应的钢梁以形成局部稳定的结构体系。

　　一节钢柱一般有 2 层、3 层或 4 层梁，由于上部和周边都处于自由状态，易于安装且保证质量。一般在高层钢结构安装实际操作中，同一列钢柱，钢梁先从中间跨开始安装，对称地向两端扩展。同一跨钢梁，先安装上层梁，然后安装中、下层梁。在安装钢梁时，钢柱垂直度一般会发生变化，应采用两台经纬仪从正交方向对钢柱垂直度进行跟踪观测。若钢柱垂直度在允许范围内，只记录下数据；若钢柱垂直度超出允许范围，复核构件制作误差及轴线放样误差，针对不同情况进行处理。可采用钢丝绳缆索、千斤顶、钢楔和手拉葫芦进行校正。

　　柱与柱节点和梁与柱节点的焊接，以互相协调为好。一般可以先焊一节柱的顶层梁，再从下向上焊接各层梁与柱的节点。

　　次梁根据实际施工情况逐层安装完成。

7.5.2　钢梁吊点设置

　　为方便现场安装，确保吊装安全，钢梁在工厂加工制作时，应在钢梁上翼缘部分设置吊装孔或焊接吊装耳板。钢梁吊点的设置及安装应符合下列规定：

1）钢梁宜采用两点起吊。单根钢梁长度较大，当采用 2 点起吊所需的钢丝绳较长，而且易产生钢梁侧向变形时，采用多点吊装可避免此现象。此时宜设置 3～4 个吊装点吊装或采用平衡梁吊装，吊点位置应通过计算确定。

2）钢梁可采用一机一吊或一机串吊的方式吊装。钢梁采用一机串吊是指多根钢梁在地面分别绑扎，起吊后分别就位的作业方式，可以加快吊装作业的效率。钢梁就位后应立即临时固定连接。

3）钢梁面的标高及两端高差可采用水准仪与标尺进行测量，校正完成后应进行永久性连接。钢梁吊点位置可参考表 7.1 选取。

表 7.1　钢梁吊点位置

钢梁的长度 L/m	吊点至梁中心的距离/m
>15	2.5
10<L≤15	2
5<L≤10	1.5
≤5	1

7.5.3　钢梁安装及固定

1. 钢梁安装

钢梁吊装前，应清理钢梁表面污物。对产生浮锈的连接板和摩擦面在吊装前进行除锈。对待吊装的钢梁应装配好附带的连接板，并用工具包装好螺栓。钢梁吊装前应将焊接定位钢板焊接在钢梁端部，还要注意钢梁的正反方向及水平方向，应明确标注，确保安装正确。

当钢梁吊装到位后，按施工图进行就位，并要注意钢梁的靠向。钢梁就位时，及时夹好连接板，节点穿入临时螺栓和冲钉进行临时固定，具体所需数量由安装时可能承担的荷载计算确定，并应满足如下要求：临时螺栓和冲钉的数量不得少于该节点螺栓总数的 1/3，且不得少于 2 个临时螺栓，冲钉穿入数量不宜多于临时螺栓数量的 30%。

钢梁定位调节主要控制钢梁顶面标高和水平度。钢梁的轴线控制：吊装前，每根钢梁标出钢梁中线，钢梁就位时确保钢梁中心线对齐钢柱牛腿上的轴线。主次梁、牛腿与主梁的高低差用精密水平仪测量，偏差使用校梁器进行校正。

调整好钢梁的轴线及标高后，用高强度螺栓换掉用来进行临时固定的临时螺栓。一个接头上的高强度螺栓应从螺栓群中部开始安装，逐个拧紧。初拧、复拧、终拧都应从螺栓群中部向四周扩展逐个拧紧，每拧一遍均用不同颜色的油漆做上标记，防止漏拧。终拧 1h 后，48h 内进行终拧扭矩检查。

2. 钢梁安装安全措施

钢梁安装时，安装人员通过操作架进行安装。钢梁之间高强度螺栓连接以及钢梁对接焊接可采用吊篮进行操作。为便于施工人员行走时挂设安全带，临边的钢梁须在地面上安装夹具式安全栏杆并拉设安全绳（图 7.2）。

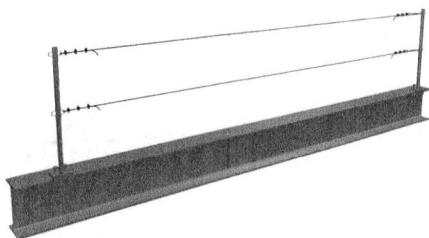

图 7.2　夹具式安全栏杆

7.5.4　钢梁安装质量控制

钢梁安装的允许偏差如表 7.2 所示。

表 7.2　钢梁安装的允许偏差

项目	允许偏差/mm	图例	检验方法
同一根梁两端顶面的高差 Δ	$l/1000$，且不应大于 10.0		用水准仪检查
主梁与次梁上表面的高差 Δ	±2.0		用直尺和钢尺检查

7.5.5　钢梁安装注意事项

在钢梁的标高、轴线测量校正过程中，一定要保证已安装好的标准框架的整体安装精度。

钢梁安装完成后应检查钢梁与连接板的贴合方向。

钢梁的吊装顺序应严格按照钢柱的吊装顺序进行，及时形成框架，保证框架的垂直度，为后续钢梁的安装提供方便。

处理产生偏差的螺栓孔时，只能采用绞孔机扩孔，不得采用气割扩孔的方式。安装时应用临时螺栓进行临时固定，不得将高强度螺栓直接穿入。安装后应及时拉设安全绳，以便于施工人员行走时挂设安全带，确保施工安全。

任务完成与自评

项目	要求	记录	分值	扣分	备注
确定钢梁安装顺序	确定钢梁安装顺序		40		
完成钢梁吊装方案的编制	完成钢梁吊装方案的编制		60		

任务 7.6　高层钢结构楼板安装

高层钢结构楼板安装

任务目标

根据教师指定的高层钢结构工程项目，并结合本任务内容的学习，完成该工程钢筋桁架混凝土组合楼板安装专项施工方案的编制。

7.6.1　认识高层钢结构楼板类型

高层钢结构建筑的楼板结构形式多样。楼板部分起着将竖向荷载传递给建筑结构并将各构件联系在一起协同工作的作用。楼板形式不同则竖向荷载传力途径也将不同，施工工序以及协同工作能力也将有较大差异。以下介绍三种常用的高层钢结构楼板。

1. 压型钢板混凝土组合楼板

压型钢板混凝土组合楼板是将压型钢板铺设在钢梁上，在压型钢板和钢梁翼缘板之间用圆柱头焊钉进行穿透焊接，铺设楼板钢筋，在其上浇筑混凝土，由钢筋混凝土楼面层、压型钢板和钢梁三部分组成组合楼板。压型钢板即可作为浇筑混凝土时的永久性模板，也可作为混凝土板下部受拉钢筋与混凝土共同工作。这种组合楼板整体性能好、施工速度快、周期短，可适应对装配式钢结构快速施工的要求。板底形成的钢板凹槽增大了钢板与混凝土的接触面积，同时增大了楼板系统的承载力。

2. 钢筋桁架混凝土组合楼板

钢筋桁架混凝土组合楼板是将楼板中的受力钢筋在工厂内焊接成钢筋桁架，如图 7.3 所示，将三根钢筋按三角形进行布置，上面的一根钢筋作为上弦钢筋，下面的两根钢筋作为下弦钢筋，上弦钢筋、下弦钢筋通过腹杆钢筋进行固定，在桁架的端部将支座水平方向和竖向的钢筋焊接在一起，形成端部支座。再将镀锌钢板压制成带肋的镀锌压型钢板，使用点焊工艺把钢板和桁架焊接在一起，形成模板和受力钢筋一体化的建筑制品。

钢筋桁架楼承板（图 7.3）在施工阶段能够承受混凝土及施工荷载，在使用阶段钢筋桁架成为混凝土配筋，其施工质量稳定。结合了传统现浇混凝土楼板的大刚度、高整体性、防火性能好及压型钢板组合楼板的无须支模、施工快捷的优点。在施工过程中去除了传统施工工艺的烦琐，同时，也可以利用变化桁架高度及钢筋直径来实现更大跨度、造型更多样化的建筑单体。它比常规的现浇混凝土楼板现场钢筋绑扎工作量减少 60%～70%，可进一步缩短工期，加快施工进度。比普通压型钢板混凝土组合楼板的厚度减少约 20～50mm，混凝土用量减少，室内净高增加。因此，钢筋桁架楼板已成为建筑市场一种成熟的新型技术，在国内外建筑市场得到了认可及广泛应用，在多层及高层建筑中有广泛的前景。

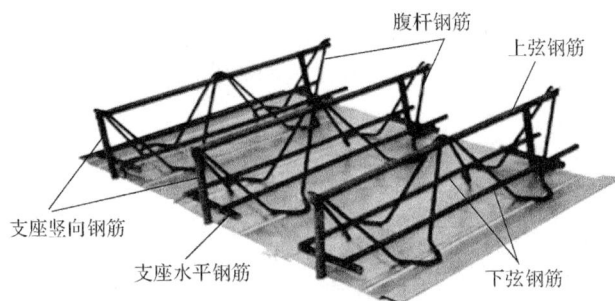

图 7.3 钢筋桁架楼承板

3. 预制预应力混凝土叠合楼板

预制预应力混凝土叠合楼板是将预制钢筋混凝土板支撑在工厂制作的焊有栓钉剪力连接件的钢梁上，在铺设完现浇层中的钢筋之后浇灌混凝土，当现浇混凝土达到一定的强度时，栓钉连接件使槽口混凝土、现浇层及预制板与钢梁连成整体，形成钢筋-混凝土叠合板组合梁，使预制板和现浇层相结合形成叠合板，如图 7.4 所示。预制预应力薄板中采用了预应力钢筋，与上部的现浇混凝土层结合成一个整体。薄板的预应力主筋也是楼板的主筋，预应力板也可被用作现浇混凝土层的底模，故不再需要搭设模板。

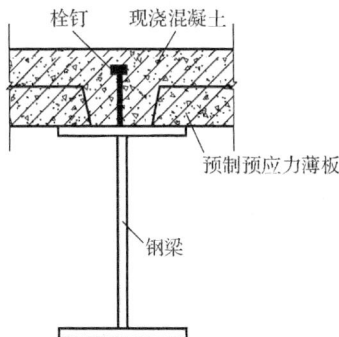

图 7.4 预制预应力混凝土叠合楼板

7.6.2 钢筋桁架混凝土组合楼板施工技术

1. 钢筋桁架楼承板铺装施工顺序

钢筋桁架楼承板铺设前，应割除影响安装的钢梁耳板，清除支承面杂物、锈皮及油污。在柱梁节点处的支托构件安装、焊接完成后，再安装钢筋桁架楼承板。钢筋桁架楼承板与混凝土墙（柱）应采用预埋件的方式进行连接，不得采用膨胀螺栓固定；当遗漏预埋件时，应采用化学锚栓或植筋的方法进行处理。

钢筋桁架混凝土组合楼板的平面施工顺序：每层钢筋桁架楼承板的铺设宜根据图纸起始位置由一侧按顺序铺设，最后处理边角部分。

钢筋桁架混凝土组合楼板的立面施工顺序：钢筋桁架混凝土组合楼板的施工应在楼层柱、梁安装质量验收合格后进行。随主体结构安装施工顺序铺设相应各层的钢筋桁架楼承板。

2. 钢筋桁架楼承板铺装施工方法

（1）工程放线方法

根据高层钢结构钢梁的中心线，结合钢筋桁架模板排板图的控制线弹出钢筋桁架模板控制线，结合栓钉的位置图弹出栓钉在具体钢梁上的位置点。

（2）钢筋桁架模板铺设方法

每层钢筋桁架模板的铺设宜从起始位置向一个方向铺设，边角部分最后处理。楼板铺设前，按照图纸所示的起始位置放设铺板时的基准线。对准基准线，安装第一块板，并依次安装其他板。钢筋桁架板侧向可采用扣接方式，板侧边应设连接拉钩，拉钩连接应紧密，保证浇筑混凝土时不漏浆。在平面形状变化处，如钢柱角部，可将钢筋桁架模板切割，补焊端部竖向钢筋后方可进行安装。跨间收尾处，若板宽不足有效板宽，可将钢筋桁架模板沿钢筋桁架长度方向切割，切割后板上应有一榀或两榀钢筋桁架，不得将钢筋桁架切断。钢筋桁架楼承板在切割时禁止使用乙炔火焰切割，以防止形成镀锌层被破坏而锈蚀、切口不整齐等导致结构质量缺陷。

（3）钢筋桁架楼承板施工方法

钢筋桁架楼承板与钢梁平行方向端部处，镀锌钢板在钢梁上的搭接不小于 25mm，沿长度方向将镀锌钢板与钢梁点焊，焊点间距为 300mm。

钢筋桁架板的同一方向的两块压型钢板或钢筋桁架板连接处，应设置上下弦连接钢筋。上部钢筋按计算确定，下部钢筋按构造配置。

钢筋桁架楼承板与钢梁垂直方向端部处，钢筋桁架板的下弦钢筋伸入梁内的锚固长度不应小于钢筋直径的 5 倍，且不应小于 50mm，并应保证镀锌钢板能搭接到钢梁之上。钢筋桁架楼承板端部的竖向钢筋及镀锌钢板应与钢梁点焊固定。

待铺设一定面积之后，必须按设计要求设置楼板支座连接筋、加强筋及负筋等。连接筋等应与钢筋桁架绑扎连接，并及时绑扎分布钢筋，以防止钢筋桁架侧向失稳。如果设计成双向板，则在垂直于桁架的方向配置受力及构造钢筋，受力筋布置在下弦钢筋上部，构造筋布置于上弦钢筋的上部，形成一个有机的整体。

若设计在楼板上要开洞口，施工应预留。应按设计要求设洞口边加强筋，四周设边模板，待楼板混凝土达到设计强度后，方可切断钢筋桁架模板的钢筋及底模。切割时，为防止底模边缘与浇筑的混凝土脱离，要从下往上采用机械进行切割，切割完的边要方正顺直，如有少许变形应及时根据情况采取合理的措施进行修复。

3. 边模施工

边模板是阻止混凝土渗漏的关键部位，应选准边模板型号、确定边模板搭接长度。安装时将边模板紧贴钢梁面，边模板底部与钢梁上翼缘点焊。边模板安装之后拉线校直，利用钢筋一端与栓钉点焊，一端与边模板点焊，将边模固定。

4. 栓钉焊接

抗剪连接栓钉部分直接焊在钢梁顶面上为非穿透焊，部分钢梁与栓钉中间夹有压型钢板，为穿透焊。栓钉中心至钢梁上翼缘侧边或预埋件的距离不应小于 35mm，至设有预埋件的混凝土梁上翼缘侧边的距离不应小于 60mm。栓钉顶面混凝土保护层厚度不应小于 15mm。

钢筋桁架楼承板底板与母材的间隙控制在 1.00mm 以内，保证良好的栓钉焊接质量。钢筋桁架楼承板厚度大时板形易不规则、不平整，造成间隙过大。同时，还应注意控制钢梁的顶部标高及钢梁的挠度，以尽可能地减小其间隙，保证施工质量。如遇钢筋桁架楼承板有翘起导致与母材的间隙过大，可用手持杠杆式卡具对钢筋桁架楼承板临近施焊处局部加压，使之与母材贴合。

5. 管线敷设

钢筋桁架楼承板安装固定好后，按照图纸设计要求铺设楼层内的管线。施工顺序为：管线的敷设→设置连接钢筋→设置附加钢筋→设置洞边附加筋→设置分布钢筋。在施工时需注意：

1）由于钢筋桁架间距有限，应尽量避免多根管线集束预埋，应分散穿孔预埋；

2）电气接线盒的预留预埋，可事先将其在镀锌板上固定，混凝土浇筑完成后允许钻直径不超过 30mm 的小孔，钻孔时避免钢筋桁架楼承板的变形，影响底模外观。

6. 附加钢筋工程

待钢筋桁架楼承板安装就位、固定牢固并验收合格，且管线铺设完成后进行钢筋绑扎。将设计要求的支座连接筋、负筋及分布钢筋与钢筋桁架采用绑扎连接。绑扎时遇到楼板开孔处必要时要设置洞口加强筋。绑扎时不能破坏已经固定好的洞口边模，不能将钢筋桁架楼承板中钢筋桁架的钢筋依据洞口尺寸切断，必须等楼层混凝土浇筑完达到对应的拆模强度后，再将洞口处钢筋桁架楼承板的桁架钢筋依据洞口尺寸进行切断。

注意在附加钢筋及管线敷设过程中，应注意做好对已铺设好的钢筋桁架楼承板的保护工作，不宜在镀锌板面上行走或踩踏。禁止随意扳动、切断钢筋桁架；若不得已裁断钢筋桁架，应采用同型号的钢筋将钢筋桁架重新连接修复。

7. 混凝土浇筑与养护

混凝土浇筑应满足《混凝土结构工程施工质量验收规范》（GB 50204—2015）和《混凝土结构工程施工规范》（GB 50666—2011）的相关规定。混凝土浇筑前，应检查管线的铺设位置、线盒的位置与数量、预留洞的尺寸和位置是否正确，检查钢筋桁架楼承板与钢梁或模板接触处是否严密，是否有漏浆，并及时办理隐蔽验收手续。钢筋桁架楼承板浇筑混凝土不需设置临时支撑。混凝土浇筑时，下料应均匀，不能集中在一个部位下料。为防止倾倒混凝土时对钢筋桁架楼承板造成较大冲击导致其超载而坍塌，禁止在钢筋桁架楼承板跨中倾倒混凝土，应在钢梁上部或钢梁附近倾倒混凝土。振捣时，采用平板振捣器及时进行分摊振捣，确保振捣密实。

当气温低于 0℃时，不宜进行混凝土施工。因负温下浇筑混凝土，钢筋桁架楼承板散热快，在板下采取保温措施困难，施工质量难以保证。

混凝土浇筑完后 12h 内要及时覆膜保湿养护，避免板面的收缩裂缝的产生，确保混凝土强度的增长，从而保证楼板混凝土的实体强度。

任务完成与自评

项目	要求	记录	分值	扣分	备注
确定钢筋桁架混凝土组合楼板施工工艺流程	确定施工工艺流程		40		
编制高层钢结构钢筋桁架混凝土组合楼板安装专项施工方案	编制专项施工方案		60		

单 元 习 题

一、单选题

1. 多节柱钢结构安装时，为避免造成过大的积累误差，每节柱的定位轴线应从（　　）直接引上。

    A. 地面控制轴线　　　　　　　　B. 下一节柱轴线

    C．中间节柱轴线　　　　　　　　　　D．最高一节柱轴线

  2．高层钢结构钢柱的接长宜采用（　　　）。

    A．坡口全熔透焊缝　　　　　　　　　　B．角焊缝

    C．塞焊缝　　　　　　　　　　　　　　D．点焊

  3．钢梁就位临时固定时，节点临时螺栓不少于（　　　）个。

    A．2　　　　　　　B．3　　　　　　　C．4　　　　　　　D．5

  4．（　　　）是在标准节框架中先安装钢柱，再安装框架梁，然后安装其他构件，按层进行，从下到上，最终形成框架。

    A．节间综合安装法　　　　　　　　　　B．分件安装法

    C．旋转法　　　　　　　　　　　　　　D．滑行法

  5．钢柱安装时应满足垂直度要求，多层柱柱全高轴线垂直度允许偏差为（　　　）mm。

    A．20　　　　　　B．25　　　　　　C．30　　　　　　D．35

  6．钢梁安装时，主梁与次梁上表面的高差允许偏差为（　　　）mm。

    A．±2.0　　　　　B．±2.5　　　　　C．±3.0　　　　　D．±3.5

二、多选题

  1．钢柱吊装吊点的设置位置与吊点数量与（　　　）有关。

    A．钢柱形状　　　　B．钢柱断面　　　　C．钢柱长度　　　　D．起重机性能

  2．高层钢结构工程施工协调的内容有（　　　）。

    A．垂直运输机械的使用

    B．施工平面协调

    C．塔吊的爬升与混凝土的浇捣

    D．钢结构加工与钢结构安装

  3．高层钢结构安装时，关于立面流水段的划分，下列说法正确的是（　　　）。

    A．塔式起重机的起重性能应满足流水段内的最重物件的吊装要求

    B．塔式起重机爬升高度能满足下一节流水段的构件起吊高度要求

    C．每一节流水段内柱的长度应能满足构件制造厂的制作条件

    D．每一节流水段内柱的长度应能满足构件制造厂的运输堆放条件

  4．在主体钢结构安装前需对地脚螺栓进行复测，复测内容有（　　　）。

    A．地脚螺栓规格　　　　　　　　　　　B．埋设中心偏移

    C．螺栓外露长度　　　　　　　　　　　D．螺栓螺纹长度

三、复习思考题

  1．试述高层钢结构工程施工协调内容。

  2．试述高层钢结构工程的安装工艺流程。

3．试述高层钢结构工程安装流水段的划分原则。

4．试述高层钢结构工程钢柱的安装方法。

5．试述高层钢结构工程钢筋桁架混凝土组合楼板的安装方法。

网架结构工程

▌单元概述　网架结构是大跨度空间钢结构常采用的一种结构形式。本单元以《钢结构工程施工质量验收标准》(GB 50205—2020)、《空间网格结构技术规程》(JGJ 7—2010)、《钢结构工程施工规范》(GB 50755—2012)为主要依据，对网架结构常用的安装方法进行全面叙述，包括网架结构拼装、网架结构安装等。

▌知识目标　1. 熟悉网架结构的类型。
　　　　　　2. 熟悉网架结构拼装要求。
　　　　　　3. 掌握网架结构安装工艺。
　　　　　　4. 掌握网架结构安装质量控制措施。

▌能力目标　1. 能进行网架结构的分类。
　　　　　　2. 能根据不同的网架结构类型选择合适的安装工艺。
　　　　　　3. 能制定网架结构安装方案。
　　　　　　4. 能正确组织网架结构安装质量验收。

▌思政引导　网架结构中，网架杆件常用的连接节点形式有螺栓球节点和焊接球节点。螺栓球节点由钢球、高强度螺栓、套筒、销钉、锥头和封板等零件组成。在螺栓球网架杆件拼装过程中，工人必须严格执行图纸要求，不同型号的杆件、高强度螺栓与螺栓球必须一一对应，否则会出现安装困难。学生应认识到"合理设计、正确施工"是最低要求，增强底线意识，避免"豆腐渣工程"的出现。培养学生的社会责任感和职业道德。同时强调，作为土木工程相关人员，社会责任重大，要有过硬的职业能力和良好的职业素养，稍有疏忽，将会造成生命和财产的重大损失。

任务 8.1　认识网架结构

认识网架结构

任务目标

根据教师下发网架结构图纸，并结合本任务内容的学习，完成网架结构的基本认知，包括网架分类和网架节点详图的识读。

8.1.1　网架的类型

1. 网架的定义

网架是由多根杆件按照一定的网格形式通过节点连接而成的平板空间结构，广泛用作体育馆、展览馆、俱乐部、影剧院、食堂、会议室、候车厅、飞机库、车间等的屋盖结构。其优点是工业化程度高、自重轻、稳定性好、外形美观；其缺点是会交于节点上的杆件数量较多，制作安装较平面结构复杂。

2. 网架的类型

网架结构可采用双层或多层形式。在实际应用中，常用的网架结构类型有以下几种。

1）由交叉桁架体系组成的两向正交正放网架、两向正交斜放网架、两向斜交斜放网架、三向网架、单向折线形网架。这类网架的特点是由平面桁架相互交叉所组成，其上、下弦杆长度相等，杆件类型少，且上、下弦杆和腹杆在同一平面内。

2）由四角锥体系组成的正放四角锥网架、正放抽空四角锥网架、棋盘形四角锥网架、斜放四角锥网架、星形四角锥网架。

3）由三角锥体系组成的三角锥网架、抽空三角锥网架、蜂窝形三角锥网架。

8.1.2　网架结构节点构造

1. 网架结构杆件

网架结构的杆件可采用普通型钢或薄壁型钢。管材宜采用高频焊管或无缝钢管，当条件允许时应采用薄壁管型截面。网架结构的杆件截面应根据强度和稳定性计算确定。不同的节点形式，可采用不同的连接杆件，实际应用中杆件多采用圆钢管截面。当节点为十字板节点时，可采用角钢等型钢杆件。杆件采用的钢材牌号和质量等级应符合《钢结构设计标准》（GB 50017—2017）的规定。

2. 焊接空心球节点

焊接空心球节点是将会交于节点处的各钢管杆件直接焊接于空心球，其构造简单

（图 8.1）、传力明确、连接方便、适应性强。只要钢管切割面垂直于杆件轴线，杆件就能在空心球体上自然对中而不产生偏心，可与任意方向的杆件相连。但节点用钢量大，仰焊、立焊占很大比重，且杆件下料长度要求准确，否则会因焊接变形而产生尺寸偏差，应预留焊接变形余量。

图 8.1 焊接空心球节点

空心球由两个半球对接焊接而成，可根据受力大小分别采用不加肋空心球和加肋空心球。

3. 螺栓球节点

螺栓球节点是在设有螺纹孔的钢球体上，通过高强度螺栓将会交于节点处的钢管杆件连接起来的节点。螺栓球节点由钢球、高强度螺栓、套筒、销钉、锥头和封板等零件组成（图 8.2）。

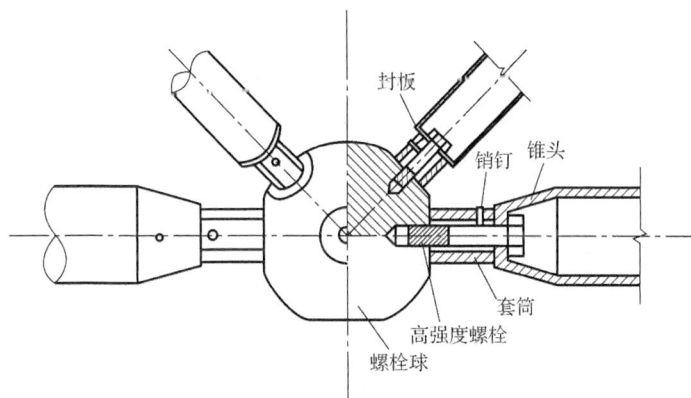

图 8.2 螺栓球节点

4. 支座节点

网架结构大多支承在柱、圈梁等支承结构上。网架支座节点类型有压力支座节点、拉力支座节点、可滑移与转动的弹性支座节点以及兼受轴力、弯矩与剪力的刚性支座节点。支座节点类型应根据网架的类型、跨度、荷载、杆件截面形状以及加工制造方法和施工安装方法等选用。支座节点必须具有足够的强度和刚度，在荷载作用下不应先于杆件和其他节点而破坏，也不得产生不可忽略的变形。支座节点构造形式应传力可靠、连接简单，并应符合计算假定。

（1）压力支座节点

常用的压力支座节点有平板压力支座节点、单面弧形压力支座节点、双面弧形压力支座节点、球铰压力支座节点。平板压力支座节点可用于中、小跨度的空间网架结构；单面弧形压力支座节点可用于要求沿单方向转动的大、中跨度空间网架结构；双面弧形压力支座节点可用于温度应力变化较大且下部支承结构刚度较大的大跨度空间网架结构；球铰压力支座节点可用于有抗震要求、多点支承的大跨度空间网架结构。

（2）拉力支座节点

拉力支座节点有平板拉力支座节点、单面弧形拉力支座节点、球铰拉力支座节点、可滑动铰支座节点、橡胶板式支座节点、刚接支座节点等。当网架结构跨度较小时，可采用平板拉力支座节点；单面弧形拉力支座节点可用于要求沿单方向转动的中、小跨度空间网架结构；球铰拉力支座节点可用于多点支承的大跨度空间网架结构；可滑动铰支座节点可用于中、小跨度的空间网架结构；橡胶板式支座节点可用于支座反力较大、有抗震要求、受温度影响，以及水平位移较大与有转动要求的大、中跨度空间网架结构；刚接支座节点可用于中、小跨度空间网架结构中承受轴力、弯矩与剪力的支座节点。支座节点竖向支承板厚度应大于焊接空心球节点球壁厚度 2mm，球体置入深度应大于 2/3 球径。

✖ **任务完成与自评**

项目	要求	记录	分值	扣分	备注
网架分类	不了解		50		
	一般				
	熟悉				
网架节点详图识读	不了解		50		
	一般				
	熟悉				

任务 8.2　网架结构安装

网架结构安装

■ **任务目标**

根据教师下发网架结构图纸，并结合本任务的学习内容，完成该网架结构安装方案的编制。

8.2.1 网架结构拼装

1. 网架结构拼装方案的选择

网架结构拼装方案应根据网架跨度、平面形状、网架结构形状和吊装方法等因素，经综合分析确定。网架结构拼装可直接由单根杆件、单个节点总拼成网架；也可由小拼单元总拼成网架，小拼单元是钢网架结构安装工程中，除散件之外的最小安装单元，一般分平面桁架和椎体两种类型；或由小拼单元拼成条状和块状两种类型的中拼单元，再总拼成网架。网架结构拼装应在专用拼装胎架上进行，并应严格控制各部分尺寸。

2. 拼装准备工作

1）拼装材料：准备拼装所需材料，核对各杆件、球及连接件的规格、品种和数量，在拼装前严格检查其质量及几何尺寸，合格后方可拼装。

2）拼装机具：拼装所需各种焊接设备在使用前应进行安全调试，钢卷尺、钢板尺、游标卡尺、超声波探伤仪等检测仪器在使用前应校准合格。

3）拼装平台：拼装平台基础应坚固平整。拼装前应对拼装胎架进行检测，防止胎架移动和变形。拼装胎架应留出恰当的焊接变形余量，防止拼装杆件发生变形。

4）拼装作业人员：拼装焊工必须持证上岗，并在焊接考试合格范围内施焊。

5）技术准备：熟悉图纸，编制好拼装工艺，做好技术交底。

3. 网架拼装方法

（1）焊接球节点网架的拼装

网架结构在拼装前应先搭设拼装操作平台。拼装操作平台按其作用可分为三种形式，分别为小拼、中拼和大拼。平台基础应坚实平整，各支点应按尺寸刚性连接。必要时可安装调节装置，且要将误差控制在网架拼装允许范围内。

1）小拼。为保证小拼单元的精度，网架结构应在专门胎架上拼装。小拼平台有平台型和转动型两种，应当严格控制其结构尺寸，必要时进行试拼，合格后再正式拼装。胎架在使用前必须进行检验，合格后再拼装。在整个拼装过程中，要随时对胎架位置和尺寸进行复核，如有变动，经调整后方可重新拼装。

2）中拼。网架条、块中拼应在平整的刚性平台上进行。拼装前应在空心球表面用套模标记杆件定位线，在平台上按 1∶1 比例放大样，搭设立体靠模以控制网架结构的外形尺寸和标高。拼装时，设置调节支点，调节钢管与球的同心度。为了避免钢网架结构出现变形、位移等现象，焊接球节点在拼装前应预留焊接收缩余量，焊接收缩量可通过试验事先确定。拼装过程中应随时检查拼装外形尺寸，以保证拼装质量。

3）总拼。网架总拼应按从中间向两边或从中间向四周的顺序进行。总拼时严禁形成封闭圈，因在封闭圈内施焊会产生很大的焊接收缩应力。

4）焊接。网架焊接时，一般先焊下弦，使下弦收缩而略上拱，然后焊接腹杆及上弦，即下弦→腹杆→上弦。若先焊上弦，则易造成不易消除的人为挠度。

当用散件总拼时（不用小拼单元），不得将所有杆件全部焊牢（用电焊点上），否则在全面施焊时易将已定位的焊缝拉裂。在这种情况下全面施焊，焊缝将没有自由收缩边，类似在封闭圈中进行焊接。

在钢管球节点的网架结构中，钢管厚度大于 6mm 时，必须开坡口。钢管与球全焊透连接时，钢管与球壁之间必须留有 1～2mm 的间隙，加衬管，以保证实现焊缝与钢管的等强连接。

5）起拱。网架起拱按找坡方向可分为单向起拱和双向起拱两种，按起拱线型分为折线型和圆弧线型起拱。网架在拼装过程中，当网架跨度在 40m 以下时可不起拱，此时为防止网架下挠，可根据经验预留施工起拱。其余情况网架起拱高度需通过计算确定。

（2）螺栓球节点网架的拼装

1）螺栓球网架在杆件拼装、支座拼装之后即可直接安装，不进行小拼单元拼装。螺栓球节点网架拼装时，一般是先拼下弦，将下弦的标高和轴线调整后，全部拧紧螺栓，起定位作用。

2）开始连接腹杆时，螺栓不宜拧紧，但必须对其与下弦连接端的螺栓首先进行紧固。否则，在周围螺栓拧紧后，这个螺栓就可能偏移（因锥头或封板的孔较大），导致无法拧紧。

3）连接上弦时，开始不能拧紧。当分条拼装时，安装好三行上弦球后，即可将前两行调整校正，这时可通过调整下弦球的垫块高低进行校正。然后固定第一排锥体的两端支座，同时将第一排锥体的螺栓拧紧。后续按以上各条循环进行。

4）在整个网架拼装完成后，必须进行一次全面检查，看螺栓是否拧紧。

5）正放四角锥网架试拼后，用高空散装法拼装时，也可在安装一排锥体后（一次拧紧螺栓），采用从上弦挂腹杆的方法安装其余锥体。

4. 拼装质量要求

网架结构采用小拼单元拼装时，小拼单元的允许偏差见表 8.1。

表 8.1 小拼单元的允许偏差　　　　　　　　　　　　（单位：mm）

项目		允许偏差
节点中心偏移	$D \leq 500$	2.0
	$D > 500$	3.0
杆件中心与节点中心的偏移	$d(b) \leq 200$	2.0
	$d(b) > 200$	3.0
杆件轴线的弯曲矢高		$l_1/1000$，且不大于 5.0
网格尺寸	$l \leq 5000$	±2.0
	$l > 5000$	±3.0

续表

项目		允许偏差
锥体（桁架）高度	$h \leqslant 5000$	±2.0
	$h > 5000$	±3.0
对角线长度	$A \leqslant 7000$	±3.0
	$A > 7000$	±4.0
平面桁架节点处杆件轴线错位	$d(b) \leqslant 200$	2.0
	$d(b) > 200$	3.0

注：D 为节点直径；d 为杆件直径；b 为杆件截面边长；l_1 为杆件长度；l 为网格尺寸；h 为锥体（桁架）高度；A 为网格对角线尺寸。

分条或分块单元拼装长度的允许偏差应符合表 8.2 的规定。

表 8.2　分条或分块单元拼装长度的允许偏差　　　　　（单位：mm）

项目	允许偏差
分条、分块单元长度≤20m	±10.0
分条、分块单元长度>20m	±20.0

8.2.2　网架结构安装方法

网架结构的安装方法应根据网架结构的类型、受力和构造特点，在确保质量、安全的前提下，结合进度、经济及施工现场技术条件综合确定。网架结构的安装方法有高空散装法、分条或分块安装法、滑移法、整体吊装法、整体提升法等。

1. 高空散装法

高空散装法是指将运输到现场的小拼单元（平面桁架或锥体）或散件，用起重机械吊升到高空对位拼装成整体结构的方法，该方法适用于螺栓球节点网架结构，不宜用于焊接球网架的安装。采用高空散装法时，不需大型起重设备，对场地要求不高，但需搭设大量拼装支架，高空作业多。

（1）拼装支架的设置

高空散装法拼装支架一般采用满堂红脚手架，应按承重平台搭设。支架顶部满铺竹木脚手板作为操作平台，同时注意防火。

网架拼装支架既是网架拼装成型的承力架，又是操作平台支架，必须具有足够的强度、刚度和稳定性。拼装支架除满足强度要求外，还应满足单肢及整体稳定要求。

拼装支架在工作过程中承受荷载，由于支架本身的弹性压缩、接头的压缩变形以及地基沉降等因素必然会产生沉降，其沉降量必须控制在 5mm 以下。必要时，为了调整沉降值和卸荷方便，可在网架下弦节点与支架之间设置调整标高用的千斤顶。若发现支架不稳定下沉，应立即研究解决。

由于拼装支架容易产生水平位移和沉降，因此在构件拼装过程中应经常观察支架变形情况并及时调整，避免由于拼装支架的变形而影响构件的拼装精度。

（2）网架拼装的顺序

网架拼装顺序应根据构件形式、支承类型、结构受力特征、杆件小拼单元、临时稳定的边界条件、施工机械设备的性能和施工场地情况等诸多因素综合确定。高空拼装顺序应能保证拼装的精度，减少积累误差。平面呈矩形的周边支承结构总的安装顺序是由建筑物的一端向另一端呈三角形推进。网片安装中，为防止累积误差，应由屋脊网线分别向两边安装。平面呈矩形的三边支承结构，总的安装顺序在纵向应由建筑物的一端向另一端呈平行四边形推进，在横向应由三边框架内侧逐渐向大门方向（外侧）逐条安装。网片安装顺序可先由短跨方向，按起重机作业半径要求划分若干安装长条区，按分区顺序依次流水安装构件。

（3）网架总拼

螺栓球节点网架，一般从一端开始，以一个网格为一排，逐排进行。拼装顺序为：下弦节点→下弦杆→腹杆及上弦节点→上弦杆→校正→拧紧全部螺栓。网架安装时，严格控制基准轴线位置、标高及垂直偏差。构件安装过程中，应对构件支座轴线、支承面或其下弦、屋脊线、檐口线位置和标高进行跟踪控制，发现累积误差及时纠正。采用小拼单元拼装时，应控制小拼单元的定位线和垂直度。各杆件与节点连接时，中心线应会交于一点。安装时，随时对螺栓的拧紧进行跟踪检查，高强度螺栓与球节点应紧固连接，连接处不应出现有间隙、松动等未拧紧现象。

网架总拼完成后，纵横向长度偏差、支座中心偏移、相邻支座偏移及高差、最低最高支座高差等指标均应符合规范要求。

（4）拼装支架的拆除

网架拼装成整体并检查合格后，即可拆除拼装支架。拼装支承点（临时支座）拆除必须遵循"变形协调，卸载均衡"的原则，避免临时支座超载失稳，或者构件结构局部甚至整体受损。临时支座拆除应由中间向四周，以中心对称进行。为防止个别支承点集中受力，宜根据各支承点的结构自重挠度值，采用分区分阶段按比例下降或用每次不大于10mm等步下降法拆除临时支承点。

拆除临时支承点应注意检查千斤顶行程是否满足支承点下降高度，关键支承点要增设备用千斤顶。降落过程中，应统一指挥，责任到人，遇问题由总指挥处理解决。

2. 分条或分块安装法

分条或分块安装法是高空散装的组合扩大。为适应起重机械的起重能力和减少高空拼装工作量，将屋盖划分为若干个单元，在地面拼装成条状或块状扩大组合单元体后，用起重机械或设在双肢柱顶的起重设备，垂直吊升或提升到设计位置上，拼装成整体网架结构的安装方法。

网架分条或分块安装法适用于分割后刚度和受力状况改变较小的各种中小型网架，

如双向正交正放、正放四角锥、正放抽空四角锥等网架。对于场地狭小或跨越其他结构、起重机无法进入网架安装区域时尤为适宜。

（1）单元组合体的划分

1）条状单元组合体的划分。条状单元组合体的划分是沿着屋盖长度方向进行切割。对桁架结构，是将一个节间或两个节间的两榀或三榀桁架组成条状单元体；对网架结构，则将一个或两个网格组装成条状单元体。切割组装后的网架、条状单元体往往是单向受力的两端支承结构。网架分割后的条状单元体刚度要经过验算，必要时应采取相应的临时加固措施。条状单元的划分主要有以下几种形式。

① 网架单元相互靠紧，可将下弦双角钢分在两个单元上，此法可用于正放四角锥网架。

② 网架单元相互靠紧，单元间上弦用剖分式安装节点连接，此法可用于斜放四角锥网架。

③ 单元之间空一节间，该节间在网架单元吊装后再在高空拼装，此法可用于两向正交正放或斜放四角锥等网架。

2）块状单元组合体的划分。块状单元组合体的分块，一般是在网架平面的两个方向均有切割，其大小视起重机的起重能力而定。切割后的块状单元体大多是两邻边或一边有支承，一角点或两角点要增设临时顶撑予以支承。也有将边网格切除的块状单元体，在现场地面对准设计轴线组装，边网格留在垂直吊升后再拼装成整体网架。

分条（分块）单元，自身应是几何不变体系，同时还应有足够的刚度，否则应加固。对于正放类网架而言，在分割成条（块）状单元后，自身在自重作用下能形成几何不变体系，同时也有一定的刚度，一般不需要加固。但对于斜放类网架，在分割成条（块）状单元后，由于上弦为菱形结构可变体系，因而必须加固后才能吊装。

（2）单元组合体合拢

为保证网架安装顺利进行，在单元体合拢处，可采用安装螺栓等装配措施。合拢时，可用千斤顶将单元顶至设计标高，然后连接。条状单元合拢前应先将其顶高，使中央挠度与网架形成整体后该处挠度相同。由于分条（分块）安装法多在中小跨度网架中应用，可用钢管做顶撑，在钢管下端设千斤顶，调整标高时将千斤顶顶高即可。螺栓球网架节点按有关规定将螺栓拧紧后，应进行钢结构防腐处理，并将多余的螺栓孔封口，用油腻子将所有接缝处嵌填密实，再补涂装。

（3）网架挠度控制

网架条状单元在吊装就位过程中的受力状态属平面结构体系，而网架结构是按空间结构设计的，因而条状单元在总拼前的挠度要比网架形成整体后该处的挠度大，故在总拼前必须在合拢处用支撑顶起，调整挠度使其与整体网架挠度符合。块状单元在地面制作后，应模拟高空支承条件，拆除全部地面支墩后观察施工挠度，必要时也应调整其挠度。

（4）网架尺寸控制

条（块）状单元尺寸必须准确，以保证高空总拼时节点吻合或减少累积误差，一般可采取预拼装或套拼的办法控制尺寸，还应尽量减少中间转运，如需运输，应用特制专用车辆，防止网架单元变形。

3. 滑移法

滑移法是将网架条状单元组合体在建筑物上空进行水平滑移对位总拼的一种施工方法。可在地面或支架上进行扩大拼装条状单元，并将网架条状单元提升到预定高度后，利用安装在支架或圈梁上的专用滑行轨道，水平滑移对位拼装成整体网架。滑移法适用于网架支承结构为周边承重墙或柱上有现浇钢筋混凝土圈梁等情况，可用于建筑平面为矩形、梯形或多边形的网架结构。当建筑平面为矩形时，滑轨可设在两边圈梁上，实行两点牵引。当跨度较大时，可在中间增设滑轨，实行三点或四点牵引，以免增大网架挠度，或者当跨度较大时，采用加反梁办法解决。滑移法适用于现场狭窄、山区等地区施工，也适用于跨越施工，如车间屋盖的更换，轧钢、机械等厂房内设备基础、设备与屋面结构平行施工。

（1）滑移方式

1）单条滑移法：将条状单元逐条地分别从一端滑移到另一端就位安装，各条之间分别在高空再行连接，即逐条滑移，逐条连成整体。

2）逐条积累滑移法：先将条状单元滑移一段距离后（能连接上第二单元的宽度即可），连接上第二条单元，两条一起再滑移一段距离（宽度同上），再接第三条，三条又一起滑移一段距离，如此循环操作直至接上最后一条单元为止。

3）按摩擦方式可分为滚动式及滑动式两类。滚动式滑移即网架装上滚轮，网架滑移时是通过滚轮与滑轨的滚动摩擦方式进行的。滑动式滑移即网架支座直接搁置在滑轨上，网架滑移时是通过支座底板与滑轨的滑轨滑动摩擦方式进行的。

4）按滑移坡度可分为水平滑移、下坡滑移及上坡滑移三类。若建筑平面为矩形，可采用水平滑移或下坡滑移；当建筑平面为梯形时，短边高、长边低、上弦节点支承式网架，则可采用上坡滑移。

5）按滑移时力作用方向可分为牵引法及顶推法两类。牵引法即将钢丝绳钩扎于网架前方，用卷扬机或手扳葫芦拉动钢丝绳，牵引网架前进，作用点受拉力。顶推法即用千斤顶顶推网架后方，使网架前进，作用点受压力。

（2）拼装平台的搭设

高空平台一般设在网架的端部、中部或侧部，应尽可能搭在已建结构物上，利用已建结构物的全部或局部作为高空平台。滑移平台由钢管脚手架或升降调平支撑组成，起始点尽量利用已建结构物，如门厅、观众厅，高度应比网架下弦低 40cm，便于在网架下弦节点与平台之间设置千斤顶来调整标高。平台上面铺设安装模架，平台宽应略大于两个节间。

高空拼装平台的搭设宽度应由网架分割条（块）状尺寸确定，一般应大于两个网架节间的宽度。高空拼装平台标高应由滑轨顶面标高确定。

（3）滑轨与导向轮

1）滑轨的设置。滑轨一般在网架或网壳结构两边支柱上或框架上，设在支承柱上的轨道应尽量利用柱顶钢筋混凝土连系梁作为滑道，当连系梁强度不足时，可加强其断面或设置中间支撑。对于跨度较大（一般大于 60m）或在施工过程中不能利用两侧连系梁作为滑道时，滑轨可在跨度内设置，一般可使单元两边各悬挑 $L/6$，即滑轨间距为 $L/3$。对于跨度特别大的，跨中还需增加滑轨。

滑轨的形式较多，可根据各工程实际情况选用，对于中小型网架，滑轨可用圆钢、扁钢、角钢及小型槽钢制作；对于大型网架，滑轨可用钢轨、工字钢、槽钢等制作。滑轨与圈梁顶预埋件连接可用电焊焊接或螺栓对销。

滑轨位置与标高应根据工程具体情况而定。滑轨的接头必须垫实、光滑。当采用滑动式滑移时，还应在滑轨上涂刷滑润油，滑撬前后都应做成圆弧导角，否则易产生"卡轨"。

滑轨两侧应设置宽度不小于 1.5m 的安全通道，确保滑移操作人员高空安全作业。当围护栏杆高度影响滑移时，可随滑随拆，滑移过后立即补装栏杆。

常用的牵引设备有手拉葫芦、环链电动葫芦和电动卷扬机。

2）导向轮。导向轮的主要作用是保险装置，在正常情况下，滑移时导向轮是脱开的，只有当同步差超过规定值或拼装偏差在某处较大时才会遇到。但在实际工程中，由于制作拼装上的偏差，卷扬机不同时间的启动或停车也会造成导向轮顶上导轨的情况。导向轮一般安装在导轨内侧，间隙 10～20mm。

（4）网架滑移安装

先在地面将杆件拼装成两球一杆和四球五杆的小拼构件，然后用悬臂式桅杆、塔式起重机或履带式起重机，按组合拼接顺序吊到拼接平台上进行扩大拼装。先就位点焊，焊接网架下弦方格，再点焊立起横向跨度方向角腹杆。每节间单元网架部件点焊拼接顺序，由跨中向两端对称进行，焊完后临时加固。滑移准备工作完毕，并进行全面检查无误后，开始试滑 50cm，再检查无误后，开始正式滑行。牵引可用慢速卷扬机或铰链进行，并设减速滑轮组。牵引力的大小应根据不同的滑移方法（即滚动式或滑动式分别进行）计算确定。牵引点应分散设置，滑移速度不宜大于 1m/min，并要求做到两边同步平稳滑移。当网架跨度大于 50m 时，应在跨中增设一条平稳滑道或辅助支顶平台。

（5）同步控制

网架滑移时同步控制的精度是滑移技术的主要指标之一。当网架采用两点牵引滑移时，如不设导向轮，滑移要求同步主要是为了不使网架滑出轨道。当设置导向轮，牵引速度差（不同步值）应不使导向轮顶住导轨为准。当三点牵引时，除应满足上述要求外，还要求不使网架增加太大的附加内力，允许不同步值应通过验算确定。

网架规程规定，网架滑移时两端不同步值不大于 50mm。各工程在滑移时应根据实际情况，经验算后再自行确定具体值，两点牵引时应小于上述规定值，三点牵引时经验算后该值应更小。

控制同步最简单的方法是在网架两侧的梁面上标出尺寸，牵引时同时报滑移距离，这种方法控制精度较差，三点以上牵引时不适用。自整角机同步指示装置是一种较可靠的测量装置，这种装置可以集中于指挥台随时观察牵引点移动情况，读数精确为 1mm。

（6）支座降落

当网架滑移完毕，经检查各部分尺寸标高、支座位置符合设计要求后，先用等比例提升方法，使用千斤顶或起落器抬起网架支承点，抽出滑轨；再用等比例下降方法，使网架平稳过渡到支座上；待网架下挠稳定，装配应力释放完后，即可按设计要求将支座焊接或固定。操作中应注意对橡胶支座或其他特殊支座的保护。

4. 整体吊装法

整体吊装法是将网架结构在地上错位拼装成整体，然后用起重机吊升超过设计标高，空中移位后落位固定。此法不需要搭设高的拼装架，高空作业少，易于保证接头焊接质量，但需要起重能力大的设备，吊装技术复杂，适用于吊装焊接球节点网架，尤其是三向网架的吊装。根据吊装方式和所用的起重设备不同，可分为多机抬吊及独脚桅杆吊升。

（1）多机抬吊作业

多机抬吊施工中布置起重机时需要考虑各台起重机的工作性能和网架在空中移位的要求。起吊前要测出每台起重机的起吊速度，以便起吊时掌握；或每两台起重机的吊索用滑轮连通。这样，当起重机的起吊速度不一致时，可由连通滑轮的吊索自行调整。

如网架重量较轻，或四台起重机的起重量均能满足要求时，宜将四台起重机布置在网架的两侧，这样只要四台起重机将网架垂直吊升超过柱顶后，旋转一小角度，即可完成网架空中移位要求。

多机抬吊一般用四台起重机联合作业，将地面错位拼装好的网架整体吊升到柱顶后，在空中进行移位，落下就位安装。一般有四侧抬吊和两侧抬吊两种方法。

四侧抬吊时，为防止起重机因升降速度不一而产生不均匀荷载，在每台起重机设两个吊点，每两台起重机的吊索互相用滑轮串通，使各吊点受力均匀，网架平稳上升。

两侧抬吊系用四台起重机将网架吊过柱顶同时向一个方向旋转一定距离，即可就位。适于跨度 40m 左右、高度 2.5m 左右的中、小型网架屋盖的吊装。

（2）独脚拔杆吊升作业

独脚拔杆吊升法是多机抬吊的另一种形式。它是用多根独脚拔杆，将地面错位拼装的网架吊升超过柱顶，进行空中移位后落位固定。采用此法时，支承屋盖结构的柱与拔杆应在屋盖结构拼装前竖立。此法所需的设备多，劳动量大，但对于吊装高、重、大的屋盖结构，特别是大型网架较为适宜。

（3）网架的空中移位

多机抬吊作业中，起重机变幅容易，网架空中移位方便，而用多根独脚拔杆进行整体吊升网架方法的关键是网架吊升后的空中移位。由于拔杆变幅困难，网架在空中的移位是利用拔杆两侧起重滑轮组中的水平力不等而推动网架移位的。

网架被吊升时，每根拔杆两侧滑轮组夹角相等，上升速度一致，两侧受力相等，其水平分力也相等，网架处于水平面内平衡状态，只垂直上升，不水平移动。滑轮组拉力及水平分力可按力学基本公式和规范规定进行简单计算。

网架空中移位的方向与桅杆及其滑轮组布置有关，具体如下。

1）桅杆对称布置，桅杆的起重平面（起重滑轮组与桅杆所构成的平面）方向一致且平行于网架的一边。因此使网架产生运动的水平分力平行于网架一边，网架产生单向位移。

2）桅杆均布于同一圆周上，且桅杆的起重平面垂直于网架半径，则使网架产生运动的水平分力与桅杆起重平面相切，由于相切力的作用，网架产生绕圆心旋转的运动。

在网架空中移位时，每根桅杆的同一侧（右侧为例）滑轮组钢丝绳徐徐收松，而另一侧（左侧）滑轮不动。此时右边的钢丝绳因松弛而拉力变小，左边则由于网架重力作用拉力相应增大，两边水平力不相当，打破了平衡状态，网架朝向左分力方向进行移动，直至右侧滑轮组钢丝绳放松到停止，重新处于拉紧状态时恢复平衡状态。这时，由于夹角的变化，左侧拉力将较大。在平移时，由于一侧滑轮组不动，网架平移的同时还会产生圆周运动而产生少许下降。

5. 整体提升法

整体提升法是指在结构柱上安装提升设备直接提升网架，或利用滑模浇筑柱子的同时进行网架提升。该方法能充分利用现有的结构和小型机具（如液压千斤顶、升板机等）进行施工，可节省安装设施的费用，适用于周边支承及多点支承的网架。

整体提升法与整体吊装法的区别在于：整体提升法只能做垂直起升，不能做水平移动或转动；而整体吊装法不仅能做垂直起升，还可在高空做水平移动或转动。因此，采用整体提升法安装网架时应注意：一是网架必须按高空安装位置在地面就位拼装，即高空安装位置和地面拼装位置必须在同一投影面上；二是周边与柱子（或连系梁）相碰的杆件必须预留，待网架提升到位后再进行补装。

当采用整体提升法施工时，应尽量将下部支承柱设计为稳定的框架体系，否则应进行稳定性验算，如稳定性不足，应采取措施加强。提升设备的使用负荷能力为额定负荷能力乘以折减系数：穿心式液压千斤顶为 0.5～0.6，电动螺杆升板机为 0.7～0.9。

网架提升时，应采取措施尽量做到同步，一般情况下应符合下列要求：相邻两个提升点，当用穿心式液压千斤顶时，为相邻点距离的 1/250，且不大于 25mm；当用电动螺杆升板机时，为相邻点距离的 1/400，且不大于 15mm。最高点与最低点，当用穿心式液压千斤顶时为 50mm，当用电动螺杆升板机时为 30mm。

8.2.3 网架结构安装质量要求

钢网架、网壳结构安装的允许偏差应符合表 8.3 的规定。

表 8.3 钢网架、网壳结构安装的允许偏差 （单位：mm）

项目	允许偏差
纵向、横向长度	$\pm l/2000$，且不超过±40.0
支座中心偏移	$l/3000$，且不大于 30.0
周边支承网架、网壳相邻支座高差	$l_1/400$，且不大于 15.0
多点支承网架、网壳相邻支座高差	$l_1/800$，且不大于 30.0
支座最大高差	30.0

注：l 为纵向或横向长度；l_1 为相邻支座距离。

钢网架、网壳结构安装完成后，其节点及杆件表面应干净，不应有明显的疤痕、泥沙和污垢。螺栓球节点应将所有接缝用油腻子填嵌严密，并应将多余螺孔密封。

钢网架、网壳结构总拼完成后及屋面工程完成后应分别测量其挠度值，且所测的挠度值不应超过相应荷载条件下挠度计算值的 1.15 倍。

✖ 任务完成与自评

项目	要求	记录	分值	扣分	备注
网架结构拼装方法	不了解		25		
	一般				
	熟悉				
网架结构拼装质量要求	不了解		25		
	一般				
	熟悉				
网架结构安装方法	不了解		25		
	一般				
	熟悉				
网架结构安装质量要求	不了解		25		
	一般				
	熟悉				

单 元 习 题

一、单选题

1. 网架（　　）是在设计位置的地面拼装成整体，然后用千斤顶将网架整体顶升到设计标高。

    A．整体提升法　　B．整体顶升法　　　C．滑移法　　　　D．整体吊装法

2. 网架（　　）适用于分割后刚度和受力状况改变较小的各种中小型网架，如双向正交正放、正放四角锥、正放抽空四角锥等网架。

    A．高空散装法　　　　　　　　B．分条或分块安装法

    C．滑移法　　　　　　　　　　D．整体吊装法

3. （　　）不需大型起重设备，对场地要求不高，但需搭设大量拼装支架，高空作业多。

    A．高空散装法　　　　　　　　B．分条或分块安装法

    C．滑移法　　　　　　　　　　D．整体吊装法

4. 钢网架结构安装，支座锚栓中心偏移允许偏差为（　　）mm。

    A．±2　　　　　　B．±3　　　　　　C．±4　　　　　　D．±5

5. 钢网架总拼完成后及屋面工程完成后应分别测量其挠度值，且所测的挠度值不应超过相应荷载条件下挠度计算值的（　　）倍。

    A．1.15　　　　　B．1.2　　　　　　C．1.25　　　　　D．1.3

6. （　　）是将网架条状单元组合体在建筑物上空进行水平滑移对位总拼的一种施工方法。

    A．高空散装法　　　　　　　　B．分条或分块安装法

    C．滑移法　　　　　　　　　　D．整体吊装法

二、多选题

1. 网架的拼装应根据（　　）等因素，综合分析确定网架结构的拼装方案。

    A．网架跨度　　　　　　　　　B．平面形状

    C．网架结构形状　　　　　　　D．吊装方法

2. 网架结构的类型有（　　）。

    A．交叉桁架系网架　　　　　　B．正放四角锥网架

    C．斜放四角锥网架　　　　　　D．三角锥网架

3. 焊接球节点网架的总拼顺序应（　　）。

    A．从中间向两边　　　　　　　B．从中间向四周

C．从两边向中间　　　　　　　　D．从四周向中间

4．网架螺栓球节点的组成有（　　）。

A．钢球　　　　　B．套筒　　　　　C．销钉　　　　　D．封板

三、复习思考题

1．试述焊接球节点网架的拼装方法。

2．网架高空散装法的拼装支架必须符合哪些要求？

3．简述网架的安装方法。

钢结构涂装工程

■ 单元概述　钢结构的防腐防火技术对于钢结构的安全性能与耐久性起着极为重要的作用。目前钢结构的防腐措施通常采用防腐涂装。就钢结构的防火技术来说，一般采用防火涂料或防火板材予以保护。本单元以《钢结构防腐蚀涂装技术规程》（CECS 343—2013）、《钢结构工程施工规范》（GB 50755—2012）、《钢结构工程施工质量验收标准》（GB 50205—2020）为主要依据，讲述钢结构防腐涂装和防火涂装。每一工作任务均从涂装准备工作开始，包括涂装机具、涂料的选用等工作准备，然后是涂装施工，最后是涂装质量检验。

■ 知识目标　1. 了解防腐涂料及防火涂料的分类。

2. 掌握涂层结构与涂层厚度要求。

3. 熟悉防腐涂装及防火涂装的主要机具。

4. 掌握钢构件表面除锈方法。

5. 掌握涂装施工环境要求及涂装施工方法。

6. 掌握涂装质量验收方法。

7. 掌握涂装安全措施。

■ 能力目标　1. 能进行防腐涂料的正确选用。

2. 能正确进行涂装构件的表面处理。

3. 能按正确的施工工艺进行防腐涂装施工。

4. 能对防腐涂装进行质量验收。

5. 能进行防火涂料的正确选用。

6. 能正确进行涂装构件的表面处理。

7. 能按正确的施工工艺进行防火涂装施工。

8. 能对防火涂装进行质量验收。

思政引导 随着建筑业的迅速发展，钢结构在工业厂房、高层（超高层）建筑、大跨度空间结构、海上采油平台、大型水库闸门等不同领域、不同环境下得到了广泛的应用，随之而来的是日益严重的钢材腐蚀问题。我国一直是世界钢铁产量大国，但每年因腐蚀导致的钢材浪费十分庞大。据统计，每年由于腐蚀造成的钢铁损失约占年产量的 10%~20%。定期进行防腐涂装工作是保护钢结构长久应用的最简单有效的措施。目前市面上常用钢结构防腐涂料防腐年限较短，导致钢结构的后期维护成本高。因此，研制高性能防腐涂料刻不容缓。让防腐涂料朝着高效、节能、绿色可持续方向发展，这是我们当代大学生肩负的历史使命与社会责任。我们应该刻苦学习专业知识，勇攀科技高峰，破解发展难题，自觉肩负起光荣的历史使命，为建设世界科技强国、实现中华民族伟大复兴做贡献。

任务 9.1　防 腐 涂 装

■ **任务目标**

根据《钢结构防腐蚀涂装技术规程》（CECS 343—2013）、《钢结构工程施工规范》（GB 50755—2012）、《钢结构工程施工质量验收标准》（GB 50205—2020）的要求，完成指定钢结构工程防腐涂装施工方案的编制。

9.1.1　钢结构腐蚀机理

随着建筑行业的快速发展，钢结构以其轻质高强、施工速度快、可施工高层（超高层）、大跨度、造型多变、综合造价低等优点，在国民经济建设中得到了大量的应用。但是，钢结构的易腐蚀问题是其主要缺点之一，腐蚀现象一旦发生，钢结构的力学性能将受到影响。小范围的腐蚀会导致钢结构处于应力集中状态，且腐蚀面积会迅速增加，最终导致钢结构腐蚀形成一个恶性循环，构件承载能力下降。钢结构脆性断裂、建筑物倒塌等严重事故的发生，给国家、给人民带来不可估量的损失。

钢结构长期处于潮湿地区或者沿海地区，容易受到盐类和湿度的破坏，腐蚀加剧，削弱钢结构的使用寿命。当钢结构建筑暴露于大气环境中，易受各种化学物质的作用，空气中的水极易在钢材表面形成水膜，这层水膜便成了钢材腐蚀的决定性因素，而空气的湿度和空气中含有的污染物，则成为影响钢材腐蚀程度的重要原因。根据腐蚀形成机理，钢结构腐蚀大体上可分为大气腐蚀、局部腐蚀以及应力腐蚀三种类型。

1. 大气腐蚀

建筑钢结构面临的最大腐蚀就是大气腐蚀。钢结构与空气中的氧气、携带的水分等物质发生电化学等一系列化学反应，在钢结构表面逐渐累积形成一层电解液，空气中含有的氧气会溶于此类电解液中，形成一个腐蚀原电池，根据相关的化学机理反应，发生钢结构的腐蚀现象。

2. 局部腐蚀

局部腐蚀即不均匀腐蚀，在钢结构腐蚀现象中极为常见，主要包含两种腐蚀：缝隙腐蚀和电偶腐蚀。缝隙腐蚀主要发生的位置在钢构件和非金属间、钢结构与钢结构间的表面缝隙处，一旦构件之间出现裂缝，当缝隙宽度逐渐增加至 0.025～0.1mm 时，一些有害液体会停留在缝隙间，很容易在钢结构局部发生缝隙腐蚀。电偶腐蚀主要发生的位置是不同类型的金属组合的连接处，由于不同金属的金属活性不同，金属间会形成了腐蚀原电池，其中，活动性强的金属腐蚀速度会很快。

3. 应力腐蚀

应力腐蚀主要是指钢结构在受到不同因素影响下发生腐蚀，主要影响因素是构件材料、力学以及电化学这三方面因素。钢结构在建筑工程中主要承受弯、压、拉等应力，结合实际工程以及大量实验数据分析，钢结构处于不受力的状态下很少发生腐蚀，当处于应力状态时，钢结构的腐蚀速率会呈直线状态增加，达到钢结构的受力上限时，会发生脆裂现象，所导致的后果不可想象。常见的有建筑倒塌、桥梁坍塌以及管道泄漏等，一旦发生就会导致严重的经济损失，甚至危及人民的生命安全。

9.1.2 钢结构防腐蚀方法

1. 使用耐候钢

耐候钢是结合了现代科技和现代工艺锻造之后生成的低合金钢，含有铜、铬、镍等合金元素。其优势为硬度好、韧性好、耐高温，尤其比普通钢材要耐腐蚀。耐候钢在潮湿空气中发生锈蚀时，表面出现元素汇聚，从而产生致密非晶态锈层并且能与基体紧密相连，形成一道提升钢材抗腐蚀性能的保护层，这样便可以发挥良好的耐腐蚀性。

2. 热镀锌

热镀锌的主要防腐机理是钢构件与锌液接触溶解，进而形成铁锌合金，并且其表面层包裹着锌合金镀层，从而进行防腐。热镀锌层的厚度通常小于 $65\mu m$，最高可至 $100\mu m$，而电镀锌层的厚度 $5\sim15\mu m$，热镀锌层至少厚于电镀锌层 4 倍。热镀锌还具有附着能力强，不易自动掉落并且能够覆盖全部钢构件表面等优点。对于难以覆盖的死角，热镀锌基本可以全面覆盖，另外，即使当锌层受到外力碰撞剥落，但是因为锌的腐蚀电位低于铁，便可以由周围的锌层替代钢材来抵挡腐蚀，从而达到防腐目的。热镀锌的主要缺点为有一定的污染性，加工时会出现变形，以及造价较高。此外，还可以添加某些元素提升镀层的耐腐蚀性。

3. 防腐涂料涂装

钢结构防腐涂料具有便利性好、适用性广等优势。目前国内外基本采用表面涂装方法进行钢结构防腐。涂装防护主要是利用涂料的涂层将被涂物与环境隔离，从而达到防腐的目的，延长被涂构件的使用寿命。在钢结构防腐涂料施工前，应视结构所处环境、有无侵蚀性介质以及建筑物的重要性，合理选择涂料品种。涂料选用得当，防护时间长，防护效果好；相反，则防护时间短，防护效果差。

9.1.3 钢结构防腐涂料的选用

1. 涂层系统

防腐涂装涂层系统应选用合理配套的复合涂层方案，根据结构的使用年限要求，选用相应的底层、中间层、面层的构造层次。底涂层应与基层表面有较好的附着力和长效防锈性能，中涂层应具有优异屏蔽功能，面涂层应具有良好的耐候、耐介质性能，从而使整个涂层系统具有综合的优良防腐性能。

钢结构表面防腐涂层的最小厚度应符合表 9.1 的规定。

表 9.1 钢结构表面防腐涂层的最小厚度

防腐蚀涂层最小厚度/μm			防护层使用年限/年
强腐蚀	中腐蚀	弱腐蚀	
280	240	200	10～15
240	200	160	5～10
200	160	120	2～5

注：1. 防腐蚀涂料的品种与配套，应符合《钢结构防腐蚀涂装技术规程》（CECS 343—2013）附录 A 的规定；

2. 涂层厚度包括涂料层的厚度或金属层与涂料层复合的厚度；

3. 采用喷锌、铝及其合金时，金属层厚度不宜小于 120μm；采用热镀浸锌时，锌的厚度不宜小于 85μm；

4. 室外工程的涂层厚度宜增加 20～40μm。

2. 涂料的种类

（1）钢结构防腐底漆

钢结构防腐底漆有着附着力强的功能，对钢结构表面起到防止生锈的作用。底漆还具有屏蔽性，阻止水氧离子渗透。目前钢结构防腐底漆常用的品种有：环氧富锌底漆、聚氨酯底漆、醇酸底漆、环氧酯底漆、氯磺化底漆等。

1）环氧富锌底漆：环氧富锌底漆具有干燥快、防腐性能优越、附着力强、耐水等优点，可作为中、长耐久性涂层的底漆使用。

2）聚氨酯底漆：聚氨酯底漆的特点是适应性和综合性很好、吸附能力强、耐化学品的防腐、防腐蚀能力强，用于机床、电子仪器、电机等防腐使用。

3）醇酸底漆：醇酸底漆保护性能好、机械性能好、填充能力强等特点，能够很好地与各种强溶剂面漆配合使用。

4）环氧酯底漆：环氧酯底漆有着较强的黏接性，具有良好的防锈性能、柔韧性和耐冲击性能，可用于中、长耐久涂层的底漆使用。

5）氯磺化底漆：氯磺化底漆是氯磺化聚乙烯底漆的简称，对钢铁基材有着良好的耐水性和防酸、碱、盐等化学物质腐蚀的特性，而且具有干燥速度快、在低温和湿度较高的情况下也能正常固化的特点。

（2）钢结构防腐中间漆

中涂漆是钢结构介于底漆和面漆之间的防腐漆，具有良好的填充性能，对底漆有着修复和改善的作用，能提高整体喷涂效果。采用高固体厚膜涂料，增加中间涂层厚度，可以提高涂层系统的屏蔽和缓蚀能力。常用的中间漆有双组分环氧中间漆、环氧云铁中间漆、聚氨酯中间漆等。

1）双组分环氧中间漆。双组分环氧中间漆涂装屏蔽性较高，其形状类似鱼鳞般搭接结构，因此封闭耐热性和防腐蚀性都有很大提高，主要用于防腐中间涂层。

2）环氧云铁中间漆。环氧云铁中间漆具有良好的附着力、柔韧性、耐磨性和封闭性等优异性能。因其各方面优异的性能，市场对其需求量越来越大，可用于中间层高性能防腐漆，延长工程的使用寿命，保护钢材。

3）聚氨酯中间漆。聚氨酯中间漆的特点为干燥快、附着力强、易打磨、机械性能好。对于要求较高的装饰工程采用聚氨酯中间漆作为中间涂料，可增加面漆的光泽丰满度。

（3）钢结构防腐面漆

钢结构防腐面漆有着美化环境、耐化学品腐蚀等特点，钢结构防腐面漆的常用品种有丙烯酸磁面漆、丙烯酸聚氨酯面漆、氟碳面漆等。

（1）丙烯酸磁面漆。丙烯酸磁面漆干燥速度快，具有较高的附着力，耐候性好，还有一定的防霉功能，经常应用于金属表面、钢铁桥梁、电器仪表等方面，起到保护和装饰作用。

（2）丙烯酸聚氨酯面漆。丙烯酸聚氨酯面漆具有优异的耐候性、保光保色性、耐化学品腐蚀性，优异的装饰性能和抗冲击耐磨性能。可在包括海上设施、化工建筑、桥梁等多种环境下使用。

（3）氟碳面漆。氟碳面漆综合性能优越，耐候、耐热、耐低温、耐化学品腐蚀，还具有不粘性和低摩擦性等特点，可以供寒冷地区的钢结构使用。

3．涂料的选用

（1）涂料品种的选用

防腐涂料的质量、性能和检验要求等应符合现行行业标准的规定。同一涂层体系中各层涂料的材料性能应能匹配互补，并相互兼容结合良好。防腐蚀涂料品种的选用、层数、厚度等应符合涂层配套设计规定。防腐蚀涂料和稀释剂在运输、贮存、施工及养护过程中，严禁明火，并应防尘、防暴晒，不得与酸、碱等化学介质接触。

钢结构防腐涂料必须具有产品质量证明文件，经验收、检验合格方可使用。涂料的型号、名称、颜色及有效期应与其质量证明文件相符，开启后，不应存在结皮、结块、凝胶等现象。产品质量证明文件应包括下列内容：

1）产品质量合格证及材料检测报告；

2）质量技术指标及检测方法；

3）复验报告或技术鉴定文件。

（2）防腐底涂料的选用

防腐底涂料的选用应符合下列规定：

1）锌、铝和含锌、铝金属层的钢材，其底涂料应采用锌黄类，不得采用红丹类；

2）在有机富锌或无机富锌底涂料上，宜选用环氧云铁或环氧铁红的涂料，不得采用醇酸涂料。

（3）防腐面涂料的选用

钢材基层防腐面涂料的选用应符合下列规定：

1）用于酸性介质环境时，宜选用聚氨酯、环氧树脂、丙烯酸聚氨酯、氯化橡胶、聚氯乙烯萤丹、高氯化聚乙烯类涂料；用于弱酸性介质环境时，可选用醇酸涂料。

2）用于碱性介质环境时，宜选用环氧树脂涂料，也可选用上述第1）款所列的其他涂料，但不得选用醇酸涂料。

3）用于室外环境时，可选用氟碳、聚硅氧烷、脂肪族聚氨酯、丙烯酸聚氨酯、丙烯酸环氧、氯化橡胶、聚氯乙烯萤丹、高氯化聚乙烯和醇酸等涂料，不应选用环氧、环氧沥青、聚氨酯沥青和芳香族聚氨酯等涂料及过氯乙烯涂料、氯乙烯醋酸乙烯共聚涂料、聚苯乙烯涂料与沥青涂料。

9.1.4　钢结构防腐涂装施工

1. 钢构件表面处理

钢材涂装前的表面处理主要是"除锈"。除锈不仅包括除去钢材表面的各种污垢、油脂、铁锈、氧化皮、焊渣和已失效的旧漆膜，即保证清洁度，还包括除锈后钢材表面所形成的合适的"粗糙度"。钢结构表面的除锈是否彻底对钢结构的防腐性能起到非常重要的作用，除锈质量的好坏是关键。因此，保证防腐涂装的重要环节就是控制好钢构件表面除锈的质量。

（1）钢材表面原始锈蚀分级

钢材表面原始锈蚀分为A、B、C、D四级。A级指全面覆盖着氧化皮而几乎没有铁锈的钢材表面；B级指已发生锈蚀，且部分氧化皮已经剥落的钢材表面；C级指氧化皮已因锈蚀而剥落或者可以刮除，且有少量点蚀的钢材表面；D级指氧化皮已因锈蚀而全面剥离，且已普遍发生点蚀的钢材表面。

钢结构表面初始锈蚀等级应符合《涂覆涂料前钢材表面处理　表面清洁度的目视评定　第1部分：未涂覆过的钢材表面和全面清除原有涂层后的钢材表面的锈蚀等级和处理等级》（GB/T 8923.1—2011）的要求。构件所用钢材的表面初始锈蚀等级不得低于C级；对薄壁（厚度≤6mm）构件或主要承重构件不应低于B级。

（2）钢材表面除锈质量等级

钢材表面除锈质量等级分为手工或动力工具除锈 St2、St3 两级（不设预处理等级

St1 级，因为达到这个等级的表面不适于涂装）。喷射或抛射除锈质量等级分为 Sa1、Sa2、Sa2.5、Sa3 四级。

St2——彻底的手工和动力工具除锈。钢材表面无可见的油脂和污垢，且没有附着不牢的氧化皮、铁锈和油漆涂层等附着物。可保留黏附在钢材表面且不能被钝油灰刀剥掉的氧化皮、锈和旧涂层。

St3——非常彻底的手工和动力工具除锈。钢材表面无可见的油脂和污垢，且没有附着不牢的氧化皮、铁锈和油漆涂层等附着物。除锈应比 St2 更为彻底，底材显露部分的表面应具有金属光泽。

Sa1——轻度的喷射或抛射除锈。钢材表面无可见的油脂和污垢，且没有附着不牢的氧化皮、铁锈和油漆涂层等附着物。

Sa2——彻底的喷射或抛射除锈。钢材表面无可见的油脂和污垢，且氧化皮、铁锈和油漆涂层等附着物已基本清除，其残留物应是牢固附着的。

Sa2.5——非常彻底的喷射或抛射除锈。钢材表面无可见的油脂、污垢、氧化皮、铁锈和油漆涂层等附着物，任何残留的痕迹仅是点状或条纹状的轻微色斑。

Sa3——非常彻底地除掉金属表面的一切杂物，表面无任何可见残留物及痕迹，呈现均一金属本色，并有一定粗糙度。

涂装前钢材表面除锈等级应满足设计要求并符合国家现行标准的规定。处理后的钢材表面不应有焊渣、焊疤、灰尘、油污、水和毛刺等。当设计无要求时，钢材表面除锈等级应符合表 9.2 的规定。对于钢结构工程连接焊缝或临时焊缝、补焊部位，涂装前应清理焊渣、焊疤等污垢，钢材表面处理应满足设计要求。当设计无要求时，宜采用人工打磨处理，除锈等级不低于 St3。对于高强度螺栓连接部位，涂装前应按设计要求除锈、清理，当设计无要求时，宜采用人工除锈、清理，除锈等级不低于 St3。

表 9.2 各种底漆或防锈漆要求最低的除锈等级

涂料品种	除锈等级
油性酚醛、醇酸等底漆或防锈漆	St3
高氯化聚乙烯、氯化橡胶、氯磺化聚乙烯、环氧树脂、聚氨酯等底漆或防锈漆	Sa2.5
无机富锌、有机硅、过氯乙烯等底漆	Sa2.5

评定锈蚀等级及除锈质量等级时，将待检查的钢材表面与现行国家标准《涂覆涂料前钢材表面处理 表面清洁度的目视评定 第 1 部分：未涂覆过的钢材表面和全面清除原有涂层后的钢材表面的锈蚀等级和处理等级》（GB/T 8923.1—2011）规定的图片对照观察检查。评定锈蚀等级时，以相应锈蚀较严重的照片所标示的锈蚀等级作为评定结果；评定除锈等级时，以与钢材表面外观最接近的照片所标示的除锈等级作为评定结果。

（3）钢材表面处理方法

钢材表面处理方法根据要求不同可采用手工除锈、机械除锈、酸洗除锈和火焰除锈四种。

1）手工除锈。手工除锈包括纯手工除锈和手持动力工具除锈两种方法。

① 纯手工除锈，即用砂纸、手工铲刀、钢丝刷或废砂轮将物体表面的氧化层除去，然后再用有机溶剂（如汽油、丙酮、苯等）将浮锈和油污洗净，即可涂覆。

② 手持动力工具除锈，即用手工动力工具（如用电动钢丝刷、电动打磨机械等）进行的表面预处理。手工和手持动力工具清理前，任何厚的锈层应予以铲除，可见的油脂和污垢也应予以清除；手工和手持动力工具清理后，表面应清除浮灰和碎屑。

手工除锈适用于一些较小的物件表面及没有条件用机械方法进行表面处理的设备表面。手工除锈可以除去工件表面的锈迹和氧化皮，但手工处理劳动强度大、生产效率低、质量差、清理不彻底、人工成本高。

2）机械除锈。机械除锈可以进行大面积钢构件表面的处理，有干喷砂法、湿喷砂法、抛丸法、喷丸法、滚磨法和高压水流法等。

① 干喷砂法是目前广泛采用的方法。用于清除物件表面的锈蚀、氧化皮及各种污物，使金属表面呈现一层较均匀而粗糙的表面，以增加漆膜的附着力。干喷砂法的主要优点是效率高、质量好、设备简单。其缺点是操作时灰尘弥漫，劳动条件差，严重影响工人的健康，且影响到喷砂区附近机械设备的生产和保养。

② 湿喷砂法分为水砂混合压出式和水砂分路混合压出式两种。湿喷砂法的主要特点是灰尘很少，但效率及质量均比干喷砂法差，且湿砂回收困难。无尘喷砂法是一种新的喷砂除锈方法。其特点是使加砂、喷砂、集砂（回收）等操作过程连续化，使砂流在密闭系统里循环不断流动，从而避免了粉尘的飞扬。无尘喷砂法特点是设备复杂、投资高，但由于操作条件好、劳动强度低，仍是一种有发展前途的机械喷砂法。

③ 抛丸法是利用离心力将弹丸加速，抛射全工件进行除锈清理的方法。利用高速旋转（2000r/min 以上）的抛丸器的叶轮抛出的铁丸（粒径为 0.3～3mm 的铁砂），以一定角度冲撞被处理的物件表面。该方法的特点是质量高，但只适用于较厚的、不怕碰撞的工件；抛丸灵活性差，受场地限制，清理工件时在工件内表面易产生清理不到的死角；设备结构复杂，易损件多，特别是叶片等零件磨损快、维修工时多、费用高、一次性投入大。

④ 喷丸法利用压缩空气吹动钢丸，用喷丸进行表面处理，打击力大，清理效果明显。但喷丸对薄板工件的处理，容易使工件变形，且钢丸打击到工件表面（无论抛丸或喷丸）使金属基材产生变形，由于 Fe_3O_4 和 Fe_2O_3 没有塑性，破碎后剥离，而油膜与基材一同变形，所以对带有油污的工件，抛丸、喷丸无法彻底清除油污。

⑤ 滚磨法适用于成批小零件的除锈。

⑥ 高压水流法是采用压力为 10～15MPa 的高压水流，在水流喷出过程中掺入少量石英砂（粒径最大为 2mm 左右），水与砂的比例为 1∶1，形成含砂高速射流，冲击物件表面进行除锈。此法是一种新的大面积高效除锈方法。

3）酸洗除锈。酸洗除锈是将钢构件在酸液中进行侵蚀加工，利用酸性或碱性溶液与工件表面的氧化物及油污发生化学反应，使其溶解在酸性或碱性的溶液中，以达到去除工件表面锈迹氧化皮及油污的目的。酸洗除锈主要适用于对表面处理要求不高、形状复杂的零部件以及在无喷砂设备条件的除锈场合。酸洗除锈用于对薄板件表面处理，但若时间控制不当，即使加缓蚀剂，也能使钢材产生过蚀现象。对于较复杂的结构件和有孔的零件，经酸性溶液酸洗后，浸入缝隙或孔穴中的余酸难以彻底清除，若处理不当，将成为工件腐蚀的隐患，且化学物易挥发，成本高，处理后的化学排放工作难度大，若处理不当，将对环境造成严重的污染。随着人们环保意识的提高，此种处理方法正被机械处理法取代。

4）火焰除锈。火焰除锈代号为 Ft，其主要工艺是先将基体表面锈层铲掉，再用火焰烘烤或加热，并配合使用动力钢丝刷清理加热表面。其原理是利用金属与氧化皮的热膨胀系数的不同，经过加热处理氧化皮会破裂脱落，而铁锈则由于加热时的脱水作用使锈层破裂而松散，从而达到除锈的目的。火焰除锈适用于去除旧的防腐层（漆膜）或带有油浸过的金属表面工程，不适用于薄壁的金属设备、管道，也不能用于退火钢和可淬硬钢除锈工程。

（4）钢材表面粗糙度

构件的表面粗糙度可根据不同底涂层和除锈等级按表 9.3 进行选择，并应按现行国家标准《涂覆涂料前钢材表面处理　喷射清理后的钢材表面粗糙度特性　第 2 部分：磨料喷射清理后钢材表面粗糙度等级的测定方法比较样块法》（GB/T 13288.2—2011）的有关规定执行。

表 9.3　构件的表面粗糙度

钢材底涂层	除锈等级	表面粗糙度 $Ra/\mu m$
热喷锌/铝	Sa3 级	60～100
无机富锌	Sa2.5～Sa3 级	50～80
环氧富锌	Sa2.5 级	30～75
不便喷砂的部位	St3 级	

2. 钢构件涂装施工

（1）涂装环境要求

涂料施工时，周围环境对涂装质量起着很大的影响，特别是气候环境。钢结构涂装时的环境温度和相对湿度，除应符合涂料产品说明书的要求外，还应符合下列规定：

1）当产品说明书对涂装环境温度和相对湿度未作规定时，环境温度宜为 5～38℃，相对湿度不应大于 85%，钢材表面温度应高于露点温度 3℃，且钢材表面温度不应超过 40℃，露点温度与环境温度和相对湿度有关；

2）被施工物体表面不得有凝露；

3）遇雨、雾、雪、强风天气时应停止露天涂装，应避免在强烈阳光照射下施工；

4）涂装后 4h 内应采取保护措施，避免淋雨和沙尘侵袭；

5）风力超过 5 级时，室外不宜喷涂作业。

（2）涂料调制

防腐涂料使用前，应对油漆做二次检查，核对油漆的种类、名称以及稀释剂是否符合涂料说明书的技术要求，各项指标合格后方可调制涂装。涂料调制应搅拌均匀，应随拌随用，不得随意添加稀释剂。

涂料的配制应严格按照说明书的技术要求及配比进行，并充分搅拌，使桶底沉淀物混合均匀，放置 15～30min 后，使其充分熟化方可使用。工程用量允许的施工时间，应根据说明书的规定控制，在现场调配时，据当天工程量用多少配多少。

使用涂料时，应边刷涂边搅拌，如有结皮或其他杂物，必须清除掉方可使用。涂料开桶后，必须密封保存。使用稀释剂时，其种类和用量应符合涂料生产的标准规定。

当设计要求或施工单位首次采用某涂料和涂装工艺时，应按《钢结构工程施工质量验收标准》（GB 50205—2020）附录 D 的规定进行涂装工艺评定，评定结果应满足设计要求并符合国家现行标准的要求。

（3）涂装施工

常用的钢结构防腐涂料施工方法有刷涂法、手工滚涂法、空气喷涂法、高压无气喷涂法四种。应结合实际工程情况选择适宜的涂装方法。

1）刷涂法。刷涂法是最简单的手工涂装方式。其优点是工具简单、施工方便、适应性强、易于掌握、节省漆料和溶剂、可用于限定的区域等。其缺点是生产效率低、施工质量受操作工技能和涂料类型所限。涂刷法常用于局部油漆修补和预涂，如边缘、角落、不规则表面等处。

刷涂时用鬃刷、马尾制作成的木柄土刷（适用于溶剂性涂料）或用羊毛和油竹管制成的排笔（水性涂料）蘸涂料刷在构件表面上。刷涂法适用的涂料为干性较慢、塑性小的油性漆、酚醛漆、醇酸漆等。

刷涂料时，首先对边角处、棱角处、夹缝处进行预涂，必要时采用长杆毛笔进行点涂，以保证漆膜厚薄均匀、无漏涂。涂刷时，将刷子的 2/3 蘸上涂料，蘸上涂料的刷子在桶边刮一下，以减少刷子一边的涂料，拿出时，有涂料的一边向上进行涂刷，死角位置刷涂时，用刷尖蘸上涂料做来回弹拍涂装。用过的涂刷要及时用稀料洗干净，以免刷毛变硬，且要保持刷柄清洁。待涂层的第一道漆膜干后，方可进行下道涂层的施工。涂刷时，尽量减少涂层的往复次数，以免将底层漆膜拉起，并按纵横交错方式涂漆，以保证漆膜的涂刷质量。刷涂法操作要点如下：

① 一般应采用直握方法，用腕力进行操作。

② 涂刷时应蘸少量涂料。

③ 对干燥较慢的涂料，应按涂敷、抹平和修饰三道工序进行。

④ 对干燥较快的涂料，应从被涂物一边按一定的顺序快速连续地刷平和修饰，不宜反复刷涂。

⑤ 刷涂顺序一般按自上而下、从左到右、先里后外、先斜后直、先难后易的原则，使涂膜均匀、致密、光滑和平整。

⑥ 刷涂的走向，刷涂垂直平面时，最后一道应由上向下进行；刷涂水平表面时，最后一道应按光线照射的方向进行。

2）手工滚涂法。手工滚涂法采用滚子进行涂装，适用于大面积涂刷以及较高部位涂刷，效率较刷涂法高 1～2 倍，适用于平面钢结构的涂装，不适用于结构复杂或者凹凸不平的钢结构表面。因滚涂法难以控制涂膜的厚度，并有碾薄的趋势，一般不推荐用滚涂法刷底漆或较厚的涂层。另外，滚涂法可能因渗气引起涂膜中微小的针孔。手工滚涂法适用的涂料为干性较慢、塑性小的油性漆、酚醛漆、醇酸漆等。

滚涂法操作要点如下：

① 涂料应倒入装有滚涂板的容器中，将滚子的一半浸入涂料，然后提起在滚涂板上来回滚涂几次，使滚子全部均匀地浸透涂料，并把多余的涂料滚压掉；

② 把滚子按 W 形轻轻地滚动，将涂料大致的涂布于被涂物上，然后滚子上下密集滚动，将涂料均匀地分布开，最后使滚子按一定的方向滚平表面并修饰；

③ 滚动时初始用力要轻，以防流淌；随后逐渐用力，使涂料均匀。

3）空气喷涂法。空气喷涂法使用机具有喷枪、空压机及油水分离器。它是利用压缩空气气流将涂料虹吸至喷枪口，继而进行雾化，喷射到被涂工件表面，从而达到对表面进行涂装的目的。空气喷涂法施工方法较复杂，生产效率较高，漆膜均匀、平整光滑，对于结构复杂的钢结构施工方便。但空气喷涂法消耗溶剂量大，涂料浪费大，且一次涂膜厚度有限，需经多次喷涂才能达到较厚的漆膜，且对环境污染较严重。空气喷涂法适用的涂料为挥发快和干燥适宜、黏度小的各种硝基漆、橡胶漆、建筑乙烯漆、聚氨酯漆等。

空气喷涂法操作要点如下：

① 控制喷嘴与构件的距离、角度，喷枪的运行速度，喷幅的宽度和搭接范围；

② 涂料使用前应经过搅拌等；

③ 及时注意并清理喷嘴的堵塞；

④ 应根据被喷物的面积选择大小合适的喷嘴。

4）高压无气喷涂法。高压无气喷涂使用高压无气喷涂机，利用液压泵将涂料增压，使其以极高的速度从喷枪嘴喷出，涂料雾化吸附于工件，涂装过程中不用压缩空气，因此称为无气喷涂。该法的工效比空气喷涂法高 3 倍多，涂料利用率高，环境污染较小，一次可获得厚涂层，不必添加额外稀释剂。与空气喷涂法相比，高压无气喷涂法存在以下缺点：喷雾幅度和喷出量难以控制，涂膜质量不好，不适合于薄涂层和装饰性涂料。高压无气喷涂法适用的涂料为具有高沸点溶剂、高不挥发酚，有触发性的厚浆型涂料和高不挥发酚涂料。

高压无气喷涂法操作要点如下：

① 控制喷嘴与构件的距离、角度，喷枪的运行速度，喷幅的宽度和搭接范围；

② 涂料使用前应经过搅拌等；

③ 喷涂过程中，注意吸入管，防止吸空；

④ 及时注意并清理喷嘴的堵塞；

⑤ 应根据被喷物的面积选择大小合适的喷嘴。

（4）涂装质量控制

1）表面处理质量控制。钢结构防腐涂装属于隐蔽工程，需要建立严格的质量控制体系，并配备相应的人员及检测仪器，如漆膜测厚仪和粗糙度仪等。对除锈等级、表面粗糙度、涂层厚度等进行逐一检测，合格后才能进行下道工序的施工。

2）涂装时间的控制。钢结构构件表面除锈处理后宜在 4h 内进行涂装，在车间内作业或湿度较低的晴天不应超过 8h，以免表面处理后的钢构件表面长时间暴露在空气中而再次腐蚀。不同涂层间的施工应有适当的重涂间隔时间，最大及最小重涂间隔时间应参照涂料产品说明书确定。施工结束，应在涂层自然养护期满后使用。

3）涂料及涂层厚度的控制。防腐涂料的选择必须满足设计要求。在涂装施工过程中，应控制涂料的黏度、稠度、稀度，兑制时应充分的搅拌，使涂料色泽、黏度均匀一致。调整黏度必须使用专用稀释剂，如需代用，必须经过试验。涂刷遍数及涂层厚度应按设计要求执行。

4）施工环境条件的控制。防腐涂装时，要综合考虑温度、湿度、雨雪、风力等影响因素。温度太高，溶剂挥发快，涂层易产生刷痕、起皱、针孔等。温度太低，涂料固化慢，甚至停止固化，还可能在表面凝结水珠。湿度太大，不仅表面容易返锈，且涂层容易产生针孔、泛白等。一般在空气相对湿度>85%时，应停止涂装施工。大风扬起的尘土将污染待防护表面，使涂层间的附着力降低，并影响涂层的外观质量。所以，遇到大风、大雾、下霜、下雨及雨后几天，应停止涂装施工。

9.1.5 防腐涂装质量验收

1. 涂装前质量验收

钢结构防腐蚀涂装施工的质量检验，应在原材料进场、配料前、除锈后与涂装后几个时段分别进行。涂装前期检验内容应包括下列各项：

1）原材料进场时，对其质量保证书、合格证、说明书、使用指南等进行检查验证，有异议时应进行抽样复验；

2）钢材进场时，其表面初始锈蚀状态的检验；

3）除锈后钢材表面除锈等级的检验与粗糙度检验；

4）涂装前钢材表面清洁度和焊缝、钢板边缘、表面缺陷处理的检验。

2. 涂装后质量验收

钢结构防腐蚀涂装施工完成后的成品验收包括涂层外观质量验收、涂层厚度验收与附着力测试。

（1）外观质量验收

钢结构涂装完成后，要求涂层表面平整、颜色均匀一致，无明显皱皮、流坠、针眼和气泡等。涂装完成后应对外观质量进行全数检查。涂覆在钢基材表面的涂层针孔检查可采用涂层针孔检测仪进行。皱皮、流坠、针眼和气泡等现象与施工工艺、气候条件、表面污染等原因有关，这些缺陷直接影响防腐涂装工程质量，在防腐涂装施工过程中应严格执行防腐涂装工艺方案。

涂装完成后，构件的标志、标记和编号应清晰完整，有利于安装现场对构件的管理和识别，方便按顺序安装。对于大型构件应标记重心位置、定位标记等。

（2）涂层厚度验收

防腐涂装涂层厚度应均匀一致，涂层的层数和厚度应符合设计要求。当设计对涂层厚度无要求时，涂层干漆膜总厚度应为：室外不应小于150μm，室内不应小于125μm。检查时按照构件数抽查10%的构件进行检查，且同类构件不应少于3件。采用干漆膜测厚仪检查涂层厚度。每个构件检测5处，每处的数值为3个相距50mm测点涂层干漆膜厚度的平均值。漆膜厚度的允许偏差应为-25μm。

（3）附着力测试

当钢结构处于有腐蚀介质环境、外露或设计有要求时，应进行涂层附着力测试。在检测范围内，当涂层完整程度达到70%以上时，涂层附着力可认定为质量合格。检查数量为按构件数抽查1%，且不应少于3件，每件测3处。普通涂料与钢材的附着力检测，采用拉开法检测时要求不低于5MPa，采用划格法检测时不低于1级。对于各道涂层和涂层体系的附着力，涂层厚度不大于250μm时，按划格法检测应不大于1级；涂层厚度大于250μm时，按拉开法检测，不应小于3MPa（用于外露钢结构时不应小于5MPa）。

9.1.6 防腐涂装安全和环境保护

钢结构防腐蚀涂装施工作业的安全和环境保护，应符合现行国家标准《建筑防腐蚀工程施工规范》（GB 50212—2014）和《钢结构防腐蚀涂装技术规程》（CECS 343—2013）的规定。施工前应制定严格的安全劳保操作规程和环境卫生措施，确保安全、文明施工。

参加涂装作业的操作和管理人员，应持证上岗，施工前必须进行安全技术培训，施工人员必须穿戴防护用品，并按规定佩戴防毒用品。

涂料、稀释剂和清洁剂等易燃、易爆和有毒材料应进行严格的管理，应存放在通风良好的专用库房内，不得堆放在施工现场。同时，施工现场和库房必须设置消防器材，并保证消防水源的充足供应，消防道路应畅通。

施工现场应有通风排气设备。现场有害气体、粉尘不得超过《钢结构防腐蚀涂装技术规程》（CECS 343—2013）规定的最高允许浓度。

防腐蚀涂料和稀释剂在运输、储存、施工及养护过程中，不得与酸、碱等化学介质接触，并应防尘、防暴晒。

在易燃易爆区严禁有电焊或明火操作，并严禁携带火种和易产生火花与静电的物品。

所有电气设备应绝缘良好，密闭空间涂装作业应使用防爆灯和磨具，安装防爆报警装置，涂装作业现场严禁电焊等明火作业。

高处作业时，使用的脚手架、吊架、靠梯和安全带等必须经检查合格后，方可使用。

※ 任务完成与自评

项目	要求	记录	分值	扣分	备注
防腐涂料选择	不了解		20		
	一般				
	熟悉				
钢构件表面处理	不了解		30		
	一般				
	熟悉				
防腐涂装施工	不了解		30		
	一般				
	熟悉				
防腐涂装质量验收	不了解		20		
	一般				
	熟悉				

任务 9.2　防 火 涂 装

■ 任务目标

防火涂装

根据《建筑钢结构防火技术规范》（GB 51249—2017）、《钢结构防火涂料应用技术规程》（T/CECS 24—2020）、《钢结构工程施工规范》（GB 50755—2012）、《钢结构工程施工质量验收标准》（GB 50205—2020）的要求，完成指定钢结构工程防火涂装施工方案的编制。

9.2.1 钢结构防火保护措施

1. 钢结构防火保护措施确定原则

钢结构的防火保护措施应根据钢结构的结构类型、设计耐火极限和使用环境等因素，按照下列原则确定：

1）防火保护施工时，不产生对人体有害的粉尘或气体；

2）钢构件受火后发生允许变形时，防火保护不发生结构性破坏与失效；

3）施工方便且不影响前续已完工的施工及后续施工；

4）具有良好的耐久、耐候性能。

2. 钢结构防火保护措施

钢结构常用的防火保护措施有喷涂（抹涂、刷涂）防火涂料，包覆防火板，包覆柔性毡状隔热材料，外包混凝土、砂浆或砌筑砖砌体，复合防火保护、其他防火保护等。

（1）喷涂（抹涂、刷涂）防火涂料

在钢构件表面喷涂防火涂料，形成隔热防火保护层，这是长期以来应用最多的一种钢结构防火保护措施。这种方法施工简便、重量轻，且不受钢构件几何形状限制，具有较好的经济性和适应性。

早在20世纪50年代，欧美、日本等国家就将喷涂防火涂料广泛用于保护钢结构。20世纪80年代初期，我国开始在一些重要钢结构建筑中采用防火涂料，此时的防火涂料均为进口。1985年后，我国研制了多种钢结构防火涂料，并已应用于很多重要钢结构工程中。为促进钢结构防火涂料生产、应用的标准化和规范化，国家颁布实施了《钢结构防火涂料应用技术规程》(T/CECS 24—2020)和《钢结构防火涂料》(GB 14907—2018)，对促进钢结构防火涂料的开发、应用和质量检测监督发挥了显著作用。

（2）包覆防火板

采用防火板将钢构件包覆封闭起来，可对钢构件起到很好的防火保护作用。由于防火板为预制生产，其性能稳定，表面平整、光洁、装饰性好，施工不受环境条件限制，特别适用于交叉作业和不允许湿法施工的场合。

防火板根据其密度可分为低密度防火板、中密度防火板和高密度防火板，根据其使用厚度可分为防火薄板和防火厚板。

防火薄板有纸面石膏板、纤维增强水泥板、玻镁平板等，使用厚度大多为6～15mm。其密度为800～1800kg/m³，这类板材的使用温度不大于600℃，不适用于单独作为钢结构的防火保护，常用作轻钢龙骨隔墙的面板、吊顶板以及钢梁、钢柱经非膨胀型钢结构防火涂料涂覆后的装饰面板的防火保护。

防火厚板的特点是密度小、热传导系数小、耐高温（使用温度可达1000℃以上）。其使用厚度根据设计耐火极限确定，通常在10～50mm。由于本身具有优良耐火隔热性，可直接用于钢结构防火，提高结构耐火时间。目前，比较成熟的防火厚板主要有硅酸钙防火板、膨胀蛭石防火板两种，这两种防火板的成分也基本上和非膨胀型钢结构防火涂料相近。防火厚板在美国、英国、日本等国的钢结构防火工程中已有大量应用。由于我国自主生产的防火厚板产品较少且造价较高，防火厚板目前在国内应用较少。

钢结构采用包覆防火板保护时，应符合下列规定：

1）防火板应为不燃材料，且受火时不应出现炸裂和穿透裂缝等现象。

2）防火板的包覆应根据构件形状和所处部位进行构造设计，并应采取确保安装牢固稳定的措施。

3）固定防火板的龙骨及粘结剂应为不燃材料。龙骨应便于与构件及防火板连接，粘结剂在高温下应能保持一定的强度，并应能保证防火板的包覆完整。

（3）包覆柔性毡状隔热材料

在钢构件表面包覆柔性毡状隔热材料可达到防火隔热的目的。柔性毡状隔热材料隔热性好、施工简便，适用于室内不易受机械伤害和免受水湿的部位。

柔性毡状隔热材料主要有硅酸铝纤维毡、岩棉毡、玻璃棉毡等各种矿物棉毡。使用时，可采用钢丝网将防火毡直接固定于钢材表面。硅酸铝纤维毡的热传导系数很小[20℃时为 0.034W/（m·℃）、400℃时为 0.096W/（m·℃）、600℃时为 0.132W/（m·℃）]，密度小（80～130kg/m^3），化学稳定性及热稳定性好，又具有较好的柔韧性，在工程中应用较多。

钢结构采用包覆柔性毡状隔热材料保护时，应符合下列规定：

1）不应用于易受潮或受水的钢结构；

2）在自重作用下，毡状材料不应产生压缩不均的现象。

（4）外包混凝土、金属网抹砂浆或砌筑砌体

钢结构采用外包混凝土、金属网抹砂浆或砌筑砌体进行防火保护具有强度高、耐冲击、耐久性好等优点，但是要占用的空间较大。例如，用 C20 混凝土保护钢柱，其厚度为 5～10cm 时才能达到 1.5～3.0h 的耐火极限。该方法在钢梁和斜撑上施工难度大，适用于容易碰撞、无护面板的钢柱防火保护。美国的纽约宾馆、英国的伦敦保险公司办公楼、上海浦东世界金融大厦的钢柱等均采用这种方法。国内石化工业钢结构厂房以前也曾采用砌砖方法加以保护。

钢结构采用外包混凝土、金属网抹砂浆或砌筑砌体保护时，应符合下列规定：

1）当采用外包混凝土时，混凝土的强度等级不宜低于 C20。

2）当采用外包金属网抹砂浆时，砂浆的强度等级不宜低于 M5；金属丝网的网格不宜大于 20mm；丝径不宜小于 0.6mm；砂浆最小厚度不宜小于 25mm。

3）当采用砌筑砌体时，砌块的强度等级不宜低于 MU10。

（5）复合防火保护

常见的复合防火保护做法有：先在钢构件表面涂敷非膨胀钢结构防火涂料或采用柔性防火毡包覆，再用纤维增强无机板材、石膏板等作饰面板。这种方法具有良好的隔热

性、完整性和装饰性，适用于耐火性能要求高，并有较高装饰要求的钢柱、钢梁。

（6）其他复合防火保护措施

其他防火保护措施主要有安装自动喷水灭火系统（水冷却法）、单面屏蔽法和在钢柱中充水等。

安装自动喷水灭火系统，既可灭火，又可降低火场温度、冷却钢构件，提高钢结构的耐火能力。采用这种方式保护钢结构时，喷头应采用直立型喷头，喷头间距宜为2.2m左右；保护钢屋架时，喷头宜沿着钢屋架、在其上方布置，确保钢屋架各杆件均能受到水的冷却保护。

单面屏蔽法的作用主要是避免杆件附近火焰的直接辐射影响。其做法是在钢构件的迎火面设置阻火屏障，将构件与火焰隔开。如在钢梁下面吊装防火平顶，钢外柱内侧设置一定宽度的防火板等。这种在特殊部位设置防火屏障措施有时不失为一种较经济的钢构件防火保护方法。

充水冷却法是在空心钢构件内充水。通过水在钢结构内的循环，吸收钢材本身受热的热量。从而使钢结构在火灾中能保持较低的温度，不会因升温过高而丧失承载能力。为防止锈蚀和结冰，水中要加阻锈剂和防冻剂。

9.2.2 防火涂料的选用

1. 防火涂料的类型

钢结构防火涂料的品种较多，根据高温下涂层变化情况分非膨胀型钢结构防火涂料和膨胀型钢结构防火涂料两大类（表9.4）。根据涂层使用厚度将防火涂料分为超薄型钢结构防火涂料、薄型钢结构防火涂料和厚型钢结构防火涂料。超薄型钢结构防火涂料的涂层厚度小于或等于3mm；薄型钢结构防火涂料的涂层厚度大于3mm且小于或等于7mm；厚型钢结构防火涂料的涂层厚度大于7mm。根据防火涂料使用场所将防火涂料分为室内钢结构防火涂料和室外钢结构防火涂料。室内钢结构防火涂料用于建筑物室内或隐蔽工程的钢结构表面；室外钢结构防火涂料用于建筑物室外或露天工程的钢结构表面。

表9.4　防火涂料的分类

类型	代号	涂层特性	主要成分	说明
膨胀型钢结构防火涂料	B	遇火膨胀，形成多孔碳化层，涂层厚度一般小于7mm	有机树脂为基料，还有发泡剂、阻燃剂、成碳剂等	又称超薄型钢结构防火涂料、薄型钢结构防火涂料
非膨胀型钢结构防火涂料	H	遇火不膨胀，自身有良好的隔热性，涂层厚为7~50mm	无机绝热材料（如膨胀蛭石、飘珠、矿物纤维）为主，还有无机黏结剂等	又称厚型钢结构防火涂料

（1）膨胀型（薄型、超薄型）钢结构防火涂料

膨胀型（薄型、超薄型）钢结构防火涂料宜用于设计耐火极限要求低于 1.5h 的钢构件和要求外观好、有装饰要求的外露钢结构。

膨胀型钢结构防火涂料，国内称超薄型钢结构防火涂料、薄型钢结构防火涂料，其基料为有机树脂，配方中还含有发泡剂、阻燃剂、成碳剂等成分，遇火后自身会发泡膨胀，形成比原涂层厚度大数倍到数十倍的多孔碳质层。多孔碳质层可阻挡外部热源对基材的传热，如同绝热屏障。膨胀型钢结构防火涂料在一定程度上可起到防腐中间漆的作用，可在外面直接做防腐面漆，能达到很好的外观效果（在外观要求不是特别高的情况下，某些产品可兼作面漆使用）。采用膨胀型钢结构防火涂料时，应特别注意防腐涂料、防火涂料的相容性问题。膨胀型钢结构防火涂料在设计耐火极限不高于 1.5h 时，具有较好的经济性。目前国际上也有少数膨胀型钢结构防火涂料产品，能满足设计耐火极限 3.0h 的钢构件的防火保护需要，但是其价格较高。膨胀型钢结构防火涂料在近 20 年取得了很大的发展，在钢结构防火保护工程中所占的市场份额越来越大。

（2）非膨胀型（厚型）钢结构防火涂料

非膨胀型（厚型）钢结构防火涂料耐久性好、防火保护效果好。

非膨胀型钢结构防火涂料，国内称厚型钢结构防火涂料，其主要成分为无机绝热材料，遇火不膨胀，防火机理是利用涂层固有的良好的绝热性以及高温下部分成分的蒸发和分解等烧蚀反应而产生的吸热作用，来阻隔和消耗火灾热量向基材的传递，延缓钢构件升温。非膨胀型钢结构防火涂料一般不燃、无毒、耐老化、耐久性较可靠，适用于永久性建筑中的钢结构防火保护。非膨胀型钢结构防火涂料涂层厚度一般为 7～50mm，对应的构件耐火极限可达到 0.5～3.0h。

非膨胀型钢结构防火涂料可分为两类：一类是以矿物纤维为主要绝热骨料，掺加水泥和少量添加剂、预先在工厂混合而成的防火涂料，需采用专用喷涂机械按干法喷涂工艺施工；另一类是以膨胀蛭石、膨胀珍珠岩等颗粒材料为主要绝热骨料的防火涂料，可采用喷涂、抹涂等湿法施工。矿物纤维防火涂料的隔热性能良好，但表面疏松，只适合于完全封闭的隐蔽工程，另外干式喷涂时容易产生细微纤维粉尘，对施工人员和环境的保护不利。目前在国内大量推广应用非膨胀型钢结构防火涂料主要为湿法施工：一类是以珍珠岩为骨料，水玻璃（或硅溶胶）为黏结剂，属双组分包装涂料，采用喷涂施工；另一类是以膨胀蛭石、珍珠岩为骨料，水泥为黏结剂的单组分包装涂料，到现场只需加水拌匀即可使用，能喷涂也能抹涂，手工涂抹施工时涂层表面能达到光滑平整。水泥系防火涂料中，密度较高的品种具有优良的耐水性和抗冻融性。

2. 防火涂料的选用

1）钢结构采用喷涂防火涂料保护时，对于室内隐蔽构件，宜选用非膨胀型钢结构防火涂料。

非膨胀型钢结构防火涂料以膨胀蛭石、膨胀珍珠岩、矿物纤维等无机绝热材料为主，配以无机黏结剂制成隔热性能、黏结性能良好且物理化学性能稳定、使用寿命长，具有

较好耐久性的防火涂料，应优先选用。但非膨胀型钢结构防火涂料的涂层强度较低、表面外观较差，更适宜用于隐蔽构件。

2）设计耐火极限大于1.50h的构件，不宜选用膨胀型钢结构防火涂料。

膨胀型钢结构防火涂料以有机高分子材料为主。随着时间的延长，这些有机材料可能发生分解、降解、溶出等不可逆反应，使涂料"老化"失效，出现粉化脱落或膨胀性能下降。目前尚无量化指标直接评价其老化速度及寿命标准，只能通过涂料的综合性能来判断其使用寿命的长短。但能确定的是非膨胀型钢结构防火涂料寿命比膨胀型钢结构防火涂料寿命长；涂料所处的环境条件越好，其使用寿命越长。

3）室外、半室外钢结构的环境条件比室内钢结构的环境条件更为严酷、不利，对膨胀型钢结构防火涂料的耐水性、耐冷热性、耐光照性、耐老化性要求更高。室外、半室外钢结构采用膨胀型钢结构防火涂料时，产品的选用应符合环境对涂料性能的要求。

4）非膨胀型钢结构防火涂料涂层的厚度不应小于10mm。非膨胀型钢结构防火涂料中膨胀蛭石、膨胀珍珠岩的粒径一般为1～4mm，如涂层厚度太小，施工难度大，难以保证施工质量，为此《建筑钢结构防火技术规范》（GB 51249—2017）规定了非膨胀型钢结构防火涂料涂层的最小厚度为10mm。

5）防火涂料与防腐涂料应相容、匹配。钢结构防火涂装施工时应特别注意防火涂料与防腐涂料的相容性问题，尤其是膨胀型钢结构防火涂料，因为它与防腐油漆同为有机材料，可能发生化学反应。在不能出具第三方证明材料证明"防火涂料、防腐涂料相容"的情况下，应委托第三方进行试验验证。膨胀型钢结构防火涂料、防腐涂料的施工顺序为：防腐底漆→防腐中间漆→膨胀型钢结构防火涂料→防腐面漆，在施工时应控制防腐底漆、中间漆的厚度，避免由于防腐底漆、中间漆的高温变性导致防火涂层的脱落；避免因面漆过厚、过硬而影响膨胀型钢结构防火涂料的发泡膨胀。

3．防火涂料施工要求

钢结构防火涂料施工应由具备相应施工资质、经过专门培训并取得合格的专业队伍施工。施工中的安全技术和劳动保护等要求，应按国家现行有关规定执行。用于保护钢结构的防火涂料必须有国家检测机构的理化性能检测报告和耐火极限检测报告，必须有防火监督部门核发的产品合格证和生产许可证。钢结构防火涂料出厂时，产品质量应符合相关标准的规定，并应附有涂料名称、制造批号、贮存期限、技术性能和使用说明。

施工前根据国家规范规定，每使用100t或不足100t超薄型钢结构防火涂料应抽检一次粘结强度，每使用500t或不足500t厚型钢结构防火涂料应抽检一次粘结强度和抗压强度，并把复检报告存档备案。

9.2.3 防火涂料的施工

1．防火涂料施工条件要求

钢结构防火涂料涂装前应具备下列条件。

1）相应的工程设计技术文件、资料齐全；施工现场及施工中使用的水、电、气满足施工要求，并能保证连续施工；施工现场的防火措施、管理措施及灭火器材配备符合消防安全需求。

2）钢结构防火涂料涂装工程应在钢结构安装分项工程检验批和钢结构防腐涂装检验批的施工质量验收合格后进行。施工现场钢结构返锈或防锈漆损坏时，应除去表面锈蚀，除锈等级应达到现行国家标准《钢结构工程施工质量验收标准》（GB 50205—2020）的规定。钢结构构件表面除锈达到要求后，应在 6h 内涂刷防锈漆，且防锈漆厚度应达到设计规定值。

3）防火涂料涂装时的环境温度和相对湿度应符合涂料产品说明书的要求。当产品说明书无要求时，环境温度宜为 5～38℃，相对湿度不应大于 85%。涂装时，构件表面不应有结露，涂装后 4.0h 内应采取保护措施，免受雨淋、水冲等，并应防止机械撞击。

4）防火涂料施工前应清除基材表面尘土、油污等杂质，可采用高压气体或用高压水枪进行表面除尘清理。待基材表面无水后且除尘、油污等检查合格后方可进行下道工序施工。抹涂（喷涂）前将操作场地清理干净，并对地面进行防护，避免污染；靠近门窗、隔断墙等部位，用塑料布加以保护，防止交叉污染。

2. 防火涂料涂装施工方法

防火涂料涂装施工可采用刷涂、滚涂、抹涂及喷涂等方法，具体宜根据产品特性、构件大小、施工的复杂程度采取一种或多种方法进行施工。各种施工作业前均应进行试涂，试涂合格后方可全面展开施工。

3. 厚涂型钢结构防火涂料涂装工艺及要求

（1）施工方法及机具

1）一般采用喷涂方法涂装，机具为压送式喷涂机，配备能够自动调压的空压机，喷枪口径为 6～12mm，空气压力为 0.4～0.6MPa。

2）局部修补和小面积构件采用手工抹涂方法施工，工具是抹灰刀等。

（2）涂料配备

1）对于单组分湿涂料，现场采用便携式搅拌器搅拌均匀；对于单组分干粉涂料，在现场加水或其他稀释剂调配时，应按产品说明书的规定进行；对于双组分涂料，应按照产品说明书的配比混合搅拌。

2）防火涂料配置搅拌，应边配边用，当天配置的涂料必须在说明书规定时间内使用完。

3）搅拌和调配涂料，使之均匀一致，且稠度适当，既能在输送管道中流动畅通，又不会在喷涂后产生流淌和下坠现象。

（3）涂装施工工艺及要求

1）喷涂应分若干层完成，第一层喷涂基本盖住钢材表面即可，以后每层喷涂厚度为 5～10mm，一般为 7mm 左右。

2）在每层涂层基本干燥或固化后，方可继续喷涂下一层涂料，通常每天喷涂一层。

3）喷涂保护方式、喷涂层数和涂层厚度应根据防火设计要求确定。

4）喷涂时，喷枪要垂直于被喷涂钢构件表面，喷距为 6～10mm，喷涂气压保持在 0.4～0.6MPa。喷枪运行速度要保持稳定，不能在同一位置久留，避免造成涂料堆积流淌。喷涂过程中，配料及往喷涂机内加料均要连续进行，不得停留。

5）施工过程中，操作者应采用测厚针检测涂层厚度，直到符合设计规定的厚度，方可停止喷涂。

6）喷涂后，对于明显凹凸不平处，应采用抹灰刀等工具进行剔除和补涂处理，以确保涂层表面均匀。

7）对承受冲击、振动荷载的钢梁采用厚涂型钢结构防火涂料；或涂层厚度大于或等于 40mm 的钢梁和桁架；涂料黏结强度小于或等于 0.05MPa 的构件；钢板墙和腹板高度超过 1.5m 的钢梁。遇到以上任一种情况，宜在涂层内设置与构件相连的钢丝网或其他相应的措施。

（4）质量要求

1）涂层应在规定时间内干燥固化，各层间黏结牢固，不出现粉化、空鼓、脱落和明显裂纹。

2）钢结构接头、转角处的涂层应均匀一致，无漏涂出现。

3）涂层厚度应达到设计要求，否则，应进行补涂处理，使之符合规定。

4. 薄涂型钢结构防火涂料涂装工艺及要求

（1）施工方法及机具

1）一般采用喷涂方法涂装，面层装饰涂料可以采用刷涂、喷涂或滚涂等方法，局部修补或小面积构件涂装，不具备喷涂条件时，可采用抹灰刀等工具进行手工抹涂方法。

2）机具为重力式喷枪，配备能够自动调压的空压机，喷涂底层及主涂层时，喷枪口径为 4～6mm，空气压力为 0.4～0.6MPa，喷涂面层时，喷枪口径为 1～2mm，空气压力为 0.4MPa 左右。

（2）涂料配备

1）对于单组分涂料，现场应采用便携式搅拌器搅拌均匀；对于双组分涂料，应按照产品说明书规定的配比混合搅拌。

2）防火涂料配置搅拌，应边配边用，当天配置的涂料必须在说明书规定的时间内使用完。

3）搅拌和调配涂料，使之均匀一致，且稠度适宜，既能在输送管道中流动畅通，又不会在喷涂后产生流淌和下坠现象。

（3）底层涂装施工工艺及要求

1）底涂层一般应喷涂 2～3 遍，待前一遍涂层基本干燥后再喷涂后一遍。第一遍喷涂盖住钢材基面 70%即可，第二、三遍喷涂每层厚度不超过 2.5mm。

2）喷涂保护方式、喷涂层数和涂层厚度应符合防火设计要求。

3）喷涂时，操作工手握喷枪要稳，运行速度保持稳定。喷枪要垂直于被喷涂钢构件表面，喷距为 6～10mm。

4）施工过程中，操作者应随时采用测厚针检测涂层厚度，确保各部位涂层达到设计规定的厚度值。

5）喷涂后，喷涂形成的涂层是粒状表面，当设计要求涂层表面平整光滑时，待喷涂完最后一遍后，采用抹灰刀等工具进行抹平处理，以确保涂层表面均匀平整。

（4）面层涂装工艺及要求

1）当底涂层厚度符合设计要求，并基本干燥后，方可进行面层涂料涂装。

2）面层涂料一般涂刷 1～2 遍。如第一遍是从左至右涂刷，第二遍则应从右至左涂刷，以确保全部覆盖住底涂层。

3）面层涂装施工应保证各部分颜色均匀一致，接槎平整。

9.2.4 防火涂料的质量验收

1. 外观质量验收

防火涂料不应有误涂、漏涂，涂层应闭合，不应有脱层、空鼓、明显凹陷、粉化松散和浮浆等外观缺陷，乳突应剔除。喷涂的非膨胀型钢结构防火涂料外观宜为毛面，当设计对涂层外观有平整度要求时，可在涂层表面采取相应的找平措施——用 1m 靠尺检查，其间隙满足设计要求。

2. 涂层厚度验收

防火涂料涂层厚度检查时，按照构件数抽查 10%，且同类构件不应少于 3 件。膨胀型（超薄型、薄涂型）钢结构防火涂料采用涂层厚度测量仪，涂层厚度必须全部等于或大于防火设计规定的厚度值。

厚涂型钢结构防火涂料的平均厚度必须大于等于防火设计规定的厚度值，当个别部位的厚度低于原定标准时，必须大于原定标准的 85%，且 80%以上的面积厚度符合耐火极限的防火设计要求，厚度不足部位的连续面积的长度不得大于 1m，并在 5m 范围内不再出现类似情况。

厚涂型钢结构防火涂料的涂层厚度检测采用如图 9.1 所示的方法，检测时将厚度测量仪测厚探针垂直插入防火涂层直至钢基材表面，记录标尺读数。

楼板和防火墙的防火涂层厚度测点的选择，可选两相邻纵、横轴线相交中的面积为一个单元，在其对角线上，按每米长度选一点进行测试，至少测出 5 个点，计算测量结果的平均值，精确到 0.5mm。

全钢框架结构的梁和柱的防火涂层厚度测定测点的选择，在构件长度内每隔 3m 取一截面，按图 9.2 所示位置测试，分别测出 6 个和 8 个点，计算测量结果的平均值，精确到 0.5mm。

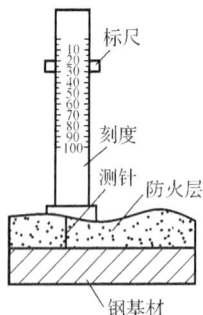

图 9.1　测厚度示意　　　　　　　　图 9.2　测点示意

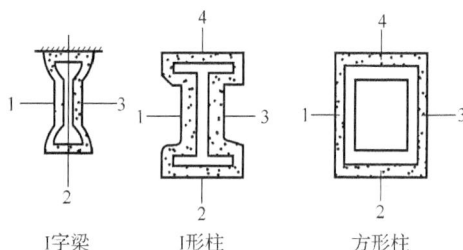

桁架结构防火涂层厚度测定测点的选择，上弦和下弦按全钢框架结构的梁和柱测定要求每隔 3m 取一截面检测，其他腹杆每根取一截面检测。

3. 裂纹控制

薄涂型钢结构防火涂料涂层表面不应出现裂纹，如有个别裂纹时，涂层表面裂纹宽度不应大于 0.5mm；厚涂型钢结构防火涂料涂层表面裂纹宽度不应大于 1.0mm。

❋ 任务完成与自评

项目	要求	记录	分值	扣分	备注
防火涂料选择	不了解		30		
	一般				
	熟悉				
防火涂装施工	不了解		40		
	一般				
	熟悉				
防火涂装质量验收	不了解		30		
	一般				
	熟悉				

单 元 习 题

一、单选题

1. 防腐涂料施工时，当涂料产品说明书对涂装环境温度未作规定时，环境温度宜为（　　）。

    A. 5～38℃　　　　B. 10～20℃　　　　C. 15～35℃　　　　D. 20～30℃

2. 楼板和防火墙的防火涂层厚度测点的选择，可选两相邻纵、横轴线相交中的面积为一个单元，在其对角线上，按每米长度选一点进行测试，至少测出（　　）个点，计算测量结果的平均值。

    A. 3　　　　　　　B. 4　　　　　　　C. 5　　　　　　　D. 6

3. 厚涂型钢结构防火涂料涂层表面裂纹宽度不应大于（　　）mm。

    A. 0.3　　　　　　B. 0.5　　　　　　C. 0.7　　　　　　D. 1

4. 采用涂料防腐时，表面除锈处理后宜在（　　）内进行涂装。

    A. 2h　　　　　　B. 3h　　　　　　　C. 4h　　　　　　D. 5h

5. 防腐涂料测定涂层干漆膜总厚度时，每个构件检测 5 处，每处的数值为 3 个相距（　　）mm 测点涂层干漆膜厚度的平均值。

    A. 40　　　　　　B. 50　　　　　　　C. 60　　　　　　D. 70

6. 当设计对涂层厚度无要求时，防腐涂料涂层干漆膜总厚度，室外不应小于（　　）μm。

    A. 100　　　　　　B. 125　　　　　　C. 150　　　　　　D. 175

二、多选题

1. 下列对于防腐涂装防毒措施的描述中，恰当的有（　　）。

    A. 施工人员应戴防毒口罩和防毒面具

    B. 施工人员应尽量不与溶剂接触

    C. 施工现场应做好通风排气工作

    D. 户外施工可不考虑毒气浓度问题

2. 钢结构防腐蚀涂装施工，涂装前其检验内容应包括（　　）。

    A. 原材料进场时，对其质量保证书、合格证、说明书、使用指南等进行检查验证，有异议时应进行抽样复验

    B. 钢材进场时，其表面初始锈蚀状态的检验

    C. 除锈后钢材表面除锈等级的检验与粗糙度检验

    D. 涂装前钢材表面清洁度和焊缝、钢板边缘、表面缺陷处理的检验

3. 常用的钢结构防腐涂料施工方法有（　　）。

A．刷涂法　　　　　　　　　　　B．手工滚涂法

C．空气喷涂法　　　　　　　　　D．高压无气喷涂法

4. 钢结构防腐蚀涂装施工完成后的成品验收包括（　　）。

A．涂层外观质量验收　　　　　　B．涂层厚度验收

C．附着力测试　　　　　　　　　D．涂装方法

三、复习思考题

1. 试述防腐涂装施工环境要求。
2. 试述防腐涂装前钢材表面处理的方法。
3. 试述防腐涂装涂层厚度验收要求。
4. 试述防火涂料外观质量验收要求。

压型金属板工程

▌单元概述　压型金属板在工业与民用建筑的屋面、墙面围护结构与组合楼板等工程中的应用越来越广。本单元以《压型金属板工程应用技术规范》(GB 50896—2013)、《钢结构工程施工规范》(GB 50755—2012)、《钢结构工程施工质量验收标准》(GB 50205—2020)为主要依据，讲述压型金属板工程的制作及安装等相关知识。

▌知识目标　1. 熟悉压型金属板的特点、分类、适用范围及基本质量要求。
　　　　　　　2. 了解压型金属板的基本制作工艺。
　　　　　　　3. 掌握压型金属板安装方法。

▌能力目标　1. 能进行压型金属板的正确选用。
　　　　　　　2. 能进行压型金属板的制作质量控制。
　　　　　　　3. 能编制压型金属板的安装工艺指导书。
　　　　　　　4. 能进行压型金属板安装质量控制。

▌思政引导　压型金属板具有成型灵活、施工速度快、外观美观、重量轻、易于工业化、商业化再生产等特点，在各种建筑中得到了广泛应用，如工业厂房、仓库、飞机库、体育场馆、会展中心、商贸市场、家具餐饮、高层建筑、住宅、别墅、抗震救灾组合房屋等。压型金属板在安装过程中，必须严格执行安装方案，其施工工艺、施工方法必须遵循相关施工规范及法律法规，强调依法施工。施工过程中仔细认真复核工程图纸，保证"按图施工"。学生在平时的学习过程中，应根据相应的知识点，施工规范条文内容，养成查规范、用规范、规范不离手的习惯，培养规范意识。

任务 10.1　认识压型金属板材料

■ **任务目标**

学习《压型金属板工程应用技术规范》（GB 50896—2013）、《钢结构工程施工质量验收标准》（GB 50205—2020）等相关压型金属板材料选用要求，掌握压型金属板基本知识，能进行压型金属板的正确选用。

10.1.1　压型金属板材料特性与技术要求

1. 压型金属板的材料特性

压型金属板是金属板材经辊压冷弯，沿板宽方向形成连续波形或其他截面的成型金属板（图 10.1）。压型金属板材质包括钢板、不锈钢板、铝合金板、锌合金板（钛锌板）、铜合金板等。

图 10.1　压型金属板

1）钢板：具有强度高、价格便宜、便于加工等特性。

2）不锈钢板：具有强度高、耐腐蚀性优良、硬度大、可焊接等特性。

3）铝合金板：具有强度较高、柔性较好、耐腐蚀性好、线膨胀系数较大、可焊接等特性。

4）锌合金板（钛锌板）：具有强度较低、耐腐蚀性好、线膨胀系数较大、表观质感表现力强等特性。

5）铜合金板：具有耐腐蚀性好、独特的铜绿表面等特性。

2. 压型钢板技术要求

（1）压型钢板分类

压型钢板是将薄钢板（彩色薄钢板）经辊压冷弯成 V 形、U 形、W 形等形状，用于建筑屋面、墙面和楼板的建筑材料。

1）按涂层分类。彩色压型钢板由基材、镀层和涂层三部分组成，分为冷轧基板彩色涂层钢板（没有镀层的彩涂钢板）、热镀锌彩色涂层钢板和热镀铝锌彩色涂层钢板。彩色涂层钢板所使用的涂料底漆有环氧底漆、聚酯底漆、丙烯酸底漆、聚氨酯底漆等类型。面漆有聚酯（PE）、硅改性聚酯（SMP）、高耐久性聚酯（HDP）、聚偏氟乙烯（氟碳）（PVDF）等类型。不同的涂层种类及涂层厚度均会影响压型钢板的使用寿命。

2）按镀层分类。根据基板镀层不同，可分为镀锌钢板、镀铝钢板、镀铝锌钢板、镀锌铝钢板、镀锌合金化钢板、电镀锌钢板六类。镀锌钢板仅适用于组合楼板。电镀锌钢板是一种纯电镀锌镀层钢板产品，建筑用压型钢板不应采用电镀锌钢板或无任何镀层与涂层的钢板。在建筑屋面（和幕墙）中最为常用的是彩色镀锌钢板和彩色镀铝锌钢板。

3）按波高分类。压型钢板根据波高的不同，一般分为低波板（波高<50mm）、中波板（波高为 50~75mm）和高波板（波高>75mm）。波高越高，截面的抗弯刚度越大，承受的荷载也越大。

（2）压型钢板技术要求

1）热镀基板在不同腐蚀性环境中推荐使用的最小公称镀层重量见表 10.1。

表 10.1　热镀基板最小公称镀层重量

基板类型	公称镀层重量/（g/m²）		
	低腐蚀性	中腐蚀性	高腐蚀性
热镀锌基板	90/90	125/125	140/140
热镀铝锌基板	50/50	60/60	75/75
热镀锌铝基板	65/65	1	110/110

注：本表引自《压型金属板工程应用技术规范》（GB 50896—2013）。表中分子、分母值分别表示正面、反面的镀层重量。

2）压型钢板用钢材按屈服强度级别宜选用 250MPa 与 350MPa 结构用钢。其板型展开宽度（基板宽度）宜符合 600mm、1000mm 或 1200mm 系列基本尺寸的要求。屋面及墙面压型钢板、重要建筑宜采用彩色涂层钢板，一般建筑可采用热镀铝锌合金或热镀锌镀层钢板。压型钢板厚度应通过设计计算确定，外层板公称厚度：重要建筑不应小于 0.6mm，一般建筑不宜小于 0.6mm；内层板公称厚度：重要建筑不应小于 0.5mm，一般建筑不宜小于 0.5mm。

（3）压型钢板表示方法

压型钢板板型的表示方法为：YX 波高-波距-有效覆盖宽度。如 YX15-380-760 即表示：波高为 15mm，波距为 380mm，板的有效覆盖宽度为 760mm 的板型（图 10.2）。压型钢板的厚度需另外注明。

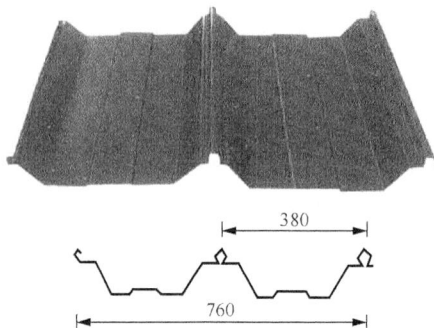

图 10.2 YX15-380-760 型压型钢板

10.1.2 压型金属板的选用原则及应用范围

1. 压型金属板的选用原则

1）压型金属板选用时，应遵循防水可靠、施工方便、外形美观、投资经济、有较长的使用寿命的原则。

2）当有保温隔热要求时，可采用压型钢板内加设矿棉等轻质保温层的做法形成保温隔热屋（墙）面。

3）压型钢板的屋面坡度宜为 1/20～1/6，当屋面排水面积较大或地处较大雨量区及板型为中波板时，宜选用 1/12～1/10 的屋面坡度；当选用长尺高波板时，可采用 1/20～1/15 的屋面坡度；当为扣压式或咬合式压型钢板（无穿透板面紧固件）时，可选用 1/20 的屋面坡度；对暴雨或大雨量地区的压型钢板屋面应进行排水验算。

4）一般永久性大型建筑选用的屋面承重压型钢板宽度与基板宽度（一般为 1000mm）之比为覆盖系数，应用时在满足承载力及刚度的条件下宜尽量选用覆盖系数大的板型。

5）在用作建筑物的围护板材及屋面与楼面的承重板材时，镀锌压型钢板宜用于无侵蚀和弱侵蚀环境；彩色涂层压型钢板可用于无侵蚀、弱侵蚀及中等侵蚀环境，并应根据侵蚀条件选用相应的涂层系列。环境对压型金属板的侵蚀作用见表 10.2。

表 10.2 环境对压型金属板的侵蚀作用

地区	相对湿度/%	对压型金属板的侵蚀作用		露天
		室内		
		采暖房屋	无采暖房屋	
农村、一般城市的商业区及住宅区	干燥<60	无侵蚀性	无侵蚀性	弱侵蚀性
	普通 60~75		弱侵蚀性	中等侵蚀性
	潮湿>75			
工业区、沿海地区	干燥<60	弱侵蚀性	中等侵蚀性	
	普通 60~75			
	潮湿>75	中等侵蚀性		

注：1. 表中的相对湿度指当地的年平均相对湿度。对于恒温恒湿或有相对湿度指标的建筑，则采用室内的相对湿度。
2. 一般城市的商业区及住宅区泛指无侵蚀介质的地区；工业区则包括受侵蚀性介质影响及散发轻微侵蚀性介质的地区。

6）选用压型金属板时，应根据荷载及使用情况选用定型产品。

2. 压型金属板的应用范围

压型钢板广泛用于工业建筑、公共建筑物的屋面、墙面等围护结构及建筑物内部的隔断；在钢结构压型钢板混凝土组合楼板建筑中，压型钢板作为承载构件或永久性模板使用；在大中型工业厂房、仓库以及体育馆、影剧院、展览馆、住宅、别墅、高层建筑、活动房屋等工业与民用建筑中，压型钢板的使用也日趋广泛。

压型钢板截面形式不同，其应用范围也不同。屋面板一般选用中波板和高波板，中波板在实际应用中比较广泛。墙板常采用低波板。因高波板、中波板的装饰效果较差，一般不在墙板中采用。

✖ 任务完成与自评

项目	要求	记录	分值	扣分	备注
压型金属板基材种类	不了解		30		
	一般				
	熟悉				
压型钢板分类	不了解		35		
	一般				
	熟悉				
压型金属板的选用	不了解		35		
	一般				
	熟悉				

任务 10.2   压型金属板制作

任务目标

通过对本任务内容的学习，完成压型金属板制作工艺流程的基本认知。对指定压型钢板外观及几何尺寸进行质量检查。

10.2.1   压型金属板制作工艺流程

压型金属板的制作采用金属板压型机，将彩涂钢卷进行连续的开卷、剪切、辊压成型等，其制作一般由工厂生产线完成，运到施工现场进行安装。当压型金属板的长度超长不便运输时，也进行现场制作。其制作工艺流程如下：

原材料验收、进场→设备、机具调整、试运行→压型金属板成型辊压→压型金属板裁剪。

1. 原材料验收、进场

压型金属板以及制造压型金属板所采用的原材料（基板、涂层板）应具备产品质量合格证明文件、中文产品标志以及检验报告等，其品种、规格、性能等应符合现行国家产品标准和设计要求。

2. 设备、机具调整、试运行

压型金属板加工制作主要机械为压瓦机。正式加工前先进行设备机具调整，试运转合格后方可进行正式加工。

1）将钢板卷材安放在开卷放料架上，开卷放料架转轴中心线应与压型机辊轮中心线相垂直。

2）根据压型金属板的规格调整压型机的辊间间隙、压辊水平度和中心线位置，清除压辊表面的油污、灰尘，保持压辊表面清洁。

3）现场加工的场地应选在屋面板的起吊点处。设备的纵轴方向应与屋面压型金属板的长度方向相一致。加工后，压型金属板应放置在靠近起吊点位置。

3. 压型金属板成型辊压

1）根据加工压型金属板的品种、规格，调整成型辊压机的各种技术参数，并将钢板卷材宽度的允许偏差值合理分配给压型金属板的两边部。

2）压型金属板在成型辊压过程中应随时检查加工产品质量。一般应对每一个钢板卷材的第一块成型压型金属板进行检验，确认其质量符合设计规定的要求后方可进行批量生产。

3）从卸料辊架下转移压型金属板时，应从压型金属板的两侧抬起、转运。

4. 压型金属板裁剪

1）压型金属板剪断宜选用成型后剪切设备，剪切前应调整压型金属板纵向中心线与剪切刀刃间相对位置，保证压型金属板端线夹角符合设计或施工排版图要求。

2）压型金属板剪断时宜遵循先长后短原则，先尽量按较长尺寸号料，当发现存在局部质量问题时，宜剪去不合格段，按较短尺寸号料。

10.2.2 压型金属板制作质量要求

压型金属板成型后，首先进行外观质量检查。肉眼观察和放大镜检查，其基板不应有裂纹。有涂层、镀层压型金属板成型后，涂层、镀层不应有肉眼可见的裂纹、起皮、剥落和擦痕等缺陷。板面应平直，无明显翘曲，表面应清洁，无油污、无明显划痕、磕伤等。切口应平直，切面整齐，板边无明显翘角、凹凸与波浪形，且不应有褶皱。除此之外，还应对压型钢板的主要外形尺寸，如波高、波距及侧向弯曲等进行测量检查。

压型钢板制作的允许偏差必须满足表 10.3 要求。

表 10.3 压型钢板制作的允许偏差 （单位：mm）

项目		允许偏差	
波高	截面高度≤70	±1.5	
	截面高度>70	±2.0	
覆盖宽度		搭接型	扣合型、咬合型
	截面高度≤70	+10.0 -2.0	+3.0 -2.0
	截面高度>70	+6.0 -2.0	+3.0 -2.0
板长		+9.0 0	
波距		±2.0	
横向剪切偏差（沿截面全宽 b）		b/100 或 6.0	
侧向弯曲	在测量长度 l_1 范围内	20	

注：l_1 为测量长度，指板长扣除两端各 0.5m 后的实际长度（小于 10m）或扣除后任选 10m 的长度。

任务完成与自评

项目	要求	记录	分值	扣分	备注
压型金属板制作工艺流程	不了解		50		
	一般				
	熟悉				
外观质量检查	不了解		50		
	一般				
	熟悉				

任务 10.3 压型金属板安装

压型金属板安装

任务目标

通过对本任务内容的学习，掌握屋面压型金属板的安装、墙板压型金属板的安装以及楼板压型金属板的安装方法，完成指定项目压型金属板安装方案的编制。

10.3.1 压型金属板安装准备工作

压型金属板进场时应根据设计图纸详细核对各种材料的规格和数量，对损坏的压型金属板、泛水板、包角板应及时修复或更换。进场后检查产品的质量证明书、中文标志及检验报告；压型金属板所采用的原材料、泛水板和零配件的品种、规格、性能应符合现行国家产品标准的相关规定和设计要求。压型金属板的规格尺寸、允许偏差、表面质量、涂层质量及检验方法应符合设计和规范规定。

施工人员应做好安全防护措施，佩戴安全帽，穿防护鞋。高空作业应系安全带，穿防滑鞋。屋面周边和预留孔洞部位应设置安全护栏和安全网，或其他防止坠落的防护措施，雨天、雪天和五级风以上时严禁施工。

压型金属板施工安装之前必须绘制施工排板图，并根据设计图纸编制施工方案以及对作业人员进行技术培训和安全技术交底。

10.3.2 压型金属板安装前放线

压型金属板安装前应对主体结构进行验收，并实测相关数据，经与图纸核对无误后方可安装。安装前先搭设作业脚手架，确定压型金属板或固定支架的安装基准线。

根据排板设计确定排板起始线的位置。屋面施工中，先在檩条上标定起点，即沿跨度方向在每个檩条上标出排板起始点，各点的连线应与建筑物的纵轴线相垂直，然后在板的宽度方向每隔几块板继续标注一次，以限制和检查板的宽度安装偏差积累，见图 10.3。

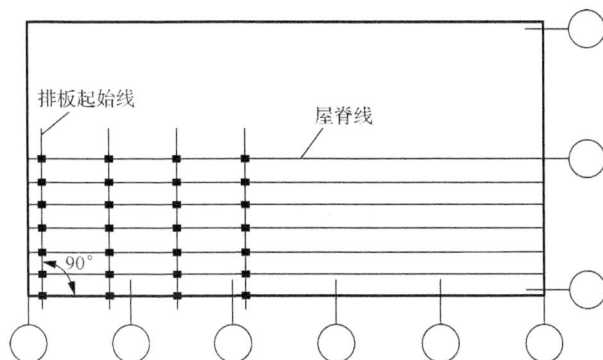

图 10.3　屋面放线

墙板安装也应用类似的方法放线，除此之外还应标定其支承面的垂直度，以保证压型金属板安装完毕后形成垂直的墙面。

屋面板及墙面板安装完毕后应对配件的安装作二次放线，以保证檐口线、屋脊线、窗口门口和转角线等的水平度和垂直度。不得仅用目测或凭经验定位。

屋面压型金属板固定支架的安装基准线一般设在屋脊线的中垂线上，并以此基准线为参照线，在每根檩条的横向标出每个固定支架长度的定位线，在每根檩条的纵向标出固定支架的焊接线。

屋面压型金属板的安装基准线一般设在山墙端屋脊线的垂线上，并根据此基准线，在檩条的横向标出每块或若干块压型金属板的截面有效覆盖宽度定位线。

墙面压型金属板的安装基准线一般设在距离山墙阳角线（波距宽度的四分之一处，但应保证墙体两端对称）的垂线上，并根据此基准线，在墙梁上标出每块或若干块压型金属板的截面有效覆盖宽度定位线。

檩条上的固定支架在纵横两个方向均应成行成列，各在一条直线上。每个固定支架与檩条的连接均应施满焊，并应清除焊渣和补刷涂料。

楼承板压型金属板多采用压型钢板，在压型钢板的两端弹设基准线，距钢梁翼缘板边缘至少 50mm。楼承板以对接方式施工时，于楼承板两端端部弹设基准线，位于钢梁中心线。边模施工放样，按边模底板扣除悬挑尺寸后，要求与钢梁搭接不少于50mm。

在主梁上弹出中心线，以此中心线控制压型钢板搭接钢梁的宽度和压型钢板与钢梁熔焊的焊点位置。次梁的中心线反射弹在主梁上，当压型钢板铺设完后，再将次梁的中心线及次梁翼缘宽度反射到次梁上面的压型钢板上，此中心线决定栓钉的焊接位置。

10.3.3　压型金属板吊装

压型钢板在装、卸、安装中严禁用钢丝绳捆绑直接起吊，运输及堆放应有足够支点，以防变形。在吊装前先核对压型钢板的编号及吊装位置是否准确，包装是否牢固；起吊前先试吊，检查重心是否稳定，钢索是否会滑动。钢索绳捆扎处应该用木板衬垫以免损坏压型钢板。

可以采用多种方法吊装压型金属板，如汽车吊吊升、塔吊吊升、卷扬机吊升和人工提升等，应根据压型金属板的尺寸、材质、安装高度、工程规模等因素灵活掌握。不论采用何种吊装方法，均不得损伤板材。压型金属板的捆扎宜采用多点捆扎，捆绑时应垫木块或橡胶皮等，以防止吊运时屋面板滑动、划伤、吊装变形，吊装时多点受力，如图 10.4 所示。

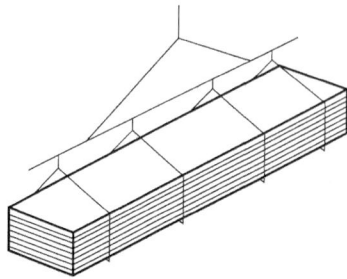

图 10.4　压型金属板多点捆扎

10.3.4　压型金属板安装方法

1. 压型金属板维护系统安装用固定件

固定件包括支架、连接件和紧固件（自攻螺钉、拉铆钉、膨胀螺栓等），是在金属围护系统中起固定连接作用的构件。支架用于将压型金属板固定在檩条上。支架与檩条采用自攻螺钉连接。压型金属板与支架采用自攻螺钉连接、专用咬边机咬合连接或锁扣连接。当压型钢板采用高强钢时，也可与支架进行扣合连接，扣合连接时支架也应为高强钢。

图 10.5 所示为搭接固定支架，支架采用自攻螺钉固定于檩条上，压型金属板采用自攻螺钉固定在支架上。

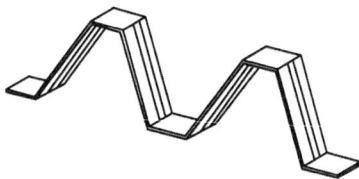

图 10.5　搭接固定支架

图 10.6（a）所示为 180° 咬合连接固定支架，图 10.6（b）所示为 270° 咬合连接固

定支架，图 10.6（c）所示为 360°咬合连接滑动支架。支架采用自攻螺钉固定于檩条上，压型金属板与支架咬合连接。支架安装位置及间距按实际工程设计，支架形式应与压型金属板系统配套使用。

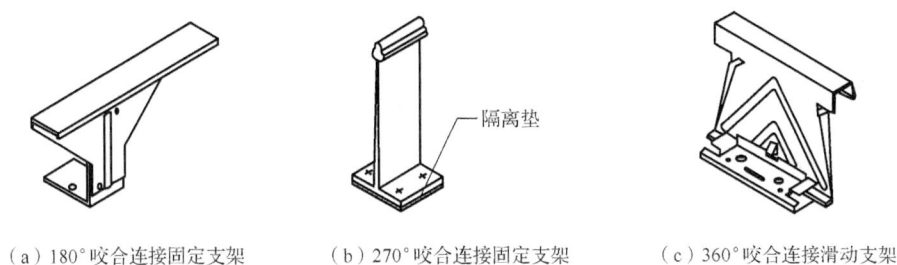

（a）180°咬合连接固定支架 　（b）270°咬合连接固定支架 　（c）360°咬合连接滑动支架

图 10.6　咬合连接支架

图 10.7 所示为扣合式连接高强钢固定支架。支架采用自攻螺钉固定于檩条上，压型金属板与支架扣合连接。

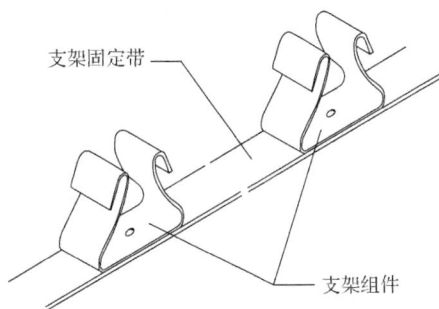

图 10.7　扣合式连接高强钢固定支架

自攻螺钉用于压型金属板与支架、檩条、墙梁的连接，固定支架与檩条、墙梁的连接，以及其他加强构件与系统构件的连接等。在屋脊、檐口、山墙等负风压较大处，应根据风荷载的计算进行加密连接。拉铆钉用于板与板的连接。自攻螺钉、拉铆钉用于屋面时设于波峰，在风力较大的环境应配置抗台风垫片及防水密封垫圈；用于墙面时设于波谷。自攻螺钉所配密封橡胶垫圈必须抗老化，抗撕裂，防水可靠；拉铆钉外露钉头处应涂中性硅酮密封胶。膨胀螺栓用于彩色钢板、连接件等与墙体或混凝土结构固定，间距根据设计确定，并不大于 500mm。

2. 连接类型

（1）屋面板连接方式

压型金属板屋面板在铺设时，沿横向和侧向需要连接。金属屋面板宜采用长尺板材，可以减少屋面板间横向接缝。板与板之间的连接方式直接影响着屋面防水。目前金属屋面板常用的连接方式有搭接连接、咬合连接、锁扣连接及扣合连接。

采用搭接连接时，压型金属板为低波板时采用无支架搭接连接的形式，如图 10.8 所示。压型金属板为高波板时采用有支架搭接连接的形式，如图10.9所示。

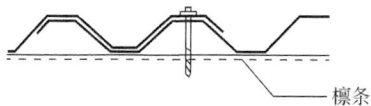

图 10.8　无支架搭接连接

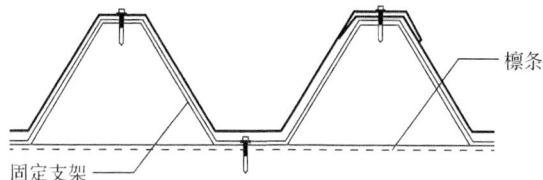

图 10.9　有支架搭接连接

咬合连接随支架类型不同，连接形式各异。如图 10.10 所示为 180°咬合连接。图 10.11 所示为 270°固定支架滑动连接。图 10.12 所示为 360°及以上滑动支架咬合连接。

锁扣连接如图 10.13 所示。

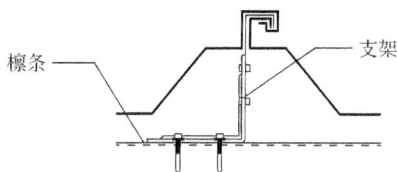

图 10.10　180°咬合连接

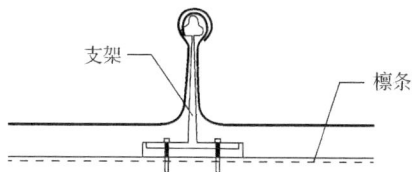

图 10.11　270°固定支架滑动连接

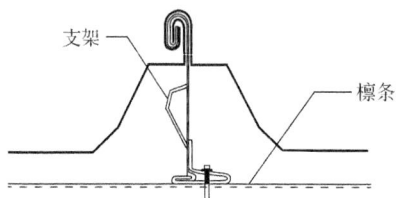

图 10.12　360°及以上滑动支架咬合连接

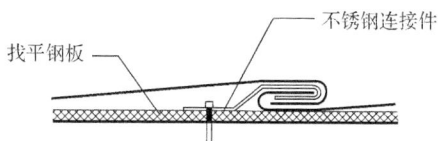

图 10.13　锁扣连接

当压型金属板采用 550MPa 高强钢时，连接采用图 10.14 所示的扣合连接。

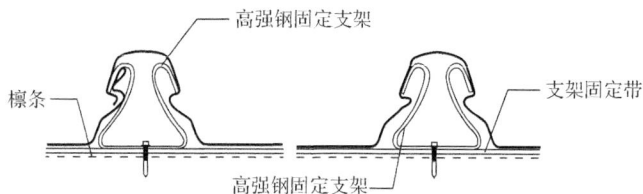

图 10.14　扣合连接

（2）墙板连接方式

墙板连接方式包括搭接连接、咬合连接和锁扣连接三种。

搭接连接分为明钉连接和隐藏连接两种。明钉连接如图 10.15 所示，自攻螺钉钉于波谷连接处。隐藏连接如图 10.16 所示。

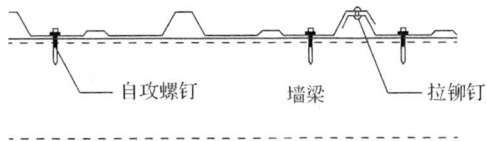

图 10.15 明钉连接

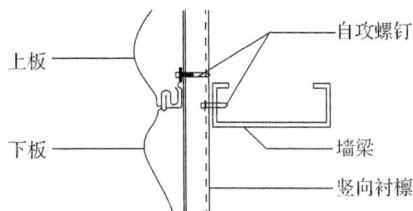

图 10.16 隐藏连接

墙板咬合连接如图 10.17 所示。

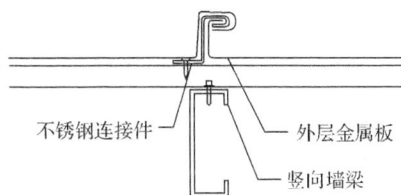

图 10.17 墙板咬合连接

墙板锁扣连接有勾结连接和平锁扣连接两种。勾结连接如图 10.18 所示，平锁扣连接如图 10.19 所示。

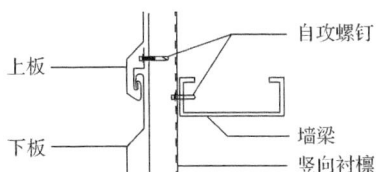

图 10.18 勾结连接

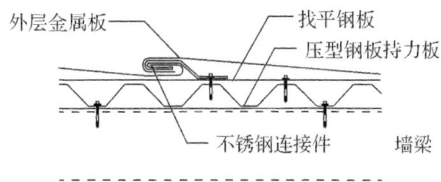

图 10.19 平锁扣连接

屋面及墙面压型金属板的长度方向连接采用搭接连接时，搭接端应设置在支承构件（如檩条、墙梁等）上，并应与支承构件有可靠连接。当采用螺钉或铆钉固定搭接时，搭接部位应设置防水密封胶带。压型金属板长度方向的搭接长度应满足设计要求，且当采用焊接搭接时，压型金属板搭接长度不宜小于 50mm；当采用直接搭接时，压型金属板搭接长度不宜小于表 10.4 规定的数值。

表 10.4 压型金属板在支承构件上的搭接长度 （单位：mm）

项目		搭接长度
屋面、墙面内层板		80
屋面外层板	屋面坡度≤10%	250
	屋面坡度>10%	200
墙面外层板		120

（3）压型钢板组合楼板连接方式

高层钢结构建筑的楼面一般为钢—混（混凝土）组合结构，且多数用压型钢板与钢筋混凝土组成的组合楼层。其构造形式为：压型钢板+栓钉+钢筋+混凝土。这样楼层结构由栓钉将钢筋混凝土压型钢板和钢梁组合成整体。栓钉是组合楼层结构的剪力连接件，用以传递水平荷载到梁柱框架上，它的规格、数量由楼面与钢梁连接处的剪力大小确定。

3. 压型金属板安装

（1）屋面压型金属板安装

屋面压型金属板的固定支架施工完成，并验收合格后方可进行压型金属板安装。屋面压型金属板的安装必须按照排板图进行施工，并按设计的主导风向的逆方向进行安装。安装屋面板时，在屋面檐口拉一条通长钢线，以保证檐口板平齐。安装时板的长度方向垂直于屋脊和檐口钢线。

将提升、平移到位的压型金属板按施工排板图中设定的起始线放置，并使压型金属板的宽度覆盖标志线对准该起始线（图 10.20）。在压型金属板长度方向的两端标划出该处安装节点的构造长度。安装压型金属板时，应边铺设边调整其位置，用紧固件紧固两端后，再安装第二块板。在铺设压型金属板时应根据设计图纸的要求，敷设防水密封材料。其安装顺序为先从左至右或从右至左，再自下而上。

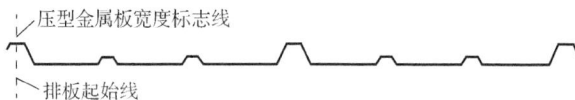

图 10.20 安装起始线

安装到下一放线标志点处，复查板材安装的偏差，确保屋面板纵横两个方向的直线度，当满足设计要求后进行板材的全面紧固。板的纵向搭接，应按设计要求铺设密封条和涂密封胶，并在搭接处用自攻螺钉或带密封垫的拉铆钉连接，紧固件应位于密封条处。当不能满足要求时，应在下一标志段内调正，当在本标志段内可调正时，可调整本标志段后再全面紧固，依次全面展开安装。

当铺设屋面压型金属板时，宜在压型金属板上设置临时人行走道板及物料通道。施工过程中施工人员严禁聚集在一起，以避免因集中荷载过大而导致压型金属板的局部破坏。运输至屋面上并就位的压型金属板和泛水板应当天完成连接固定。凡是当天未安装完的屋面压型金属板，必须用非金属绳具与屋面结构绑扎牢固。安装完成的压型金属板表面应保持清洁，不应堆放重物和留有杂物，避免杂物损伤屋面板漆膜。当在已安装好的屋面压型金属板上施工时，应在作业面、行走通道等部位铺设木板等临时跳板。遇雨天、雪天和五级风以上天气时严禁施工。

（2）墙面压型金属板安装

内墙面压型金属板与外墙面压型金属板宜同时进行施工时，如果施工现场条件允许，标高在 20m 以下可采用搭设脚手架的方法进行安装，标高在 20m 以上在钢檩条上设吊篮进行施工。如施工现场条件差，内、外墙面压型金属板可选用钢檩条上设吊篮的方法进行施工。

墙面压型金属板安装时按设计的排板图施工顺序进行安装，按逆主导风向铺设。安装第一块板时应配合经纬仪，以保证墙面压型金属板的垂直度。安装至相邻轴线位置时，再次检测，以便及时调整墙面压型金属板垂直度。

（3）维护系统配件安装

维护系统配件包括泛水板、包角板和屋脊盖板。泛水板、包角板等配件均处在边角部位，其安装质量直接影响建筑物的立面效果。其安装位置应准确，加工制作应根据现场安装情况实测后压制。山墙檐口包角板与屋脊板的搭接，应先安装山墙檐口包角板，后安装屋脊盖板。泛水板、包角板、屋脊盖板安装时，泛水板之间、包角板之间以及泛水板、包角板与压型金属板之间的搭接部位必须按照设计图纸的要求设置防水密封材料，保证其压型金属板的密封性和连接牢固性。屋脊盖板、高低跨相交处的泛水板均应逆主导风向铺设。

（4）压型钢板楼承板安装

钢结构主体验收合格后，开始铺设压型钢板楼承板。

在安装施工中，压型钢板同时也是钢结构安装的操作平台，所以铺设时应逐层施工，先铺上层压型钢板形成安全工作平台，然后铺下层压型钢板，最后铺中层压型钢板。铺设时注意压型钢板上标识的层、区、位号，将其准确无误地运至施工指定位置，避免来回倒运增加工作量。铺设时以压型钢板母肋为基准起始边，依次铺设；而且要以张为单位，边铺设边固定。

梁、柱接头处的压型钢板，须用无齿锯或等离子切割机将结合处切割平齐，贴上胶带与梁柱紧密贴合，避免浇筑混凝土漏浆。

压型钢板侧向公肋与母肋扣合后用专用夹钳固定（或用铆钉固定或焊接），间距一般不大于 300mm（一般根据波距来确定），压型钢板之间端部搭接部位（钢梁上）采用点焊的方式固定，以避免漏浆，如为对接则要求在拼接缝上贴胶带。

外框架、电梯洞口等四周应采用专用的镀锌边模进行封闭，如图 10.21 所示。边模与钢梁的焊接用手工电弧焊，封口板与压型钢板在每个波峰、波谷处用手工电弧焊各点焊两处固定。

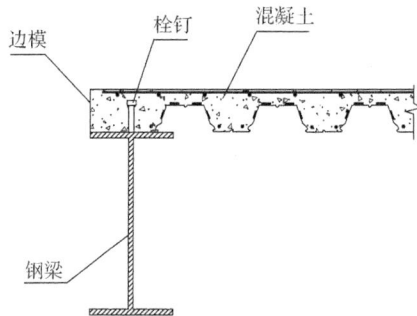

图 10.21　边模施工

组合楼板中压型钢板与支承结构的锚固支承长度应满足设计要求，且在钢梁上的支承长度不应小于 50mm，在混凝土梁上的支承长度不应小于 75mm，端部锚固件连接应可靠，设置位置应满足设计要求。组合楼板中压型钢板侧向在钢梁上的搭接长度不应小于 25mm，在设有预埋件的混凝土梁或砌体墙上的搭接长度不应小于 50mm，压型钢板铺设末端距钢梁上翼缘或预埋件边不大于 200mm 时，可用收边板收头。压型钢板与钢梁的固定方式为栓钉焊接，栓钉位于压型钢板的波谷。

任务完成与自评

项目	要求	记录	分值	扣分	备注
压型金属板安装准备工作	不了解		10		
	一般				
	熟悉				
压型金属板安装前放线	不了解		10		
	一般				
	熟悉				
压型金属板吊装	不了解		10		
	一般				
	熟悉				
压型金属板安装	不了解		70		
	一般				
	熟悉				

单 元 习 题

一、单选题

1. 压型金属板在支承构件上的搭接长度，屋面、墙面内层板不小于（　　）mm。
   A. 60　　　　　　B. 70　　　　　　C. 80　　　　　　D. 90

2. 压型金属板在支承构件上的搭接长度，墙面外层板搭接长度不小于（　　）mm。
   A. 120　　　　　B. 130　　　　　C. 140　　　　　D. 150

3. 墙面压型金属板安装时，横排板的墙板波纹线与檐口的平行度允许偏差为（　　）mm。
   A. 9　　　　　　B. 10　　　　　　C. 11　　　　　　D. 12

4. 组合楼板压型钢板安装时，压型金属板在钢梁上相邻列的错位允许偏差为（　　）mm。
   A. 10　　　　　B. 12　　　　　C. 15　　　　　D. 16

5. 组合楼板中压型钢板侧向在钢梁上的搭接长度不应小于（　　）mm。
   A. 25　　　　　B. 30　　　　　C. 35　　　　　D. 40

6. 墙面压型金属板安装时，相邻两块压型金属板的下端错位允许偏差为（　　）mm。
   A. 5　　　　　　B. 6　　　　　　C. 7　　　　　　D. 8

二、多选题

1. 压型金属板材质包括（　　）。
   A. 钢板　　　　B. 铝合金板　　　　C. 锌合金板　　　D. 不锈钢板

2. （　　）应固定可靠、牢固，防腐涂料涂刷和密封材料敷设应完好，连接件数量、规格、间距应满足设计要求并符合国家现行标准的规定。
   A. 压型金属板　　B. 泛水板　　　　C. 包角板　　　　D. 屋脊盖板

3. 压型金属板屋面板在铺设时，沿横向和侧向需要连接。目前金属屋面板常用的连接方式有（　　）。
   A. 搭接连接　　B. 咬合连接　　　C. 锁扣连接　　　D. 扣合连接

三、复习思考题

1. 简述压型金属板的应用范围。
2. 压型金属板安装前的准备工作有哪些？
3. 试述屋面压型金属板安装方法。

参 考 文 献

韩古月，朱锋，2015. 钢结构工程施工[M]. 北京：北京理工大学出版社.

贾玉梅，2016. 图表全解钢结构工程施工技术规程[M]. 北京：化学工业出版社.

中国工程建设标准化协会，2013. 钢结构防腐蚀涂装技术规程：CECS 343—2013[S]. 北京：中国建筑工业出版社.

中国工程建设标准化协会，2020. 钢结构防火涂料应用技术规程：T/CECS 24—2020[S]. 北京：中国计划出版社.

中国建筑标准设计研究院，2019. 压型金属板建筑构造：17J925—1[S]. 北京：中国计划出版社.

中华人民共和国住房和城乡建设部，2010. 空间网格结构技术规程：JGJ 7—2010[S]. 北京：中国建筑工业出版社.

中华人民共和国住房和城乡建设部，2011. 钢结构高强度螺栓连接技术规程：JGJ 82—2011[S]. 北京：中国建筑工业出版社.

中华人民共和国住房和城乡建设部，2015. 高层民用建筑钢结构技术规程：JGJ 99—2015[S]. 北京：中国建筑工业出版社.

中华人民共和国住房和城乡建设部，2017. 建筑钢结构防火技术规范：GB 51249—2017[S]. 北京：中国计划出版社.

中华人民共和国住房和城乡建设部，国家市场监督管理总局，2018. 建筑防腐蚀工程施工质量验收标准：GB/T 50224—2018[S]. 北京：中国计划出版社.

中华人民共和国住房和城乡建设部，国家市场监督管理总局，2020. 钢结构工程施工质量验收标准：GB 50205—2020[S]. 北京：中国计划出版社.

中华人民共和国住房和城乡建设部，国家市场监督管理总局，2020. 工程测量标准：GB 50026—2020[S]. 北京：中国计划出版社.

中华人民共和国住房和城乡建设部，中华人民共和国国家质量监督检验检疫总局，2011. 钢结构焊接规范：GB 50661—2011[S]. 北京：中国建筑工业出版社.

中华人民共和国住房和城乡建设部，中华人民共和国国家质量监督检验检疫总局，2012. 钢结构工程施工规范：GB 50755—2012[S]. 北京：中国建筑工业出版社.

中华人民共和国住房和城乡建设部，中华人民共和国国家质量监督检验检疫总局，2013. 压型金属板工程应用技术规范：GB 50896—2013[S]. 北京：中国计划出版社.

中华人民共和国住房和城乡建设部，中华人民共和国国家质量监督检验检疫总局，2014. 建筑防腐蚀工程施工规范：GB 50212—2014[S]. 北京：中国计划出版社.